과학이슈 하이라이트

생명과 진화

과학이슈 하이라이트 Vol.07

생명과 진화

개정판 1쇄 발행 2024년 9월 30일

글쓴이 과학동아 편집부
펴낸이 이경민

펴낸곳 ㈜동아엠앤비
출판등록 2014년 3월 28일(제25100-2014-000025호)
주소 (03972) 서울특별시 마포구 월드컵북로22길 21, 2층
홈페이지 www.dongamnb.com
전화 (편집) 02-392-6901 (마케팅) 02-392-6900
팩스 02-392-6902
이메일 damnb0401@naver.com
SNS

ISBN 979-11-6363-890-2 (43470)

※ 책 가격은 뒤표지에 있습니다.
※ 잘못된 책은 구입한 곳에서 바꿔 드립니다.
※ 이 책에 실린 사진은 위키피디아, 셔터스톡및 각 저작권자에게서 제공받았습니다.
사진 출처를 찾지 못한 일부 사진은 저작권자가 확인되는 대로 게재 허락을 받겠습니다.
※ 이 책은 《과학동아 스페셜 생명과 진화》의 개정판입니다.

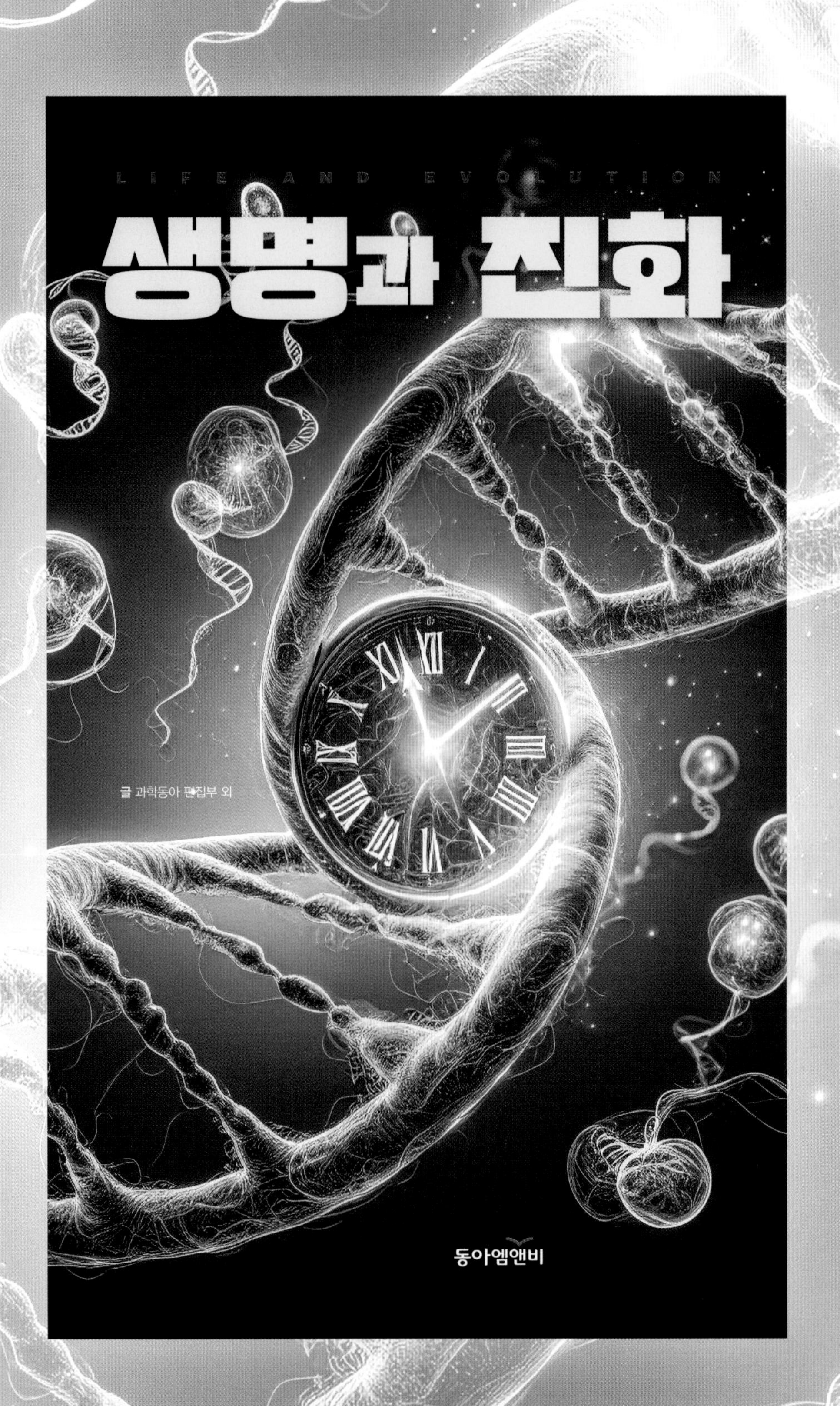
LIFE AND EVOLUTION
생명과 진화
글 과학동아 편집부 외
동아엠앤비

펴내는 글

과학이슈 하이라이트는 최신 과학이슈를 엄선하여 기초적인 지식에서 최근 연구 동향에 이르기까지 상세한 설명과 풍부한 시각 자료로 '더 깊게, 더 넓게, 더 쉽게' 전달하는 화보 느낌의 교양 도서이다.

이번 주제는 생명의 탄생과 진화이다. 다윈의 『종의 기원』 이야기는 물론이고 인간이 생물학적, 사회적, 과학적으로 어떻게 진화해왔는지, 멸종된 생물에는 어떤 것이 있는지, 원시인들은 어떤 삶을 살았을지까지 흥미롭고 신기한 읽을거리를 가득 담았다.

이 책은 5개의 단원으로 구성되어 있다. 첫 번째 단원은 '생명의 탄생'으로 자연발생설부터 외계인기원설까지 생명의 탄생에 대한 여러 가설을 섭함은 물론 코로나 팬데믹으로 친숙해진 단어인 DNA와 RNA에 대한 기초 이론까지 구체적으로 읽어볼 수 있다. 따라서 융합형 과학 교과서의 훌륭한 보조 자료로써, 교사는 물론 호기심 많은 학생들의 필요를 충족시키기에 부족함이 없으리라고 생각된다.

두 번째 단원은 '세상을 바꾼 진화론'이며 다윈의 진화론이 과학과 사회에 끼친 영향을 다루고 있다. 이 책의 주된 독자층인 청소년 입장에서 볼 때 학교 교육 과정에서는 생물의 출현이나 대멸종에 관한 논란의 가능성이 있는 여러 학설은 학생들의 창의적 사고를 기르는 기회 제공 측면에서만 제공받을 수 있다. 여기에 한정된 지면 등의 이유로 교과서는 관련 내용을 충

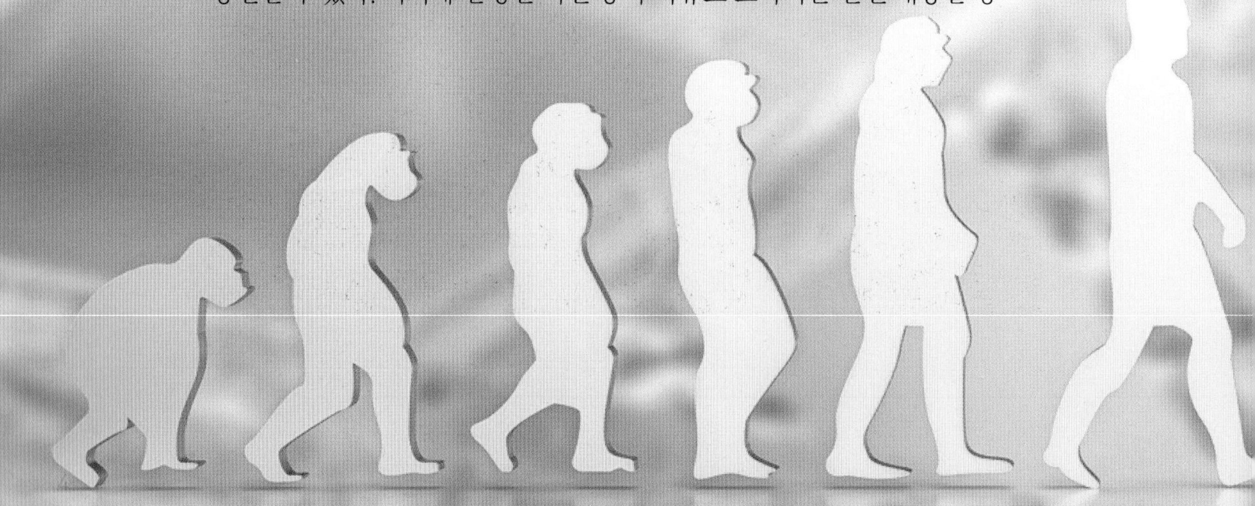

분히 담지 못하고 있다. 하지만 과학이슈 하이라이트『생명과 진화』는 지금까지 축적된 데이터베이스에서 뽑아낸 다양한 자료를 편집하고 재구성하여 '학생들의 창의적 사고를 기르는 기회'를 충분히 제공할 수 있게 구성되어 있다.

세 번째 단원 '진화의 증거'는 진화론을 뒷받침하는 여러 사례를 다룬다. 교과서에서 접할 수 없는 다양하고 풍부한 진화의 증거들을 일목요연하게 정리한 본 단원은 이 책의 백미라고 할 수 있다. 네 번째 단원인 '인류의 진화'는 아무리 오랜 시간이 지나도 유인원이 인간이 될 수 없다는 흥미로운 이야기부터 현생 인류 탄생을 둘러싼 여러 쟁점에 이르기까지 인류의 진화와 관련된 귀중한 정보들로 가득 차 있다. 마지막 단원인 '21세기의 진화론'은 지금까지의 진화가 오랜 시간 자연의 선택에 의해 이루어져 왔다면, 앞으로의 진화는 과학 기술의 힘으로 유전자에서 진화의 법칙을 찾아낸다는 내용 등으로 구성되어 있다.

36년간 발행된《과학동아》의 노하우를 집약한 과학이슈 하이라이트 Vol.7『생명과 진화』는 교과서의 '생명의 진화' 단원에 해당하는 풍부한 자료와 학생들의 눈높이에 맞는 구성을 목표로 했다. 다양한 사진과 삽화를 통해 인류를 포함한 생명의 진화에 대해 학습하고자 하는 학생과 알찬 수업자료를 찾고 있는 교사에게 귀중한 자료가 될 것이다.

편집부

목 차

III 진화의 증거

1. 눈으로 보는 진화

2. 다양한 동물의 진화

IV 인류의 진화

1. 인류의 기원

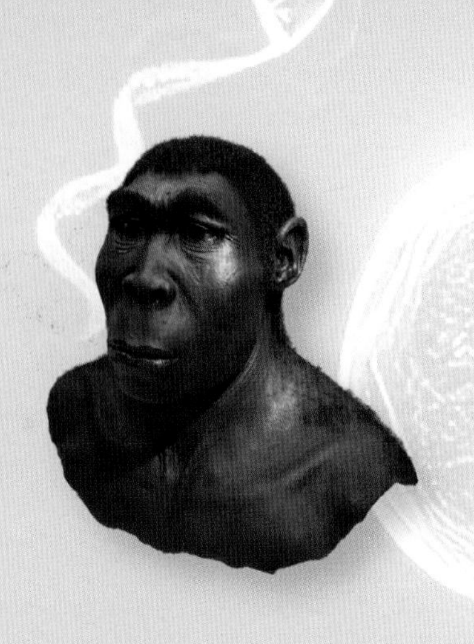

I 생명의 탄생

생명은 어떻게 만들어졌나?

생명과 진화

지구에는 다양한 원소와 엄청나게 많은 종류의 화합물이 있다.
그리고 놀랍게도 우주 공간에서도 지구상에서 발견되는 것과 똑같은 원소들이 존재한다.
지구에서 번성하고 있는 생명체도 이런 다양한 원소들의 복잡한 화학적 변화에 의해 나타난 것이다.
생명은 무엇이고, 지구상에 어떻게 등장해서 지금에 이르게 되었을까?
이것은 아주 오래전부터 많은 사람들이 관심을 가졌던 주제고, 이에 대한 설명이 여러 방식으로 시도되어 왔다.
그중에서도 '생물은 무생물에서 발생한다.'는 자연 발생설이 오랫동안 인정받아 왔다.

생명은 어떻게 만들어졌나

지구 생명은 스스로 탄생했다

중세까지만 해도 사람들은 썩은 고기에서 구더기가 끓는 것을 보고 생명은 스스로 태어난다고 생각했다. 벨기에의 의학자 반 헬몬트(1579~1644)는 밀이나 치즈를 더러운 아마포로 덮어 두면 생쥐가 태어난다고 주장해 이러한 자연발생설을 뒷받침했다.

17세기에 들어서자 이러한 자연 발생설은 부정되기 시작했다. 1668년 이탈리아의 생물학자 레디(1626~1697)는 썩은 고기를 헝겊으로 싸 파리가 접근하지 못하도록 하면 구더기가 생겨나지 않음을 처음으로 확인했다. 그는 구더기가 썩은 고기에서 나오는 것이 아니라 파리가 그 위에 낳은 알에서 깨어난다고 보고했다.

그러나 이러한 연구 결과로 자연발생설이 수그러들지는 않았다. 생쥐나 구더기는 자연적으로 생겨나지 않지만 미생물들은 자연발생한다는 주장이 새롭게 제기된 것이다. 그것은 눈에 보이지 않는 미시 세계를 보여 주는 현미경의 등장 때문이었다. 현미경은 효모를 첨가하지 않았는데도 포도주가 발효되고, 삶아 놓은 고기가 썩어가는 과정을 보여 주었다.

자연발생설에 대한 길고 지루한 논쟁은 1861년 프랑스의 미생물학자 루이 파스퇴르(1822~1897)에 의해 끝이 났다. 그는 고니의 목을 닮은 주둥이를 가진 플라스크를 만들어 공기는 통하되 박테리아는 들어갈 수 없게 했다. 그리고 플라스크에 영양액을 넣고 열을 가한 후 식혀 놓았다. 그 결과 고니목 플라스크 안에는 어떤 미생물도 자라지 않았다(파스퇴르가 고니목 플라스크 안에 넣어둔 영양액은 100여 년이 넘도록 썩지 않았다고 한다). 과학자들은 파스퇴르의 실험으로 자연 발생설이 더 이상 고개를 내밀지 않을 것이라고 생각했다. 그런데 의외의 분야에서 자연 발생설이 부활했다.

러시아의 생화학자 오파린.

지구를 흔히 '우주의 오아시스'라고 한다. 현재까지 우리가 알기로 생명체가 살고 있는 천체는 지구 말고는 없기 때문이다. 지구에 처음 생명체가 등장한 것은 대략 38억 년 전. 그렇다면 그 생명의 씨앗은 어떻게 생겨난 것일까.

파스퇴르의 실험에 따르면 생물은 생물에서 생겨난다. 결국 태초에 지구에 뿌리를 내린 생명의 씨앗은 지구가 아닌 우주에서 날아와야 한다. 그러나 이러한 설명도 한계를 지닌다. 생명의 씨앗이 우주방사선으로부터 해를 입지 않고 긴 우주여행을 거쳐 지구로 날아오기가 쉽지 않기 때문이다. 또 그 씨앗은 도대체 어디서 생겨났을까. 이러한 궁금증을 푼 사람은 러시아의 생화학자 알렉산드르 이바노비치 오파린(1894~1980)이었다.

1922년 봄 모스크바에서 열린 식물학회에서 오

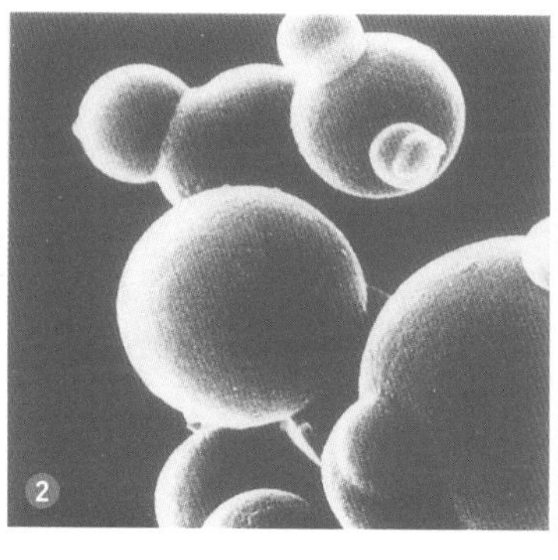

❶ 스트로마톨라이트는 선캄브리아시대 암석에서 발견되는 미생물 화석으로 36억 년이 된 것도 있다. ❷ 화학진화에 의한 생명발생 실험은 오늘날에도 계속되고 있다. 여러 종류의 아미노산 혼합물을 105℃ 이상에서 가열했을 때 생긴 공 모양의 구조. ❸ 오파린이 상상한 초기 지구의 환경. ❹ 밀러가 생명탄생 실험을 했던 방전관.

파린은 처음으로 원시 지구에서 자연발생적으로 생명체가 탄생할 수 있다고 소개했다. 그의 생명 탄생 시나리오는 이렇다.

지구의 원시 대기는 수소, 메테인, 암모니아와 같은 환원성 기체(수소 또는 수소와 결합한 기체 분자)로 충만해 있었다. 이 기체들은 지구 내부에서 분출되는 고온의 니켈, 크롬과 같은 금속들의 촉매 작용으로 인해 단순한 유기분자들로 변한 다음, 암모니아와 다시 결합해 점차 복잡한 질소 화합물로 변해 갔다. 이러한 화합물은 바다에 농축되기 시작했고, 콜로이드 형태의 코아세르베이트(coacervate)로 변했다. 코아세르베이트는 막을 가진 액상의 유기물 덩어리로 외부 환경과 구별되는 독립된 내부를 지녔다. 조잡하나마 세포의 형태를 갖춘 것이다. 이들이 점차 스스로 분열하고, 외부와 물질을 주고받는 기능을 갖추면서 원시 생명체로 진화했다.

오파린의 생명기원설은 화학 진화(chemical evolution)를 통해 생명의 탄생을 설명함으로써 다윈의 진화론을 생명 탄생의 순간까지 끌어올렸다. 한편 그의 이론은 사회주의국가의 이념이었던 유물론(唯物論)에 큰 힘을 실어 주었다. 오파린의 생명기원설은 1929년 영국 런던 대학교의 생리학교수인 존 홀데인(1892~1964)에 의해 계승됐고, 오파린은 생명기원설을 담은 불후의 명저 『생명의 기원』을 1936년에 출판했다.

오파린의 가설이 실험으로 입증되기까지는 30년의 세월이 필요했다. 1952년 시카고 대학교의 교수인 헤럴드 유리(1893~1981, 1934년 중수소 발견으로 노벨화학상 수상)는 지구의 원시 대기가 목성이나 토성의 대기처럼 환원성 대기(메테인, 암모니아, 수소, 수증기)로 이뤄졌다고 가정하고, 이러한 조건에서 생명이 탄생할 수 있는지 실험하기로 했다. 그 실험은 대학원생인 스탠리 밀러(1930~2007)가 맡았다.

밀러는 플라스크 안에 원시 바다와 같은 상태를 만들어 놓고 이를 끓인 다음, 여기서 발생한 수증기가 수소, 메테인, 암모니아와 같은 환원성 대기와 섞이도록 했다. 그리고 마치 벼락이 떨어지는 것처럼 그곳에 전기 방전을 일으켰다. 그랬더니 오파린의 예언처럼 그곳에서 아미노산이 만들어졌다. 밀러의 실험 이후 오파린의 생명기원설은 지구 역사와 생명의 기원을 설명할 때 교과서처럼 인용되기 시작했다.

하지만 오파린의 생명기원설은 결정적인 약점을 지니고 있다. 우선 오파린이 가정했던 지구의 원시 대기가 환원성 대기가 아니었다는 반론이다. 지구와 가까운 금성과 화성에 산화성 대기인 이산화탄소가 존재한다는 사실이 이를 뒷받침한다. 그래서 과학자들은 밀러의 실험 장치에 이산화탄소를 넣고 실험해 봤다. 그 결과는 환원성 대기만으로 실험했을 때보다 아미노산의 생성률이 현저하게 떨어졌다. 이러한 생명기원설의 약점은 진화론을 반대하는 창조론자들에게는 좋은 무기가 됐다.

생명은 어떻게 만들어졌나

자연발생설에서 외계인기원설까지

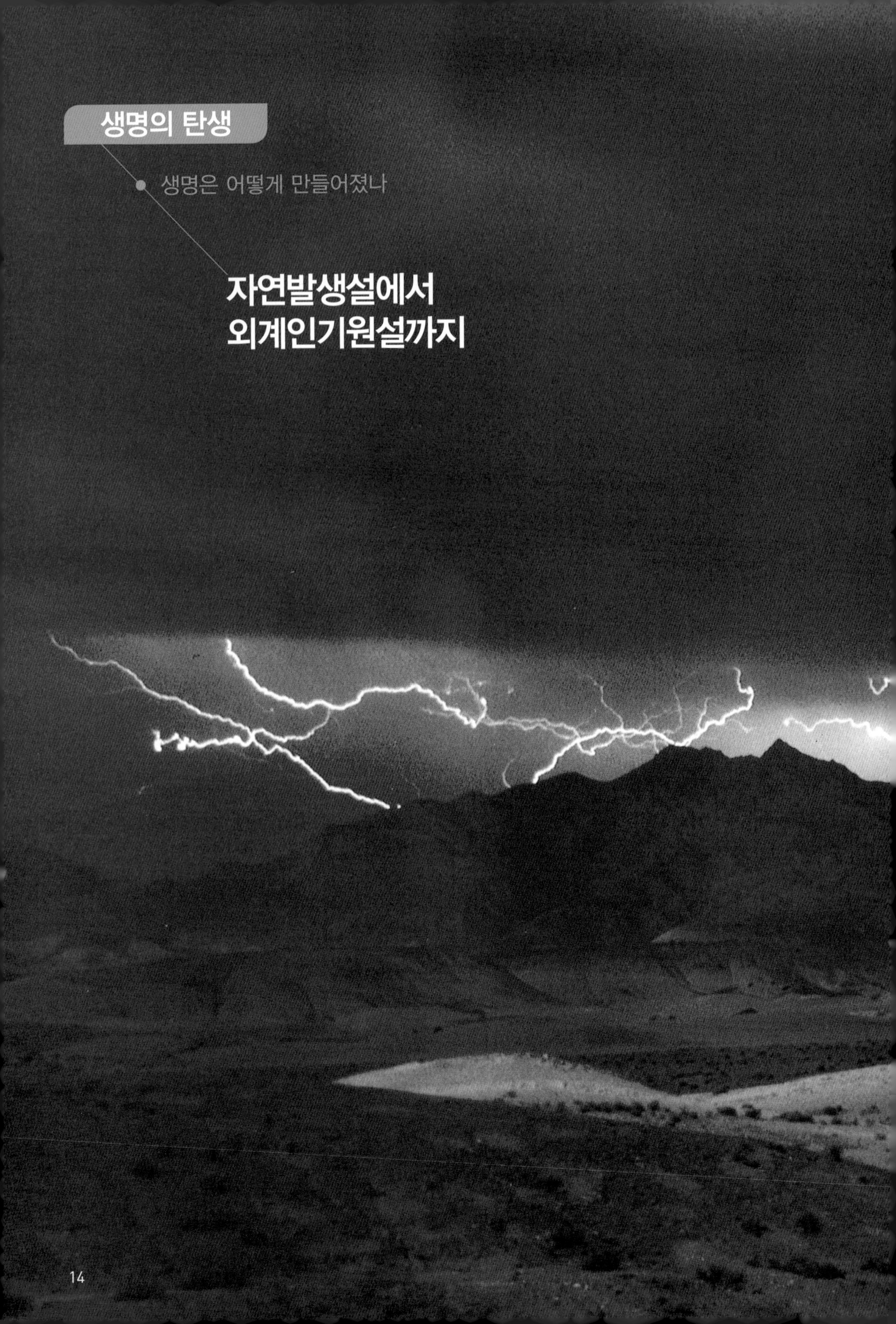

지구가 형성된 지 45억 년. 현재까지 알려진 가장 오래된 화석은 약 38억 년 전 바다에 살았다고 추정되는 원핵생물이다. 그렇다면 최초의 생명체는 이 사이의 기간, 즉 약 10억 년 동안 발생한 것이 틀림없다.

과학자들은 이 기간에 과연 어떤 일이 벌어졌는지를 여러 각도에서 탐구해 왔다. 주된 연구의 흐름은 원핵생물을 구성하는 유기물질, 즉 생체 내 핵심적인 대사 과정을 관장하는 단백질과 생명체를 복제하는 기능의 주인공인 핵산이 어떻게 만들어졌는지에 관한 것이었다.

그러나 10억 년이라는 긴 세월의 역사를 정확히 추적하는 것은 무리다. 그래서 '생명의 기원'에 대한 해답은 '무에서 유가 창조됐다'는 자연발생설부터 시작해 '고도의 문명을 갖춘 외계인이 종자를 뿌렸다'는 우주기원설에 이르기까지 다양한 가설이 제시되고 있다.

불과 100여 년 전까지 사람들은 생명체가 무생물에서 자연적으로 발생한다고 믿다. 예를 들어 어두운 상자에 밀알과 더러운 헝겊 조각을 담아 놓으면 생쥐가 자연적으로 생긴다는 식이었다. 어떤 환경이 만들어지면 그에 걸맞은 생명체가 발생한다는 논리였다.

그러다 19세기 중엽 프랑스 생화학자 파스퇴르는 고니의 목을 닮은 플라스크로 자연발생설을 결정적으로 깨는 실험을 보여 줬다. 하지만 생명이 자연적으로 발생하지 않는다면 도대체 생명의 기원은 어떻게 이해돼야 하는가. 이는 파스퇴르의 과학적 실험이 낳은 묘한 딜레마였다. 이 딜레마의 탈출구는 1920년대에 들어서면서 마련됐다.

파스퇴르 유리그릇

공기에 있는 세균은 S자 모양의 기다란 목 부위에 걸려 그릇 속의 고기국물까지 도달하지 못한다.
그래서 고기국물은 오랫동안 신선하게 유지된다.

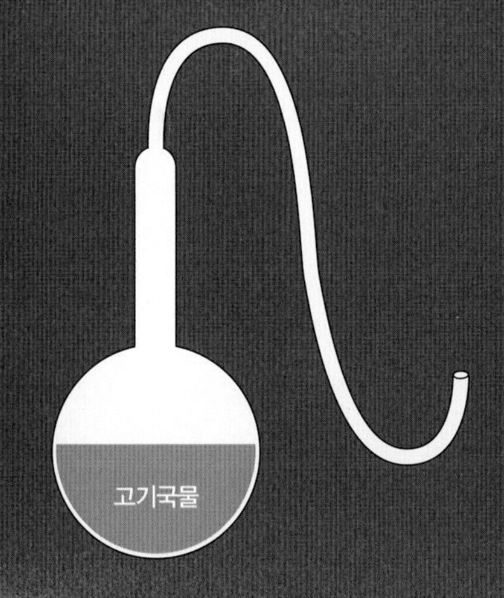

바다에서 생성된 아미노산

러시아의 오파린과 영국의 홀데인은 원시 지구의 해양에서 최초의 생명체가 발생했으리라는 가설을 제시했다. 이들에 따르면 당시 해양에는 유기물 분자가 풍부하게 공급돼 있어 오랜 세월이 지나는 동안 유기물 분자들이 서로 결합해 큰 복합체를 형성했다. 이 중 일부는 어떤 종류의 막으로 둘러싸여 주위로부터 구분되고, 이 막을 통해 필요한 분자들을 받아들이거나 필요 없는 분자들을 내보내게 됐으며, 스스로 분열할 수 있는 능력을 갖춘 특징적인 복합체가 만들어졌다. 즉 대사와 생장, 증식 등의 능력을 갖춘 생명체가 생성된 것이다.

그렇다면 원시 해양에 유기물을 합성할 만큼 풍부한 재료 물질은 어떻게 갖춰진 것일까. 이들은 해답을 대기의 성분에서 찾았다. 당시 지구의 대기가 현재와 달리 산소가 거의 없고 수소가 많은 환원성 대기라고 가정한 것이다.

단순한 유기 분자가 더 복잡한 분자로 변하기 위해서는 수소가 많이 필요했다. 그런데 산소는 다른 화합물로부터 수소 원자를 잘 뺏어 반응한다. 만일 지금처럼 대기에 산소가 풍부했다면 생명에 필요한 유기 화합물이 잘 생성될 수 없다. 그래서 이들은 원시 지구의 대기가 행성과 같이 환원성이 큰 수소나 수소를 갖춘 분자(메테인이나 암모니아 가스 등)로 가득 찼을 것이라 생각했다.

이들의 가설은 1950년대 초에 실험적으로 증명됐다. 시카고 대학교 박사과정에 다니던 밀러는 유레이 교수의 지도를 받으면서 원시 지구에서 있던 화학 반응의 정체를 밝혔다. 밀러는 바닥에 놓인 플라스크에 인공적인 원시 바다를 만든 후 플라스크를 가열했다. 이때 발생한 수증기는 메테인, 암모니아, 수소가 담겨 있는 위쪽 플라스크로 이동했다. 밀러는 이 플라스크에 연속적으로 전기 방전을 가해 기체들의 반응을 유도했다.

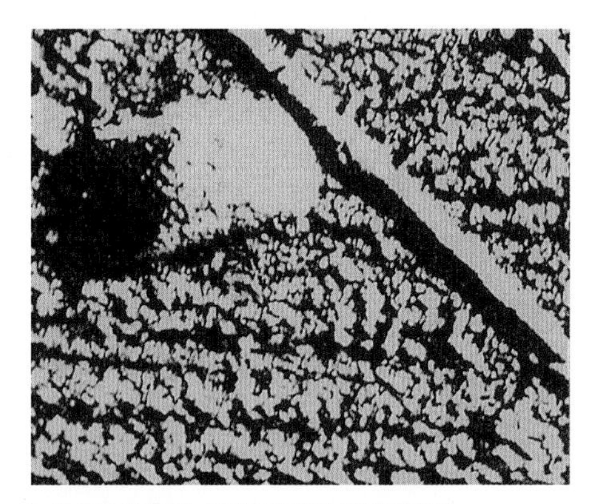

최초의 생명체는 박테리아에서 시작됐을까?
남아프리카에서 발견된 34억 년 전 박테리아 화석.

결과는 놀라웠다. 여러 가지 아미노산이 생성된 것이다. 오파린과 홀데인이 가설로 제시한 '생명의 기원'이 증명되는 순간이었다.

그러나 이에 대한 반론도 만만치 않았다. 우선 원시 대기가 과연 '환원성'이었는지에 대한 반박이 가해졌다. 오히려 '산화성'이었다는 주장이 제기된 것이다. 원시 대기가 환원성이었다는 추측은 여러 가지 보충적인 증거로부터 지지를 받

박테리아, 바이러스

박테리아는 원핵 생물로 흔히 세균이라고 불린다. 핵막이나 미토콘드리아를 비롯한 여러 소기관이 없으며, 주로 DNA와 세포벽, 세포막, 리보솜, 메소솜 등으로 구성된다. 바이러스는 원핵 생물이 아니다. 핵산(DNA나 RNA)과 단백질 껍질로만 구성돼 있으며, 반드시 숙주에 붙어서 살 수 있다. 숙주 종류에 따라 동물성, 식물성, 세균성 바이러스로 구분된다. 숙주에 핵산이 들어가 새로운 바이러스를 만들거나 숙주 세포를 파괴하기도 하며 때로는 숙주 유전자에 합쳐지기도 한다.

밀러의 실험장치

원시 지구의 상태를 실험실에서 재현시켜 생명의 기원을 실험적으로 증명했다. 환원성 대기가 담긴 플라스크에 전기 방전을 가해 아미노산을 만들어냈다.

고 있었다. 먼저 현존하는 원시 형태의 박테리아가 산소가 없는 환경에서 포도당을 발효시켜 에너지를 얻는다는 사실이 밝혀졌다. 적어도 이 박테리아가 나타나기 전에는 산소가 없었다는 말이다. 또 광합성을 해 산소를 발생시키는 박테리아가 나타난 시기는 24억 년 전이었다. 그렇다면 45억 년 전 이후 10억 년 동안에는 산소가 없지 않았겠는가.

우주 분야에서도 이를 지지하는 증거가 제시됐다. 은하계 별 사이에서 발견되는 물질을 분석한 결과 주로 환원성 기체들이 검출됐기 때문이었다.

그러나 시간이 지날수록 상황은 변하기 시작했다. 먼저 금성과 화성 대기에서 산화성 대기인 이산화탄소가 존재한다는 사실이 확인됐다. 그래서 과학자들은 유레이~밀러 장치에 이산화탄소를 비롯한 산화성 대기를 넣고 똑같은 실험을 수행했다. 그 결과 아미노산 생산율이 현저히 감소됐다. 즉 산화성 조건에서보다 환원성 조건에서 아미노산이 더 쉽게 발생한다는 사실은 확실했다.

하지만 이 실험이 원시 대기에 산화성 기체가 있다는 점을 완전히 부인할 수 있는 것은 아니었다. 어떤 학자는 수소가 너무 가벼워 지구 중력이 이를 잡지 못해 쉽게 대기 밖으로 나가 버릴 가능성이 크다는 점을 지적했다. 그래서 지구에 풍부했던 물이 자외선을 쬐고 분해될 때 수소는 대기 밖으로 사라지고 산소가 축적될 가능성이 크다고 지적했다.

또 원시 지구에 산소가 없었다면 성층권에 오존(O_3)층도 형성되지 못했을 것이므로 지구 내 생명체는 태양의 강력한 자외선으로부터 보호받지 못했을 것이라는 문제도 제기됐다. 이런 상황이라면 새로운 유기 화합물이 합성되기보다는 분해되는 일이 많았을 것이다.

생명의 탄생

생명은 어떻게 만들어졌나

DNA보다 앞선 RNA

1950년대 왓슨과 크릭이 DNA의 구조와 기능을 획기적으로 밝힘으로써 과학자들의 주요 관심은 단백질에서 핵산으로 옮겨졌다. 이들의 설명에 따르면 DNA에 저장된 유전 정보가 RNA로 전달되고 결국 생체 내 촉매인 효소를 비롯한 각종 단백질이 형성된다. 즉 핵산이 존재하지 않는 상태에서 단백질이 만들어지기 어려운 것이다. '생명의 기원'에 대한 논의는 자연스럽게 핵산이 어떻게 만들어질 수 있는지로 옮겨졌다.

1961년 휴스턴 대학교 오로는 유레이~밀러 실험보다 간단한 장치를 이용해 DNA와 RNA에 존재하는 염기 중 하나인 아데닌을 발견했다. 이제 원시 해양에서 아미노산 외에 핵산도 만들어질 수 있는 가능성이 제시된 것이다. 더욱이 아데닌은 생물 대사 과정에서 주된 에너지원으로 사용되는 아데노신삼인산(ATP)의 구성 요소였다.

DNA의 이중나선 구조를 밝힌 왓슨(왼쪽)과 크릭. 후에 크릭은 외계인이 미생물을 지구에 보냈다는 '우주기원설'을 발표해 화제를 모았다.

핵산에 대한 연구는 과학자들에게 또 다른 의문을 던졌다. DNA와 RNA 중 어느 것이 더 먼저 발생한 것일까. 왓슨과 크릭의 설명에 따르면 DNA는 유전 정보의 주된 저장 장소일 뿐 아니라 시간적으로도 RNA보다 앞선 존재였다고 추측된다. 하지만 과학자들은 RNA를 '생명의 기원'으로 선택했다. 왜 그랬을까.

무엇보다도 RNA는 DNA보다 쉽게 합성될 수 있는 분자 구조를 갖췄다. 박테리아보다 더 단순한 구조를 갖춘 가장 간단한 바이러스라도 10만 개에 가까운 뉴클레오티드로 구성된 DNA 분자를 갖고 있었다. 과연 이 거대한 분자가 우연히 만들어질 수 있겠는가.

과학자들은 보다 손쉬운 쪽을 택했다. DNA 사슬이 너무 길어 생성 가능성이 희박하다면 이보다 훨씬 짧은 사슬을 갖는 RNA를 택하는 것이 낫지 않겠는가. 특히 현존하는 RNA 중 운반 RNA는 불과 50~80개의 뉴클레오티드로 구성돼 있다. 이는 여러 가지 3차원적 형태를 만들어 다양한 기능을 발휘할 수 있는 동시에 안정성이 높은 구조를 갖췄다.

DNA가 RNA로부터 생길 수 있다는 사실이 밝혀지자 RNA는 더욱 주목을 받았다. 예를 들어 암을 유발하는 바이러스에서 RNA로부터 DNA가 만들어진 것이다. DNA와 RNA의 구조가 유사하다는 점도 RNA로부터 DNA가 만들어지는 일이 어렵지 않음을 보여 준다.

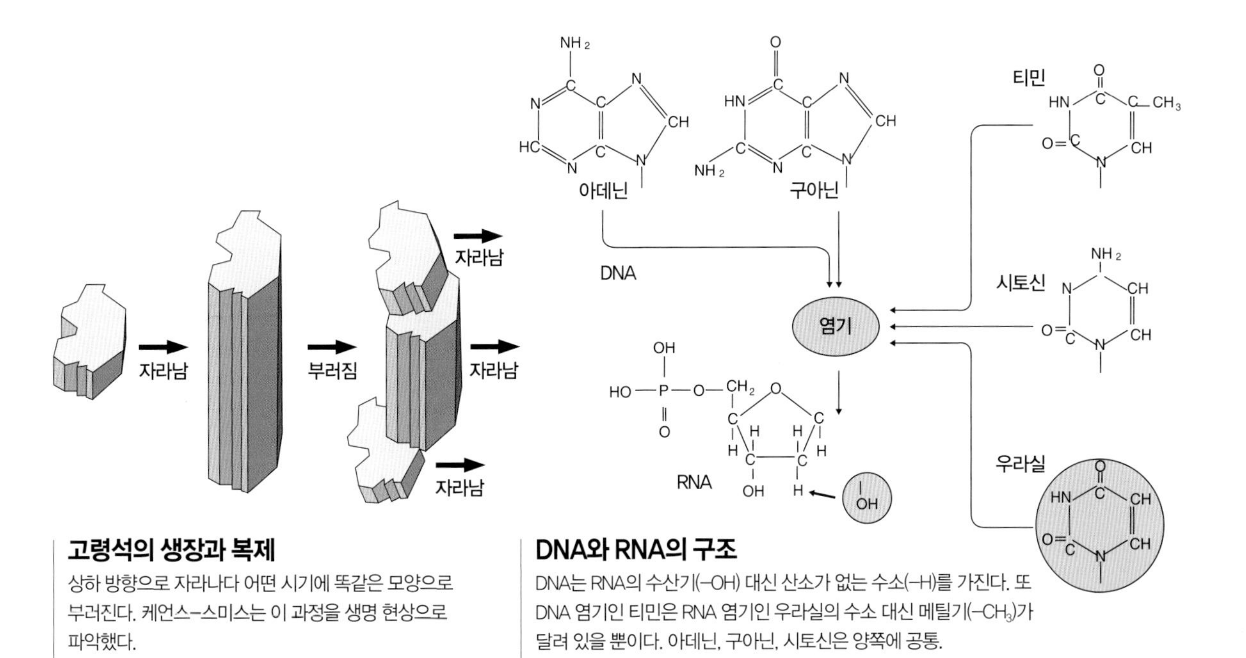

고령석의 생장과 복제

상하 방향으로 자라나다 어떤 시기에 똑같은 모양으로 부러진다. 케언스-스미스는 이 과정을 생명 현상으로 파악했다.

DNA와 RNA의 구조

DNA는 RNA의 수산기(–OH) 대신 산소가 없는 수소(–H)를 가진다. 또 DNA 염기인 티민은 RNA 염기인 우라실의 수소 대신 메틸기($-CH_3$)가 달려 있을 뿐이다. 아데닌, 구아닌, 시토신은 양쪽에 공통.

최근 밝혀진 실험 결과들은 RNA 기원설을 더욱 지지했다. 1983년 콜로라도 대학교의 체크와 예일 대학교 알트먼은 RNA만으로 구성된 '효소'인 리보자임(ribosyme)을 발견했다. 이전까지 모든 효소는 단백질로 구성된 것으로 여겨졌다. 즉 단백질 없이 RNA 스스로 어떤 대사 과정을 진행할 수 있음이 시사된 것이다. 더욱이 매사추세츠 종합병원의 스조스탁은 RNA의 변형체들이 RNA의 복제를 촉진하는 현상을 발견했다.

세포내 단백질 공장인 리보솜(ribosome)에서도 비슷한 현상이 발견됐다. 리보솜은 40%가 단백질, 60%가 RNA로 구성된 기관으로, 이곳에서 하나의 아미노산이 다른 아미노산과 연결돼 긴 단백질이 만들어진다. 그런데 단백질이 아닌 RNA가 이 연결에 촉매로 작용한다는 점이 밝혀진 것이다.

한편 스코틀랜드 글래스고 대학교의 케언스-스미스는 최초의 복제 체계가 무기물인 점토 구조였다고 주장해 커다란 충격을 던졌다. 수많은 얇고 아름다운 층으로 이뤄진 규산염이 단백질이나 핵산을 앞선 생명의 조상이라는 것이다.

예를 들어 고령석은 원주형으로 형성되는데, 얇은 층들이 상하 방향으로 쌓이면서 자라나며, 부러질 때는 층을 따라 횡적으로 잘라진다. 이렇듯 똑같은 모양의 고령석이 자라고 부러지는 과정이 바로 생명체의 생장과 복제를 나타낸다는 것이다. 케언스-스미스는 이를 '낮은 단계의 생명체'로 규정했다.

그렇다면 유기 물질로 이어지는 '높은 단계의 생명체' 요소는 어떻게 만들어질까. 이 단계에서 케언스-스미스는 원시 대기가 환원성이었다는 가설을 반박한다. 그에 따르면 38억 년 된 그린란드의 암석에 탄산염과 질소가 포함돼 있는 것으로 볼 때 원시 대기에는 이산화탄소와 질소가 존재했다. 즉 원시 대기는 이산화탄소, 질소, 수증기로 구성된 산화성 기체로 이뤄졌다는 것이다. 그렇다면 탄소와 질소, 수소 등 유기물질을 구성하는 재료가 갖춰진 셈이다. 문제는 어떻게 이 물질들이 점토에서 합성될 수 있었는가이다.

케언스-스미스는 이 시기에 점토라는 광물 생명체가 '광합성'을 통해 이산화탄소를 흡수함으로써 탄소 원자를 획득할 수 있다고 설명했다. 과연 광물이 광합성을 할 수 있을까. 그는 물속에 용해된 몇 가지 간단한 철염(iron salts)이 자외선 아래에서 이산화탄소를 포름산과 같은 작은 유기분자로 고정시킨다는 점을 증거로 제시했다.

한편 약간의 철분을 가지면서 모래 속에 소량으로 포함된 이산화티탄은 제한적이나마 질소를 고정시킬 수 있다. 여기에 햇빛이 비치면 적은 양의 질소가 암모니아로 변하고, 이후 아미노산과 같은 더 큰 유기분자들이 쉽게 만들어질 수 있다. 이런 과정을 거치면서 점토는 점차 단백질이나 핵산처럼 높은 수준의 유기물로 만들어져 나갔다.

또 하나의 대안, 우주기원설

고등 문명을 갖춘 외계인이 우주선에 생명의 씨앗을 넣어 보냈다는 설도 있다. 사진은 목성을 향해 가는 갈릴레오 무인 우주선.

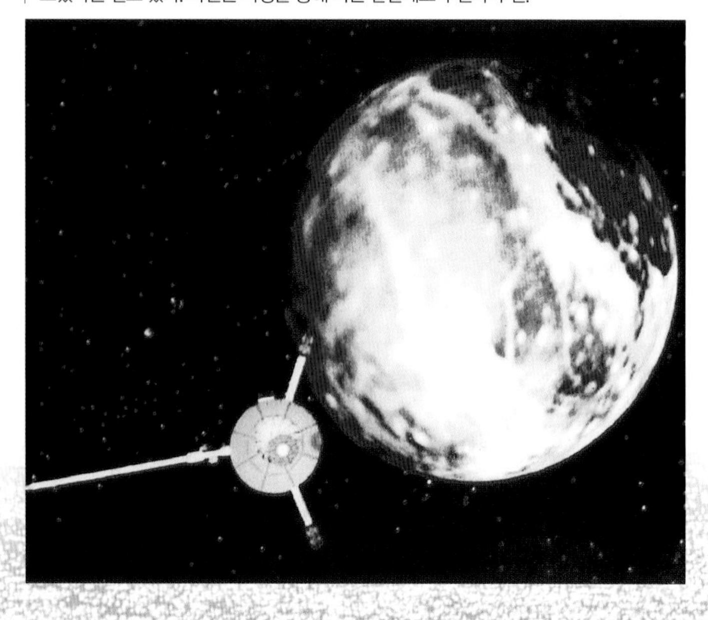

하지만 그 어떤 설명도 많은 가정과 한계를 지녔다. 특히 원시 지구에서 단순한 무기물로부터 복잡한 유기물질이 만들어질 확률은 수학적으로 볼 때 불가능하다고 여겨질 정도로 적었다. 이 어려움 때문에 어떤 과학자들은 관심을 우주로 돌렸다. 미지의 광활한 우주에서 지구 생명의 기원을 찾는 일이 지구라는 좁은 땅덩어리에서 찾는 경우보다 더 쉬워보였기 때문이다.

우주기원설은 우주에서 유기물질이 왔는가, 아니면 미생물 종자가 왔는가에 따라 두 가지로 구분된다. 먼저 유기물질이 우연히 지구에 도달했다는 설명을 살펴보자. 1969년 9월 28일 오스트레일리아 머치슨 지역에 떨어진 운석에서 다양한 유기

알라닌과 광학이성질체인 D~알라닌

아미노산 알라닌의 광학이성질체 모습.
왼쪽이 L~알라닌, 오른쪽이 D~알라닌으로,
서로 거울상이다.

물 분자가 발견됐다. 이 분자들의 종류와 상대적 비율은 밀러 실험에서 얻은 것과 매우 비슷했다. 처음에 과학자들은 이 운석이 지상에 낙하한 후 지구의 유기물에 오염된 것이 아닌가 하는 의문을 가졌다. 하지만 그렇지 않다는 증거가 너무도 강력했다.

우선 운석 조각은 낙하한 그날 바로 채취됐으며 오염되지 않도록 모든 조치가 취해졌다. 또한 발견된 몇 종류의 아미노산은 현재 지구에서 발견되지 않는 것이었다. 더욱이 D형과 L형 광학이성질체가 거의 같은 비율로 섞여 있었다. 지구에 있는 모든 아미노산은 L형뿐이다. 이 점들은 운석에서 실려 온 아미노산이 분명히 지구 밖 천체에서 비롯됐음을 알려주는 증거였다.

우주기원설의 두 번째 형태는 미생물이 지구에 도착했다는 설이다. 20세기 초 스웨덴 화학자 아레니우스는 생명 현상이 지구에서 출발된 것이 아니라 우주로부터 표류해 온 미생물에 의해 이식됐다고 주장했다. 빛의 압력이 미생물을 한 계로부터 다른 계로 옮긴다는 설명이었다. 이 주장은 범균론(汎菌論)이라 불리는데, '모든 곳에 존재하는 종자'라는 뜻이다. 그러나 살아 있는 포자가 우주 방사선의 해를 입지 않고 어떻게 긴 우주여행을 거쳐 지구에 도달했는지는 쉽게 설명될 수 없었다.

아레니우스의 가설은 최근 크릭과 오르겔에 의해 다시 제시됐다. 이들은 생물이 단백질이나 핵산 단계를 거쳐 만들어질 확률이 너무 낮다는 점을 지적했다. 그래서 이들이 등장시킨 주인공은 바로 외계인이었다.

이들에 따르면 최소한 지구 나이의 2배가 되는 우주에서는 생물이 한 번만이 아니라 두 번 정도 진화할 시간적 여유가 있었다. 그렇다면 먼 옛날 어느 한 시점에 고도의 문명을 갖춘 외계인이 계획적으로 지구에 생명의 씨를 뿌렸을 가능성이 있다. 이때 미생물 종자는 무인 우주선의 중심부에 실려 있었기 때문에 여러 위험 요소들로부터 벗어날 수 있었으며, 이것이 원시 바다에 떨어져 증식하기 시작했을 때 생명은 시작됐다는 것이다.

II
세상을 바꾼 진화론

2024년은 찰스 다윈(1809~1882)이 5년 간에 걸친 비글호 항해를 마치고 영국으로 돌아온 지 189주년이 되는 해이다. "생물은 환경에 적응하는 종만이 살아남아 발전한다."는 적자생존의 원리를 바탕으로 다윈이 『종의 기원』을 1859년에 출판했다는 사실은 잘 알려져 있다. 그는 자신의 주장을 밑받침할 과학적 근거를 비글호로 타고 상륙했던 갈라파고스제도에서 얻었다고 한다.

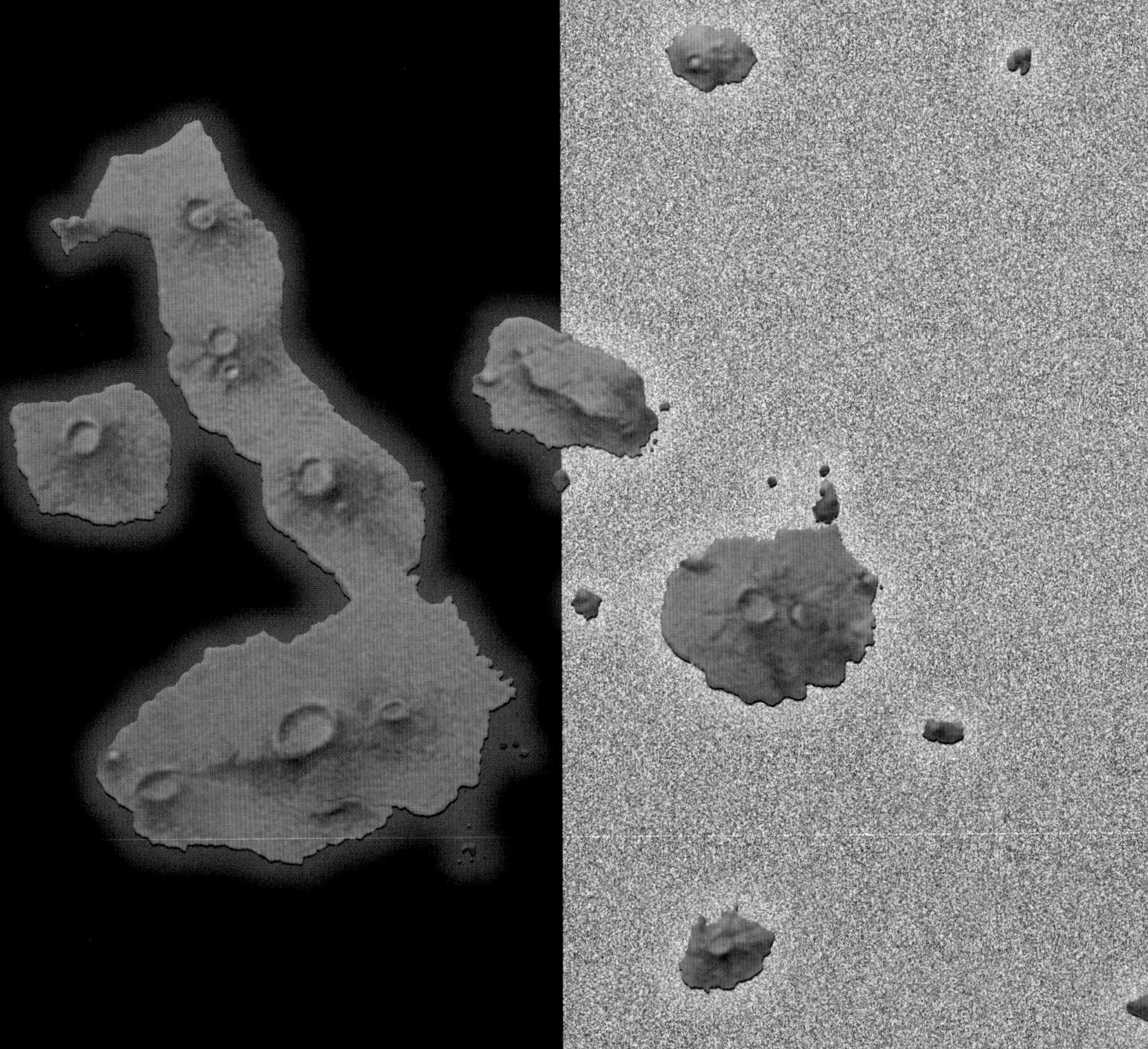

생명과 진화

다윈과 진화론

진화론이 과학과 사회에 끼친 영향

1. 다윈과 진화론
– 찰스 다윈의 비글호 항해기

의사 집안의 미운 오리

1881년 찍은 찰스 다윈의 사진. 그는 건강이 좋은 편은 아니었지만 73세까지 장수했다.

찰스 다윈은 1809년 2월 12일 영국의 서부지방인 슈루즈베리에서 태어났다. 아버지는 유명한 내과의사인 로버트 워링 다윈(1766~1848)이고, 어머니는 수잔나 다윈 웨지우드(1765~1817)이다.

찰스는 2남 4녀 중 다섯째 아이이자 둘째 아들이었다. 찰스의 부계는 의사 집안으로 유명했으며 할아버지인 에라스무스 다윈은 일찍이 진화론을 주창했다. 모계는 지금까지도 영국에서 도자기 제조로 유명한 집안이다.

찰스는 4살 때 가족과 함께 갔던 곳을 기억할 정도로 기억력이 좋았다. 조개껍데기, 광물, 동전, 자갈 등을 모으는 취미를 가지고 있었고 신기하고 낯선 생물에 호기심이 많았다. 그러나 아버지는 찰스를 가업을 잇게 하려고 에든버러 대학교 의학부에 입학시켰다. 당시는 마취학이 발달하지 못했을 때여서 찰스는 아파서 부르짖는 환자의 비명소리를 듣고 수술실에서 뛰쳐나왔다. 그의 관심은 여전히 자연과 박물학에 쏠려 있었다.

아버지는 그를 다시 목사를 만들 생각으로 케임브리지 대학교로 보냈다. 다윈은 목사 수업 중에도 식물학 교수인 스티븐스 헨슬로우(1796~1861)와 친했고 동식물과 곤충을 모으는 장난을 계속했다. 1831년 봄, 대학을 졸업한 그는 지질학자인 아담 세지위크(1785~1873)와 함께 북부 웨일즈 지방의 지질을 조사했다. 또 박물학자를 따라갔다 온 흑인에게 돈을 주고 박제법을 배우기도 했다.

1831년 여름 그의 운명을 바꾼 역사적인 일이 생겼다. 해군성에서 2년 예정으로 남아메리카, 태평양, 동인도제도의 수로를 조사하고, 전 세계 여러 곳의 경도를 측정하기 위해 영국전함 비글호에 탑승할 사람을 모집했던 것이다. 나폴레옹을 이김으로써 세계 최강국으로 군림하게 된 영국이 세계 각지를 조사하고 연구할 때였다. 영국은 그때까지 알려지지 않은 수로와 해안선을 조사하고, 섬들과 항구도시들의 지리적 위치를 정확하게 확인하기 위해 비글호를 파견했다.

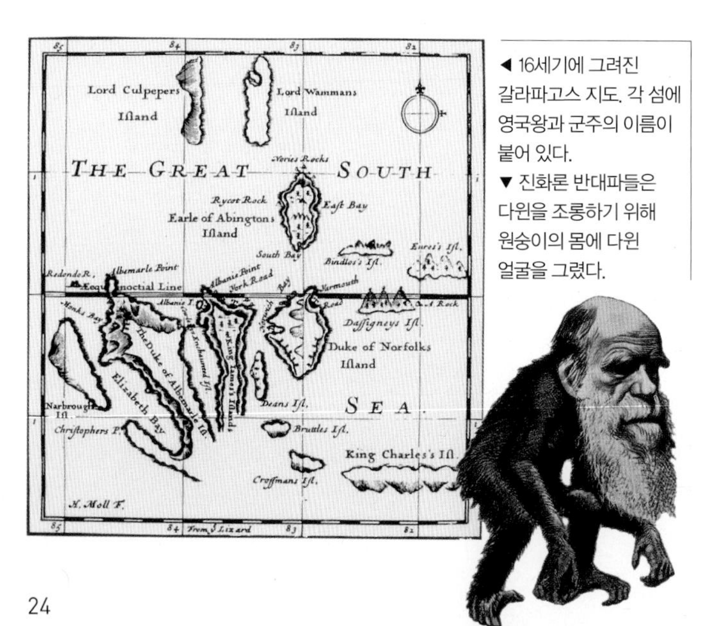

◀ 16세기에 그려진 갈라파고스 지도. 각 섬에 영국왕과 군주의 이름이 붙어 있다.
▼ 진화론 반대파들은 다윈을 조롱하기 위해 원숭이의 몸에 다윈 얼굴을 그렸다.

비글호의 선장은 찰스 다윈보다 4살 위인 로

비글해협에 정박한 비글호
다윈은 비글호를 타고 5년 동안 남아메리카, 갈라파고스, 오스트레일리아, 남태평양을 탐험했다.

버트 피츠로이(1805~1865)였다. 그는 귀족 출신으로 성경을 철저하게 신봉했으며, 성경에 쓰인 대로 지구가 창조됐다는 것을 실증할 눈에 보이는 증거를 수집할 박물학자를 찾았다. 어쩌면 고통스러운 함장 생활 동안 대화 상대가 필요했는지도 모른다.

당시의 함장은 권위의 상징이어서 항상 외로웠다. 실제로 1826년부터 1830년까지 비글호를 지휘한 프링글 스토크스는 함장의 외로움과 정신적인 고통을 이기지 못해 자살했다. 또 당시의 관례는 외과의사인 군의관이 박물학자를 겸했으므로 비글호의 공식 박물학자는 있었다고 말할 수 있다. 그러므로 피츠로이 함장이 찾는 사람은 공식 박물학자가 아닌 그의 말벗이었던 셈이다.

처음에 연락을 받은 헨슬로우 교수는 자신이 갈 수 없게 되자 다윈에게 그 사실을 알려주었다. 하지만 다윈은 아버지의 완강한 반대에 부딪혔다. 그런 경험이 목사 수업에 도움이 되지 않는다는 것이 이유였다. 하는 수 없이 그는 항해를 포기하고 사냥이나 하려고 외삼촌집으로 놀러갔다. 그런데 외삼촌이 후원자로 나서며 그를 도왔다. 외삼촌은 찰스의 아버지에게 다윈을 항해에 참여시켜야 될 이유를 조목조목 적은 권유편지를 썼다. 그것을 읽은 아버지는 다윈의 비글호 항해를 허락해 주었다.

한편 피츠로이 함장은 자신의 경험을 바탕으로 비글호를 개조했다. 비글호는 원래 30m, 배수량 242톤의 배였는데, 네 문의 대포를 없애 공간을 넓히고 세 번째 돛대를 추가로 세워 항해 속도를 높였다. 배 밑바닥에 방수 장치를 보강했으며 피뢰침도 설치했다. 함장은 경도 측정용 시계를 22개나 사비로 샀고, 담당자도 한 사람 승선시켜 정확한 항로로 여행할 수 있도록 준비했다. 육류 통조림과 건조된 과일 등의 식량도 준비했다. 마침내 항해 준비를 마친 비글호는 1831년 12월 27일 영국 데본포트 항을 떠났다. 이때 다윈의 나이는 22세였다.

찰스 다윈은 승선과 긴 항해가 처음인지라 멀미를 심하게 하는 등 많은 어려움을 겪었다. 그는 비글호가 브라질의 리우데자네이로 항에 기항했을 때 노예제도를 찬성하는 함장과 심한 언쟁을 벌여 배에서 내릴 뻔하기도 했다. 항해는 함장의 사과로 계속됐다. 한편 비글호의 공식 박물학자인 외과의사가 리우데자네이로 항에서 하선하자, 찰스 다윈이 그 자리를 맡았다.

찰스 다윈은 비글호를 타고 리우데자네이로부터 비글 해협까지 남아메리카의 동부 해안 지방을 탐사한 다음, 마젤란 해협을 돌아서 칠레 남부와 중부를 거쳐 안데스 산맥을 넘었다. 해안을 따라 페루까지 올라간 그는 태평양으로 나서 갈라파고스 제도, 타히티 섬, 뉴질랜드, 오스트레일리아 등 당시 한참 개척되기 시작한 곳들을 차례로 방문했다. 인도양의 킬링 군도와 모리셔스 섬, 남아프리카, 대서양의 세인트헬레나 섬과 아센선 섬 등을 찾아다니다 보니 비글호의 여정은 점점 길어졌다.

세상을 바꾼 진화론

1. 다윈과 진화론
– 찰스 다윈의 비글호 항해기

역사상 가장 위대한 과학 여행기

이사벨라 섬에는 아직도 화산이 분출하고 있다. 2022년에도 울프 화산이 분화되어 이 지역에서만 서식하는 분홍 이구아나의 안전이 염려되기도 하였다. 분홍 이구아나는 현재 211마리만 남아있는 희귀종이다.

2년 예정으로 떠난 비글호의 여정은 거의 5년이 걸렸다. 1836년(27세) 10월 2일 비글호와 함께 영국으로 돌아온 다윈의 손에는 보고 느낀 것을 꼼꼼하게 적은 18권의 공책이 들려 있었다. 이것에 근거해 1839년에 펴낸 책이 바로 『비글호 항해기 *The Voyage of the Beagle*』이다.

역사상 가장 위대한 과학 여행기로 평가받는 『비글호 항해기』는 그가 쓴 많은 논문과 책 가운데에서 가장 재미있게 읽을 수 있는 책이다. 이 책이 출판된 지 173년 동안 한결같이 애독되고 있는 이유는 찰스 다윈이 오랫동안 비글호를 타고 다니면서 모은 항해의 기록이라는 이유가 클 것이다. 그러나 이 책은 생물, 화석, 지질, 그리고 당시 사람들의 생활 등 방대한 분야를 세심하게 관찰해 기록했다는 점에서 다른 사람들의 여행기와 비교가 되지 않는다고 생각된다.

『비글호 항해기』에는 흥미진진한 이야기들이 수없이 펼쳐진다.

1832년 2월 비글호는 브라질 산살바도르에 도착했다. 이곳에 며칠을 보내던 어느 날 다윈은 바닷가에서 가시복어의 생태를 관찰하게 됐다.

“이 물고기는 거의 구형으로 몸을 팽창시키는

갈라파고스의 명물
코끼리거북.

기묘한 힘을 가지고 있다. 프랑스 비교해부학자 퀴비에(1769~1832)는 이 상태에서 어떻게 헤엄칠 수 있는지 궁금하게 생각했다. 관찰해보니 이 물고기는 직선으로 전진할 수 있을 뿐 아니라 가슴지느러미를 이용해 회전을 했다. 이 물고기가 몸을 팽창시키면 껍질을 덮고 있는 돌기들이 일어서 뾰족하게 된다. 알랜 박사는 상어 뱃속에서 살아 있는 가시복어를 본 적이 있다고 말했다. 또 상어의 위와 옆구리를 뚫어서 상어가 죽은 적도 있었다고 한다. 그렇게 작고 연한 물고기가 크고 무서운 상어를 죽일 줄이야."

가시복어가 상어를 죽인 이야기는 물론, 물새의 비린내를 없애는 방법, 거미와 벌의 목숨을 건 싸움, 개미의 먹이 사냥, 소리를 내는 물고기와 나비, 바닷물의 색깔이 변한 이야기, 콘도르독수리의 비행 모양과 잡는 방법 등 다윈이 듣고 본 이야기들이 비글호 항해기에서 끝없이 펼쳐진다.

"1832년 4월 19일. 나는 브라질에 머무는 동안 많은 곤충을 채집했다. 특히 귤나무 숲에서 사는 파필리오 페로니아라는 나비의 습성을 보고 매우 놀랐다. 이것은 달아날 때 다리를 사용하는 내가 본 유일한 나비였다. 내가 잡으려고 하면 이 나비는 교묘하게 달아났다. 특히 기묘한 것은 소리를 낸다는 사실이다. 톱니바퀴가 용수철의 고리를 지나갈 때 '딸깍'하고 내는 소리와 흡사했다. 나는 이 관찰에서 잘못이 없다는 것을 자신한다."

비글호 항해기에는 당시의 사회상도 담겨 있다. 남아메리카의 끝에 살면서 총이 무서운지 몰라 멸종된 인디언들의 비참한 최후, 당시 노예들의 생활과 백인들의 잔악한 행동, 뉴질랜드 원주민의 혐오스러운 장례식 등에 관한 다윈의 목격담은 이제는 시대가 달라져 볼 수 없다.

비글호 항해기는 생태보고서로서도 가치가 높다. 반딧불이, 모기, 빈대와 같은 곤충류, 퓨마, 아르마딜로, 카피바라, 스컹크 등의 포유동물, 신천옹, 벌새, 날개에 발톱이 있는 새 등의 조류, 군소, 헤엄치는 게 등의 물고기와 갑각류, 야광충과 같이 작은 바다에 사는 미생물, 거북, 도마뱀, 뱀, 개구리 등의 파충류와 양서류 등 다윈이 보았던 낯설고 신기한 수많은 동물들의 습성과 생태에 관해 자세하게 기록돼 있다. 수천 킬로미터를 떠다니는 씨와 나무와 같은 식물 이야기도 빠뜨리지 않았다.

"1985년 10월 8일. 갈라파고스 제도의 모든 섬에서 육지거북이 발견된다. 물이 없거나 건조한 저지대에 살고 있는 이 거북은 주로 즙이 많은 선인장을 먹는다. 물을 대단히 좋아해서 엄청난 물을 마시고 진흙 속에서 뒹군다. 나는 개구리가 방광에 생존에 필요한 수분을 저장한다고 믿고 있다. 육지거북도 마찬가지라고 생각한다. 샘에 왔다 가면 얼마 동안 거북의 방광은 액체로 불룩하나 점점 줄어든다. 주민들은 저지대를 다니다가 목이 마르면 거북의 방광에 든 내용물을 마신다. 그 액체는 투명했으며, 내가 직접 맛본 바로는 약간 쓴맛이 있었다."

세상을 바꾼 진화론

1. 다윈과 진화론
– 찰스 다윈의 비글호 항해기

다윈과 갈라파고스

바다이구아나는 보기에는 무섭지만 물속이나 바위에 붙어 있는 해조류를 먹고 사는 아주 순한 초식동물이다.

그는 화석과 지질에도 깊은 관심이 있었다. 그는 가는 곳마다 지질을 조사하고 규화목, 네발동물의 뼈와 이빨화석, 조개화석 등의 화석을 모았다. 또 화석동물들이 살았던 옛날을 생각해 그 화석동물들이 어떻게 살았으며 어떤 길을 통해 없어졌는지를 지금의 지식을 기준으로 판단해도 아주 합리적으로 유추했다.

그는 칠레에서 지진을 경험하고 큰 충격을 받았다.

"1835년 2월 20일. 칠레 발디비아의 역사에서 기억할 만한 날이다. 바닷가 그늘에서 쉬고 있는데 갑자기 땅이 흔들리기 시작했다. 나는 진동이 정동쪽에서 왔다고 느꼈는데, 다른 사람들은 남서쪽에서 오는 것처럼 생각했다. 이것은 지진의 진동 방향을 아는 것이 얼마나 힘들다는 것을 알려준다. 나는 몸무게 때문에 휘어지는 얇은 얼음 위에서 스케이트를 타는 듯한 기분을 느꼈다. 지진은 우리의 가장 오래된 관념을 일시에 파괴했다. 견고하다고 생각한 지구가 액체 위의 얇은 껍질처럼 우리의 발밑에서 흔들렸다."

다윈은 남아메리카 대륙이 융기하면서 생긴 지질학적 변화와 안데스 산맥이 생긴 과정에도 깊은 관심을 보였다.

그는 갈라파고스 제도에서 관찰했던 새와 거북이 환경에 맞추어 살아가는 것을 보았다. 여기서 생물은 환경에 적응해 살아가는 종이 발전한다는 진화론을 생각하기에 이르렀다. 이제는 누구나 진화론을 인정한다. 단지 진화하는 과정을 지금도 연구하고 있을 뿐이다. 진화론은 생물과 지질학에 깊은 소양이 없이는 생각할 수 없는 내용이다. 이런 점에서 다윈은 훌륭한 생물학자요, 지질학자요, 화석을 연구한 고생물학자요, 위대한 박물학자였다.

라밍고(홍학)는 갈라파고스에서 흔하게 볼 수 있는 새다.

다윈의 커다란 업적은 산호초가 만들어지는 과정을 설명한 것이다.

"1836년 4월 12일 킬링 섬에서. 산호초에는 환초, 보초, 거초 등 세 가지가 있다. 환초는 원반모양으로 형성된 산호초이고, 보초는 대륙 또는 큰 섬의 해안 앞으로 직선으로 발달하거나 작은 섬을 둘러싼 산호초이다. 거초는 육지와 바다가 접하는 곳에 리본 모양으로 펼쳐지는 산호초를 말한다. 거초는 육지가 천천히 융기할 때 생기고, 반면 환초와 보초는 침강할 때 형성된다."

다윈은 태평양과 인도양을 항해하면서 산호초의 종류와 차이를 명확하게 파악해 산호초가 만들어지는 과정을 밝혀냈다. 즉 산호초가 산호 자체의 생태와, 해양지각의 침강과 융기 등의 움직임이 복합적으로 작용해서 생성된다는 사실을 간파한 것이다. 이와 더불어 화신분포로부터 지구 내부에서 일어나는 작용을 설명하기도 했다. 후일 그의 설명에 반박하는 주장이 있었으나 해저를 굴착한 자료들은 다윈의 주장이 옳다는 것을 뒷받침해 주었다.

『비글호 항해기』는 1839년에 초판, 1845년에 2판, 1860년에 3판이 나왔다. 다윈은 친구에게 주려고 『비글호 항해기』를 사면서 출판사에 빚을 지기도 했다. 만년에 그는 『비글호 항해기』에 대해 "나의 최초의 문학적 작품이 성공해서 어떤 다른 책보다도 나를 기쁘게 해 준다."라고 술회했다.

찰스 다윈은 비글호 항해를 마치고 귀국한 후 1838년(29세) 영국지질학회 서기가 됐다. 이듬해에는 영국학사원 회원이 되는 영광을 누렸다. 그런 지위에 오르기에는 아직 젊었지만 학자들은 그의 학문적 업적을 인정했던 것이다. 그는 1839년 1월 사촌누나인 엠마 웨지우드(1808~1896)와 결혼해 학문에 몰두할 수 있었다. 그러나 건강이 좋지 않아 1841년 2월에 지질학회 서기직을 사임했다. 남아메리카에서 걸렸던 풍토병이 재발한 것이다. 그는 1835년 3월 안데스 산맥을 넘어 아르헨티나를 답사하던 중 침노린재과의 벤추카빈대에 물려 풍토병인 샤가스병에 걸렸었다. 브라질 수면병으로 알려진 이 병에 걸리면 어린이는 죽을 수 있으며 성인은 자유로운 행동을 하지 못한다. 지금도 벤추카빈대는 문제가 돼 남아메리카국가들은 대대적인 박멸 운동을 벌이고 있다.

찰스 다윈은 1859년(50세) 불후의 명저인 『종의 기원』을 발간했다. 그러나 병 때문에 여행도 하지 못하고 일생을 자유롭게 활동하지 못했다. 다윈은 1882년 4월 19일 73세로 다운에서 타계해 웨스트민스터 사원에 안장됐다. 슬하에는 6남 4녀가 있었으나 그 가운데 7명의 자녀만 성장했다. 이 중 3명은 경의 칭호를 받았다.

한편 비글호는 1854년까지 오스트레일리아와 뉴질랜드를 조사하는 데 쓰였다.

세상을 바꾼 진화론

1. 다윈과 진화론
– 찰스 다윈의 비글호 항해기

비글호의 여정

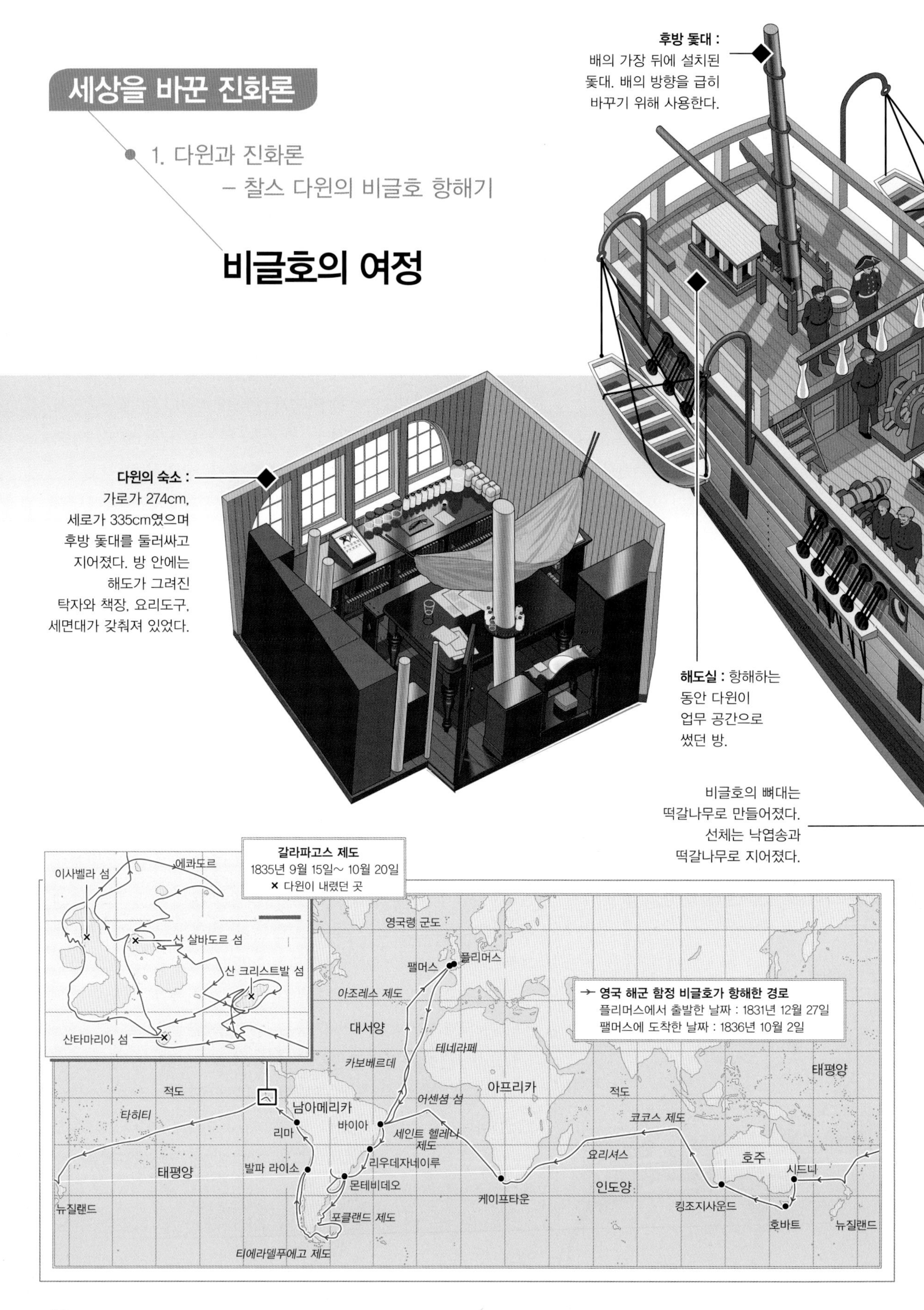

찰스 다윈은 해양 측량을 하기 위해
남아메리카로 떠나는 영국 해군 함정 비글호에
자연을 연구하는 박물학자 자격으로 승선했다.
다윈은 항해하는 5년 동안 진화론을
체계적으로 확립했고, 이를 바탕으로
훗날 그의 대표 저작인
『종의 기원』을 탄생시켰다.

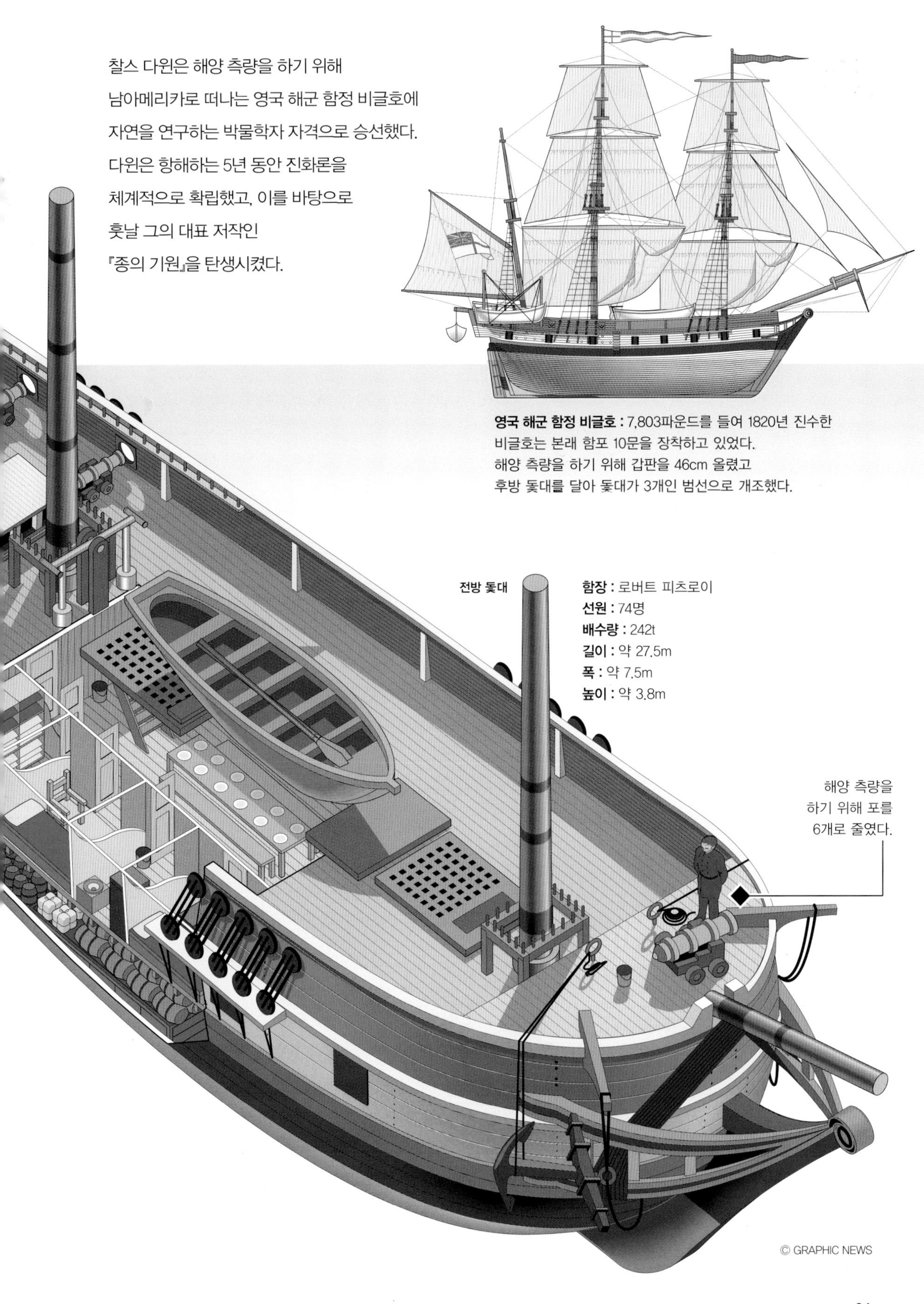

영국 해군 함정 비글호 : 7,803파운드를 들여 1820년 진수한 비글호는 본래 함포 10문을 장착하고 있었다. 해양 측량을 하기 위해 갑판을 46cm 올렸고 후방 돛대를 달아 돛대가 3개인 범선으로 개조했다.

2. 진화론이 과학과 사회에 끼친 영향
– 19세기 과학혁명의 출발점 『종의 기원』

진화의 과학적 근거로 등장한 자연선택

"호수에서 헤엄치며 입으로 곤충을 잡아먹는 곰이 거의 고래 같은 동물로 진화할 수도 있다."

1859년 11월 24일, 이런 내용을 담은 『자연 선택에 의한 종의 기원』이란 책이 영국 런던에서 출간됐다. 저자는 박물학자였던 찰스 다윈. 당대 학자들은 곰이 어떻게 고래가 될 수 있냐며 다윈을 비웃었다. 한술 더 떠 다윈의 논리대로라면 원숭이가 인간의 조상이 되겠다며 조롱했다. 하지만 최근 과학자들은 다윈의 주장이 옳다는 증거를 찾아냈다. 고래의 유전체에서 하마, 사슴, 기린과 공통 요소를 발견한 것이다. 곰은 아니지만 적어도 '하마가 고래로 진화했다'는 건 알아낸 셈이다.

다윈 역시 당대의 비판에 조심스럽게 대응하긴 했지만 진화론을 포기하지 않았다. 1872년 『종의 기원』 6판을 내놓을 때까지 그는 자신의 진화론을 계속 '진화'시켰다. 지금도 세계 곳곳의 과학자들은 때론 새로운 종을 찾고 때론 DNA의 흔적을 더듬으며 진화론을 연구하고 있다. 사회과학자들은 인간 본성과 행동에 대한 답을 진화론에서 찾으며, 문학 작품에서 다윈의 영향을 읽어내는 인문학자들도 있다.

찰스 다윈을 일약 세계적인 '스타'로 만든 『종의 기원』엔 어떤 내용이 담겨 있을까. 다윈이 주장한 자연 선택과 진화론의 핵심 내용은 뭘까. 당시 사람들은 다윈의 진화론에 어떤 반응을 보였을까?

1859년 11월 24일 영국에서 책 한 권이 출판됐다. 녹색 양장본으로 500여 쪽에 이르는 이 책의 가격은 14실링. 노동자의 보름치 평균 임금에 해당할 만큼 비쌌다. 하지만 초판 1250부는 그날로 모두 매진됐고, 그로부터 두 달이 채 안 된 1860년 1월 7일 제2판 3000부가 출판됐다. 그 책이 바로 『종의 기원』으로, 저자인 찰스 다윈을 일약 유명하게 만든 진화론의 고전이다.

1859년 11월 24일 출간된 『종의 기원』. 당시 제목은 『자연선택을 통한 종의 기원에 관하여』였는데, 1872년 6판이 출간되면서 『종의 기원』으로 바뀌었다.

그런데 이런 '인기'는 저자인 다윈이나 출판인 존 머레이가 예상했던 상황은 아니었다. 사실 머레이는 책이 제대로 팔릴까 하는 걱정에 출판을 망설였고, 다윈은 말썽이 될 만한 종교적 내용이나 인간의 진화에 관한 내용을 다루지 않겠다고 약속해야 했다. 다윈이 원했던 책 제목은 『자연 선택을 통한 종과 변종의 기원에 관한 요약 에세이』였지만, 머레이는 제목을 『자연 선택을 통한 종의 기원에 관하여』로 바꿨다.

『종의 기원』이 유례없는 상업적 성공을 거뒀다고 말할 수는 없다. 당시 문화적 권위를 과시하던 찰스 디킨스나 조지 엘리엇 같은 문인들의 작품에 비하면 『종의 기원』 인기는 초라했다. 게다가 『종의 기원』처럼 진화론을 다룬 로버트 체임버스의 『창조의 자연사적 흔적』은 1844년 출판돼 19세기 내내 『종의 기원』 보다 훨씬 많이 팔렸고 널리 읽혔다.

사실 진화론은 19세기 초부터 영국 사회의 급진적인 정치세력과 일부 의료인 사이에서 호응이 대단했다. 다만 생물 종이 신이 창조한 것이 아니라 자연히 만들어졌다는 생각은 당시 유럽 사회의 위계를 파괴하고 도덕적 타락을 일으킬 수 있다는 프랑스 무신론자들의 시각으로 매도되고 있었다.

게다가 당시 영국 학자들 사이에서는 진정한 과학이란 자연현상에서 도출된 귀납과학이어야 한다는 공감대가 형성되고 있었다. 물질이 스스로 생명체를 조직해 가는 성질을 지닌다고 보는 프랑스 생물학자 라마르크의 진화론은 제대로 된 귀납적 과학 이론으로 여겨지지 않았다.

그래서 체임버스는 『창조의 자연사적 흔적』에서 무신론적 태도로 여겨진 라마르크류의 진화론이 던지는 정치적 불안감을 씻어내기 위해 애썼다. 그는 생물의 진화가 신이 창조한 자연법칙에 따라 점차 진보하는 방향으로 진행된다고 주장했다.

하지만 그 자연법칙이 어떤 것인지는 모호했다. 생명체가 처음 생겨날 수 있음을 보여 주기 위해 그는 전기 자극으로 작은 생명체가 생겨났다는 당시의 한 연구 결과를 인용했는데, 이는 곧 학계의 웃음거리가 됐다. 많은 사람들이 이미 창조론은 과학적 가설이 아니라고 생각했지만, 라마르크의 진화론이나 체임버스의 진화론 역시 과학적으로 검증할 수 있는 메커니즘을 제공하지 못하고 있었다.

때문에 『종의 기원』을 쓰던 다윈의 목표는 무엇보다도 자연 선택이라는 종 형성 메커니즘에 대한 가설이 과학적으로 고려할 가치가 있음을 보여 주는 데 있었다. 그렇게 된다면 과학이 신비 중의 신비로 여겨지던 종의 기원을 다룰 힘이 있음을 보여 주는 셈이 될 것이었다.

『종의 기원』 서론은 이런 다윈의 입장을 잘 보여 준다. 그는 우선 종의 기원에 대한 당시 항간의 이론들이 미흡하다는 점을 강조한다. 모든 생물 종이 독립적으로 현재 모습처럼 창조됐다는 이론은 사실상 왜 그렇게 다양한 생물 종이 존재하는지 말해 주지 못한다. 그 생물 종들이 살아가는 물리적 조건들에 관한 논의가 결여돼 있어 실제로 아무것도 설명해 주지 않는 셈이기 때문이다.

그간 자연철학자들이 생각해 낼 수 있었던 진화 원인이라야 기후나 음식 같은 환경 요인 정도였다. 하지만 딱따구리의 부리처럼 나무껍질 속의 벌레를 잡을 수 있는 구조가 외부 환경 때문에 만들어질 수 있을까? 특정 조류에 의해서만 씨를 퍼뜨릴 수 있으며 특정 곤충을 통해서만 가루받이가 되는 겨우살이의 구조가 외부 환경이나 그 식물의 '의지'를 통해 만들어질 수 있을까?

따라서 다윈은 『종의 기원』 처음 네 장(章)에서 우선 자연 선택이 강력한 적응 진화의 메커니즘으로서 오랜 시간을 거치면서 생명체의 형질을 다양하게 분화시켜 왔으리라는 점을 집요하게 강조한다. 그리고 그 이후 장들에서 구체적인 종 진화의 증거를 보여 주는 해부학적, 발생학적, 식물지리학적 그리고 지질학적 사례들을 현란하게 제시한다.

『종의 기원』에 대한 다양한 반응들

『종의 기원』에 대한 학계의 반응은 다양했다. 소설가이며 사회주의자로 유명한 목사 찰스 킹즐리는 열광적인 칭찬의 편지를 보내왔다. 다윈이 옳다면 자신이 오랫동안 지녀온 믿음들을 많이 버려야할 것 같다는 내용이었다. 물론 킹즐리는 신이 최초의 생명체를 생명체 스스로 진화시켜갈 수 있도록 창조했다는 생각이 하등 이상할 것이 없다는 자신의 신념을 이야기했다.

사실 다윈은 초판에서 진화를 온전히 자연적인 현상으로만 기술했다. 하지만 킹즐리처럼 무게 있는 독자들이 자신이 그려낸 진화를 신의 작품으로 간주하며 열렬한 지지를 보내는 모습을 보면서, 제2판에서는 독자들이 『종의 기원』에 나타난 진화를 신의 작품으로 읽을 수도 있는 구절들을 슬며시 삽입했다. 예를 들어 초판 마지막 문장에서 '한두 원시적 형태에 생명의 숨결이 깃들고'라는 구절을 '한두 원시적 형태에 창조주를 통해 생명의 숨결이 깃들고'라고 고쳐 썼다.

중진학자들의 대변지로 여겨지던 《애시니엄》의 한 필자는 다윈의 진화론에 내포된 인간의 기원에 대한 의미를 즉각 읽어냈다. 그리고 인간은 신이 기획한 결과가 아니라 우연한 기회에 생겨난 산물이라는 논의는 비판과 심판의 대상이라고 판정했다.

다윈에게 지질학을 가르쳤던 케임브리지 대학교 아담 세지윅은 인간의 도덕적 지위를 위협하는 다윈의 진화론을 받아들일 수 없었다. 다윈의 우상이었던 존 허셜은 올바른 과학이란 귀납과학이라는 점을 보여 주면서 자연 선택이라는 개념이 귀납과학과는 거리가 먼 뒤죽박죽 논설이라고 평했다.

탐험가 데이비드 리빙스턴은 드넓은 아프리카 초원에서도 다윈이 말하는 생존 경쟁의 흔적은 찾아보기 어렵다는 푸념의 편지를 자연사박물관의 로버트 오웬에게 보냈다. 생리학자 에드워드 카펜터 역시 자유주의자로 알려져 있었지만, 개나 달팽이가 다른 종에서 유래한다는 이론은 신학적으로 터무니없는 생각이라고 논평했다.

하지만 다윈 측근 학자들은 강력한 연합전선을 형성하면서 그를 옹호했다. 토머스 헉슬리는 기회가 될 때마다 서평을 쓰면서 다윈을 옹호했다. 헉슬리는 《웨스트민스터 리뷰》 서평에서 『종의 기원』을 신학적 도그마로부터 해방을 주도할 '자유주의의 병기고에서 꺼내 온 강력한 총기'에 비유했다.

식물학자인 조셉 후커는 원예학 저널에 서평을 쓰면서, 종이 자연에 의해 선택되는 원리는 우수한 딸기 품종이 원예인의 손길에 의해 만들어지는 것과 같은 이치라고 설명했다.

2. 진화론이 과학과 사회에 끼친 영향
– 19세기 과학혁명의 출발점 『종의 기원』

새로운 진화론의 서문을 열다

그렇다면 『종의 기원』은 어떤 내용을 담고 있을까. 서문에서 다윈은 1831년부터 1836년까지 20대에 해도(海圖)를 작성하는 영국 군함 비글호에 자연학자로 승선해 남아메리카와 태평양 지역을 돌아다니는 동안 종의 기원이라는 신비 중의 신비를 밝힐 수 있을 듯싶다는 생각을 하기 시작했다고 말한다.

우선 파타고니아 지역에서 본 거대한 파충류 화석은 분명 현존하는 파충류와 비슷한 유형의 동물임에 틀림없었다. 화석으로 남아 있는 그 거대한 파충류가 그 지역에서 흔히 발견되는 파충류들과 흡사한 모양의 동물이었다는 사실을 어떻게 해석해야 할까?

어느 날 끼니를 위해 사냥했던 레아는 다윈이 알고 있던 다른 지역의 레아와 거의 같은 모양의 새였지만 몸집이 작았으며 분명 다른 종으로 분류돼야 할 조류였다. 어떻게 그렇게도 닮은 그러나 다른 두 종이 각각 인근 지역에 나뉘어 서식하게 됐을까? 이들이 혹여 같은 조상으로부터 현재 모양으로 조금씩 변해온 건 아닐까?

무엇보다 다윈은 비글호 항해 막바지에 들렀던 갈라파고스 제도의 거북과 핀치로부터 종의 기원에 대한 실마리를 느꼈다고 밝힌다. 각 섬에 서식하는 거북의 등껍데기 모양이 조금씩 달랐으며, 핀치의 형태 특히 부리가 눈에 띄게 달랐다. 군도에서 가까운 대륙 연안에는 이들 핀치와 매우 비슷한 다른 종의 새들이 서식하고 있었다. 군도 핀치들의 조상이 대륙에서 이주해 온 뒤 현재와 같은 모양으로 변한 것은 아닐까?

하지만 다윈이 자연 선택을 통해 형질이 변화하면서 종이 만들어질 수 있다는 생각을 본격적으로 하기 시작한 시기는 비글호 항해를 끝내고 런던에서 생활하던 몇 년 사이였다. 갈라파고스 제도에 머물던 5주 동안 섬마다 거북의 등껍데기 모양이 다르다는 이야기를 들었지만, 그것이 무엇을 의미하는지는 생각하지 못했다.

수집한 핀치 역시 각 개체가 어느 섬에서 포획됐는지 기록하지 않았다. 설사 다윈이 그 차이를 눈치 챘다 하더라도 그것이 종의 기원을 설명할 단서라는 생각을 하지는 못했다.

다윈이 런던으로 돌아오고 몇 달이 지난 1837년 3월, 조류학자 존 굴드는 다윈이 수집한 갈라파고스핀치를 3가지 다른 종으로 분류했다. 다윈은 자신이 채집한 핀치가 다른 종으로 분류될 수 있다는 소식에 놀랐으며, 그해 7월 갈라파고스의 핀치뿐 아니라 모든 생물 종은 변화한다는 확신을 노트에 적어 넣었다.

인간도 마찬가지였다. 다윈의 표현에 따르면 "오만한 인간은 자신이 대단한 작품이라고 생각하며 신과 동물 사이에 자신을 끼워 넣는다. 좀 더 겸허하게, 나는 인간이 동물로부터 창조됐다고 믿는다."고 썼다.

1838년 9월 다윈은 경제학자 토마스 맬서스의 『인구론』을 읽으며 재배 식물과 사육 동물의 인위

선택과 비교되는 자연 선택이라는 개념을 생각했다. 그달 28일 다윈은 자연에서 너무 많은 개체가 태어나면 경쟁 상태가 되고, 경쟁의 와중에 약한 개체는 도태되며 강하고 적응하는 개체만 살아남아 자손을 남길 것이라는 맬서스의 명제를 정리해 기록했다.

이어서 개체가 도태되거나 선택되는 과정이 되풀이될수록 지상의 생물들은 생존 조건에 보다 적합한 개체가 될 것이라고 추론하면서, 그 과정에 '자연 선택'이라는 이름을 붙였다. 그는 "생존 경쟁이라는 상황에서 유리한 변이는 보존되고 불리한 변이는 파괴될 것이다. 자, 이제 마침내 작업을 시작할 이론을 얻었다"고 썼다.

1839년 1월 사촌 엠마와 결혼한 다윈은 1842년 런던 기차역에서 가까운 시골인 다운이라는 마을로 이사해 그 후 평생을 그곳에서 살았다. 이사하던 해 다윈은 이미 자연 선택을 통한 형질의 변화를 설명하는 스케치를 만들어 뒀고, 2년 뒤인 1844년에는 상당한 분량의 에세이를 써뒀다.

1844년의 에세이를 왜 발표하지 않았는지는 확실치 않다. 『종의 기원』에서와 마찬가지로 1844년 에세이에서도 신 또는 인간에 관한 내용이 전혀 없는 것으로 보아 세간의 반응을 두려워한 듯싶다. 또 자연 선택이 과연 생명체들의 온갖 형질의 기원을 설명해 줄 수 있다고 사람들을 설득시킬 수 없었기 때문인지도 모른다. 하지만 다윈은 찰스 라이엘이나 후커 같은 지인들에게는 에세이 내용을 전하며 의견을 묻기도 했다. 1856년 라이엘은 종의 진화를 시사하는 내용이 담긴 알프레드 월리스의 논문을 다윈에게 보여 줬고, 다윈은 월리스에게 편지를 쓰면서 자신이 종과 그 변이에 관심이 있음을 밝혔다.

1858년 6월 18일 다윈은 월리스가 보낸 자연 선택을 통한 종의 진화에 관한 논문을 받았다. 당시 다윈 역시 '자연 선택'이라는 가제 아래 종의 진화를 보여 주는 방대한 책을 저술 중이었다.

보름이 채 지나지 않은 7월 1일, 다윈은 월리스의 논문을 린네학회에서 발표하면서 옛날에 써 뒀던 자신의 글도 함께 발표했다. 그리고 곧장 오랫동안 준비해 오던 긴 글의 내용을 축약한 요약본으로 『종의 기원』을 쓰기 시작해 1859년 10월 1일 교정 작업을 끝냈다.

『종의 기원』이 출간될 즈음 인류 역사에 대한 본격적인 연구가 시작됐다. 다윈 자신도 1871년 『인간의 유래』를 출판해 인간의 신체적 형질은 물론 온갖 정신적 특징 심지어 인간 집단의 성격 역시 결국은 다른 동물들의 연장선상에서 진화해 왔음을 주장했다.

하지만 과연 자연 선택이 온갖 생명체의 형질을 만들어낼 수 있는지는 다윈의 가장 열렬한 후원자들조차 확신을 갖지 못했다. 라이엘, 헉슬리, 후커 등 대부분의 동료들조차 자연 선택의 개념 자체나 자연 선택이 진화의 주된 원동력이 될 수 있다는 점에 의문을 품었다.

그럼에도 불구하고 헉슬리나 후커가 『종의 기원』을 찬양하며 다윈을 옹호하는 모습에서 우리는 분명 당시 진화론 논쟁이 단순한 과학 이론에 대한 논쟁이 아니었음을 생각할 수 있다. 그리고 월리스에 의해 '다위니즘'(Darwinism)으로 알려지기 시작한 자연 선택을 통한 진화론을 사람들이 제각기 다른 방식으로 이해했음을 짐작할 수 있다.

그렇다고 해서 『종의 기원』의 과학적 성과를 간과해서는 안 된다. 『종의 기원』 이후 과학자들은 자연 선택과 같은 이론들을 검증하는 진지한 연구를 시작했다. 진화론 연구가 『종의 기원』이 출간된 뒤에야 진지하게 과학의 영역으로 간주되기 시작했다는 점에서 『종의 기원』은 분명 진화론 논쟁을 마감해 준 책이면서 동시에 새로운 진화론 논쟁을 촉발시킨 책이었다.

2. 진화론이 과학과 사회에 끼친 영향
– 19세기 과학혁명의 출발점『종의 기원』

여러 학자들의 생생 인터뷰 ①

로버트 그랜트(Robert Edmond Grant)

1793~1874년. 영국 에든버러 출생.
19세기 가장 저명한 생물학자 중 한 명.
런던 대학교 비교해부학과 첫 교수를 역임했다.

진화론의 스승

다윈이 동네 친구들이나 사촌형제들과 곤충채집에 열을 올리던 어린 시절 이야기는 잘 알려져 있다. 의학을 공부하던 에든버러 대학교 시절 초반에도 다윈은 먼저 그곳에서 공부하던 형 에라스무스와 곤충채집에 몰두하곤 했다. 형이 공부를 끝내고 에든버러 대학교를 떠난 뒤 다윈은 '플리니 학회'라는 자연을 공부하는 학생 모임에 참가한다. 1827년 3월 27일 그 모임에서 다윈은 굴 껍데기 안쪽에서 흔히 발견되는 후추 열매 모양의 검은 반점이 사실은 그곳에 기생하는 거머리의 알이라는 발견 내용을 발표한다. 그리고 해면류의 애벌레가 섬모를 이용해 헤엄치는 모습을 관찰한 내용도 이야기한다. 다윈이 해양생물을 관찰할 수 있었던 데는 이 모임을 이끌던 의학교수 로버트 그랜트의 역할이 컸다. 그랜트 교수는 모든 동물이 기본적으로 비슷한 구조로 이뤄져 있으며, 다만 고등동물은 그 구조가 더 복잡할 뿐이라고 생각했다. 그는 학생들에게 원시적인 형태의 동물 구조를 공부함으로써 인간의 기관과 조직의 기원을 알 수 있다고 가르쳤다. 다윈에게는 해면이 고등동물의 어버이라고 말하면서 라마르크를 공부할 것을 권했다. 그는 뜨거웠던 원시 지구가 점차 차가워지는 환경 때문에 더운 피를 지닌 고등동물이 생겨났다고 생각했다. 그랜트 교수는 진화론자였던 것이다. 당시 에든버러 대학교에서 그랜트 교수가 유일한 진화론자는 아니었다. 지질학을 가르치던 제임슨 교수는 "라마르크 씨는 어떻게 단순한 벌레에서 고등동물이 진화돼 나왔는지를 보여 줬다."고 진술함으로써 '진화'라는 단어를 현대적인 의미로 사용한 최초의 인물로 기록됐다. 다윈은 이미 10대 시절 진화론을 알게 됐다는 말이다. 동시에 다윈은 영국 사회에서 진화론이 두려움의 대상이라는 점도 감지했다. 플리니 학회에서는 인간이 신의 배려 아래 독특하게 창조됐음을 부정하는 진화론적 논의가 인간의 도덕성을 훼손함으로써 사회적 혼란을 야기하게 되리라는 우려가 제기됐고, 의대생들 사이에서는 "물질주의적 무신론이 횡행하고 있다"는 두려움 섞인 소문이 떠돌았기 때문이다.

로버트 피츠로이
(Robert FitzRoy)

1805~1865년. 영국 서포크 출생.
날씨 예측을 정확히 할 수 있는 방법을 개발한 선구적인 기상학자였다.

지질학 세계로의 안내자

비글호 선장 피츠로이는 모든 생명체가 신이 창조한 모습 그대로라고 믿었을 뿐 아니라 성서 내용을 문자 그대로 해석하고 믿었던 사람으로 그려지곤 한다. 하지만 이는 정신 이상 증세를 보이면서 성서를 손에 들고 휘두르던 말년의 모습일 뿐이다. 영국 해군은 남아메리카 지역의 해도를 정교히 만들기 위해 1825~1830년 비글호를 띄웠고, 피츠로이는 중간에 항해에 참여해 2년간 승선했다. 두 번째 항해를 앞둔 젊은 선장 피츠로이는 항해술이나 측량술은 물론 과학 특히 지질학에 상당한 관심을 갖고 있었으며, 항해를 통한 과학의 발전이 영국 미래에 큰 도움이 될 수 있으리라는 자부심을 지닌 사람이었다.

흔히 이야기되는, 전통적인 종교적 자연관을 고수하려는 신실한 기독교인 피츠로이와 새로운 자연관을 만들어가면서 종교를 잃어가던 다윈 사이의 대조적인 모습은 비글호 항해 당시 두 사람의 모습은 아니었다. 다윈은 생애 후반까지 자신을 유신론자로 표현했다. 비글호 항해 당시 피츠로이는 성서 내용을 통해 지질학을 읽는 사람이 아니었다.

자연학자로서 다윈의 미래에 가장 큰 영향을 미치게 되는 찰스 라이엘의『지질학 원리』첫 권을 항해를 시작하는 다윈에게 선물한 사람은 라이엘이 아니었다. 다윈에게 비글호 항해를 권했던 케임브리지 대학교 교수 헨슬로도 아니었다. 라이엘에 매료돼 있던 아마추어 지질학자 피츠로이였다. 배 멀미로 인한 고통만 젖혀 놓는다면, 비글호 항해 중 다윈은 매우 건강하고 활발한 젊은이였다. 그는 틈만 나면 육지나 섬에 상륙해 동식물을 수집했고, 비글호는 며칠 또는 몇 달 뒤 미리 약속한 날짜에 다시 다윈을 승선시켰다. 다윈은 적지 않은 시간을 피츠로이와 함께 지내야 했다. 훗날 스티븐 제이 굴드는 피츠로이의 지독한 성서 중심적 자연관 때문에 수년간 함께 식사하며 대화를 나눠야 했던 다윈이 이에 반발하면서 새로운 생명관을 키워나갈 수 있었으리라는 추론을 하기도 한다. 하지만 항해 중 두 사람이 종교관이나 자연관의 차이로 심각한 갈등을 일으킨 것 같지는 않다. 기록에 남아 있는 두 사람 사이의 폭발적인 갈등은 노예제에 대한 의견이 다른 탓에 발생한 다소 단순한 한 차례의 사건이었다.

알프레드 월리스(Alfred Russel Wallace)

1823~1913년. 영국 웨일즈 출생.
자연학자, 탐험가, 지질학자,
인류학자이자 생물학자였다.

자연 선택 제안한 동료

1858년 월리스는 자연 선택을 통한 진화론 논문을 다윈에게 보냈다. 다윈은 월리스의 논문을 먼저 발표하지 않고 이전에 쓴 자신의 글을 월리스의 논문과 함께 발표했다. 곧이어 다윈의『종의 기원』이 출판됐고, 자연 선택을 통한 진화론에 '다위니즘'이라는 이름이 붙었다. 이런 발표 과정을 두고 다윈이 공정하지 못한 행위를 했다고 생각할 수도 있다. 심지어 다윈이 월리스의 아이디어를 훔친 셈이라고 생각하는 사람들도 있다. 그러나 다윈은 가능한 빠른 시간 안에 공신력 있는 학회에 월리스의 논문이 발표될 수 있도록 최선을 다했고, 함께 발표된 두 편의 글은 분명 다윈 자신이 몇 년 전 써서 미국의 식물학자 애서 그레이 같은 친구들에게 보여 줬던 내용이었다.

더구나 월리스가 다윈에게 보낸 논문은 짧고 거친 글이어서 린네 학회에서 발표됐음에도 불구하고 사람들의 눈길을 끌지 못했다. 이 점은 함께 발표된 다윈의 초록도 마찬가지였다.『종의 기원』과는 그 무게와 호소력에 있어 비교가 되지 않았다. 다윈은 월리스가 자신과 똑같이 '자연 선택'이라는 단어를 사용했다는 점에 특히 놀랐고, 월리스의 이론이 자신의 이론과 거의 똑같은 주장을 담고 있다고 생각했다. 하지만 사실 두 사람이 생각한 자연 선택의 내용에는 중요한 차이가 있다. 다윈이 생각한 자연 선택은 주로 동일한 개체군 안에서 개체 사이의 경쟁으로 일어나는 결과였다. 하지만 월리스는 이미 분명한 차이를 지니는 아종 또는 변종 사이의 집단적 경쟁으로 일어나는 선택을 염두에 두고 자연 선택이라는 용어를 썼다. 다윈이 특히 강조했던 개체 변이 형질들 사이의 선택작용은 월리스의 논문에서는 발견되지 않는다.

다윈은 월리스와 매우 좋은 관계를 유지했지만 인간 형질의 진화에 대한 이견은 끝까지 좁히지 못했다. 1870년 월리스는 인간의 형질만큼은 자연 선택의 산물로 설명될 수 없다고 주장하는 논문을 발표했다. 월리스는 남아메리카와 말레이시아 등 여러 지역의 토착민들과 여러 해 함께 살았다. 그들 중에는 문명사회와 전혀 접촉하지 않고 야만적인 삶을 영위하는 부족들도 있었다. 하지만 그들의 지적 능력이 뒤처진다고 볼 수 있는 이유를 전혀 발견하지 못했다. 월리스는 인간의 진화만큼은 어떤 초자연적인 요소가 개입돼 형성됐다고 주장했다.

2. 진화론이 과학과 사회에 끼친 영향
– 사회 곳곳에 흐르는 다윈의 향기

경제학의 관점에서 본 진화론

공작이 꼬리를 크고 화려하게 만드는 전략을 선택하고, '오델로'가 아내 데스데모나의 정절을 의심하며, 중고차를 팔 때 '하자 있으면 100% 환불'이라는 파격적인 조건을 내거는 이유는 모두 다윈 때문이다? 사회과학과 인문학에 숨겨진 다윈의 흔적을 찾아보자.

1997년 시작된 과학자들의 온라인 공동체인 '에지'(www.edge.org)에서는 2018년까지 매년 초 '올해의 문제'를 제시하고 세계 여러 과학자에게서 답을 듣는 기회를 가졌다. 다소 뜬금없는(?) 질문에 매년 100명을 훌쩍 넘는 과학자들이 진지하게 자신의 생각을 내놓고는 했다.

2005년 질문은 "당신이 증명할 수 없음에도 불구하고 진리라고 믿고 있는 것은 무엇입니까?"였다. 당시 이 질문에는 과학자 120명이 참여해 자신의 생각을 펼쳤다. 그중 한 사람이었던 『이기적 유전자』의 저자 리처드 도킨스의 대답은 이랬다.

"나는 이 우주 어디에서든 모든 지성, 모든 창조물, 그리고 모든 설계가 (찰스) 다윈이 말한 자연 선택의 직접적이고 간접적인 산물임을 믿는다. 다윈적 진화의 시기가 지나면 설계는 그 후에 일어난다. 설계는 진화에 앞서 일어날 수 없으며,

따라서 우주의 배후 원리일 수 없다."

여기서 도킨스가 언급한 '설계'는 당시 진화론을 비판하며 대두됐던 지적 설계론(Intelligent design)을 염두에 두고 한 말이었지만, 경제학의 관점에서 보자면, 이 말은 근대 사회에서 시장이 확장된 과정이 경제 주체들 사이의 상호 작용과 모방이 얽혀 일어나는 문화적인 진화의 과정일 뿐 인간의 이성이나 계몽의 산물이 아니라고 주장하는 경제학자 프리드리히 하이에크의 주장과 매우 유사하게 들린다.

실제로 하이에크가 다윈주의자였는지는 자신할 수 없지만 그는 사회의 변화가 문화적 진화의 결과임을 설명한다. 즉 시장이 도입되기 전 전통 사회는 소규모 사회이며 이 사회는 전통적 규범에 의해 질서가 유지된다. 그런데 전통 사회에서 기존 사회 규범을 창조적으로 이탈하는 사람들, 즉 시장 논리에 따라 행동하는 사람들이 생겨나고(생물학에서 말하는 돌연변이다), 이들이 달성한 물질적 성과를 보면서 다른 사람들이 이들의 행동을 모방하기 시작한다(마치 환경에 적응한 돌연변이 개체가 늘어나는 것처럼 말이다).

이로 인해 일종의 자생적 질서에 기초한 집단이 생겨나고 이들 집단이 여전히 전통적 규범을 고수하고 있는 집단에 비해 물질적으로 융성한 성과를 내면 집단 간 선택이 작용한다. 하이에크는 이런 식으로 사회 질서가 어떻게 형성되고 확산되는지, 즉 진화하는지 설명했다. 그의 논의는 '집단 선택을 통한 문화적 진화'로 묘사되는데, 선택의 단위가 개체인지, 아니면 집단인지에 대한 논쟁이 있긴 하지만 이를 접어 두면 사회질서의 형성과 확산을 진화론의 틀로 묘사한 성공적인 예로 간주할 수 있다.

사실 이런 다윈적 사고는 현재 사회과학과 인문학 곳곳에 숨어 있다. 기술 혁신이 일어나고 전파되거나 소멸되는 과정은 종이 진화하는 과정과 너무도 닮았기에 경제학에서는 기술의 도입을 둘러싼 기업의 의사결정과 이들 간의 경쟁을 진화론으로 설명하려는 시도가 1980년대 꽤 진지하게 진행됐다. 이런 시도를 가리켜 '진화 경제학'이라고 부른다.

언어의 변천 과정을 봐도 단어, 어법, 문법, 발음의 변화 과정이 종의 진화 과정과 많이 닮았다. 그래서 일부 언어학자들은 근접 언어권의 단어나 발음 방식을 서로 비교 연구해 언어 사이의 '근친 정도'를 찾아내 마치 종의 계통수를 그리듯 계통 분류를 하고, 하나의 언어권에서 새로운 단어나 발음이 출현한 빈도를 계산해 전체 언어 계통도에서 각 언어가 분기돼 나온 시점을 역으로 계산하기도 한다.

다윈의 '성(性) 선택 이론'도 경제 주체의 행동을 설명할 때 종종 도입된다. 공작새 수컷은 꼬리를 크고 화려하게 만드는 전략을 선택해 자신이 뛰어난 자질을 갖고 있음을 드러내 암컷을 끌어들인다. 이는 부유층이 소비를 통해 자신의 부를 남에게 과시하려는 행동과 동기 면에서 아주 유사하다.

마찬가지 논리로 북아메리카 대륙 북서부 지역의 인디언인 콰키우틀 부족의 추장이 상대 부족에게 도를 넘는 선물을 전달함으로써 자신의 권위를 보여 주고 상대 부족에게 복종을 얻어내는 '포틀라치'라는 특이한 풍속을 유지하는 이유를 설명할 때, 또 현존하는 수렵 채취 부족에서 남성들이 위험을 감수하면서까지 고된 사냥에 나서는 이유를 설명할 때 많은 인류학자들이 성 선택 이론에 기댄다.

경제학에서 말하는 '역선택' 현상도 다윈의 성 선택 이론과 구조적으로 동일하다. 예를 들어 중고차를 살 때 차를 파는 사람은 자신의 이익을 극대화하기 위해 불리한 정보는 숨기고 유리한 정보만 내놓기 쉽다. 그래서 중고차를 파는 사람은 알지만 사는 사람은 모르는 정보가 생겨 정보의 비대칭성이 존재한다.

그리고 이 때문에 좋은 차를 가진 주인은 자신의 차가 저평가된다고 생각해 중고차 시장에 차를 내놓지 않고 불량 차를 가진 사람만 차를 내놓으면서 불량 중고차가 넘쳐나고 우량 중고차는 시장에서 사라지는 역선택 현상이 나타난다.

역선택 문제는 좋은 차를 가진 주인이 자신의 차가 좋다는 사실을 증명하기 힘들기 때문에 발생한다. 아무리 말로 "이 차는 정말 좋은 차입니다."라고 이야기한들 불량 차를 가진 주인들도 쉽게 그 말을 할 수 있다면 그 말을 믿을 사람은 전혀 없기 때문이다.

이 문제를 극복하기 위해 좋은 차를 가진 주인은 차의 성능을 증명할 수 있도록 불량 차를 가진 주인들이 따라하지 못하는 조건을 내세우곤 한다. 예를 들어 차를 산 뒤 일정 기간 동안 하자가 생기면 무상으로 고쳐 준다든지, 100% 환불해 준다든지 하는 조건을 내세운다.

이런 조건은 자신의 차가 정말 좋은 차인 주인들만 내세울 수 있는 조건이다. 수컷 공작새가 "나는 훌륭한 유전자를 갖고 있어."라고 백번 이야기하는 것보다 멋진, 그리고 때로는 천적에게 발각될 위험이 높을 정도로 큰 꼬리를 갖는 게 자신의 능력을 증명하는 데 훨씬 효과적인 것처럼 말이다.

2. 진화론이 과학과 사회에 끼친 영향
– 사회 곳곳에 흐르는 다윈의 향기

인간은 원래 '기부 천사'일까

진화 심리학이야말로 다윈주의를 가장 열정적으로 결합하고 있는 사회과학의 한 분야다. 진화 심리학은 인간의 감정과 심리, 그리고 행동 양식의 상당 부분이 살아남기 위해, 그리고 배우자를 선택하기 위해(궁극적으로는 자신의 유전자를 퍼뜨리기 위해) 직면한 문제를 풀어 나가는 과정에서 진화해 온 산물이라고 본다.

상대방의 거짓된 행동을 간파하는 능력, 근친상간에 대한 본능적인 터부, 배우자 선택에서 나타나는 남녀 차이, 의붓자식에 대한 태도 등의 원인이 모두 진화적 기원을 갖는 것으로 본다.

진화 심리학자들은 각 문화에 존재하는 전설과 설화, 소설을 분석하면서 그 속에서 전개되는 갈등과 협력, 사랑과 반목이라는 흥미진진한 스토리 속에서 수만 년 동안 우리에게 전수된 진화의 흔적을 찾으려고 한다. 예를 들어 셰익스피어의 '오델로'에서 아내 데스데모나의 정절을 의심해 타오르는 질투에 사로잡힌 채 파국을 맞는 오델로라는 남성의 비극적 결말을 보며 암컷을 둘러싼 수컷 간의 피 말리는 경쟁을 읽어내려 하고, 플로베르의 '마담 보바리'에서는 엠마라는 한 여성의 남성 편력 속에서 끊임없이 좋은 유전자를 지

닌 수컷을 찾아내 교미하려는 암컷의 전략을 읽어낸다.

한편 심리학과 경제학에서 최근 인간의 선호에 대한 논의가 진화론 관점에서 재조명되고 있다. 사람들이 어떤 행위를 할 때 왜 그런 행위를 했는지, 즉 그 행위의 동기가 무언인지 밝히는 문제다. 지금까지 경제학에서는 개인이 자신의 물질적 이득을 높이는 방향으로만 행동한다고 가정하고 논의를 전개해 왔다.

하지만 우리는 자신에게 돌아오는 이득이 없는 상황에서도 자신을 희생하면서 타인에게 이로운 행동을 하기도 하며(헌혈, 자원 봉사, 익명의 기부), 규범을 어기거나 불공정한 행동을 한 사람을 처벌하거나 징계하려고도 하며(소비자 운동, 민주화 운동), 나와 같은 부류나 집단에 속한다고 생각하는 사람에게는 관용을 베풀고 그렇지 않은 사람에게는 무관심하거나 적대감을 보이는 경향을 갖기도 한다(집단 이기주의).

이는 사람들이 어떤 행동을 할 때 자신의 물질적 이득에 얼마나 보탬이 되는지를 따지는 것뿐 아니라 상대방에 어떤 영향을 미치는지도 상당히 고려한다는 뜻이다. 자신의 손해를 무릅쓰고 타인에게 득이 되는 행동을 한다든지, 돈을 분배할 때 자신에게 불공정한 몫이 돌아오면 자신에게 돌아올 몫을 포기하면서까지 불공정한 분배를 거부하는 성향은 많은 연구에서 드러났다.

이런 인간의 선호, 즉 인간의 본성에 대한 이야기를 할 때 다윈을 빗겨갈 수 없다. 우리가 인간의 본성을 이야기하는 순간 그 기원에 대한 질문을 피할 수 없기 때문이다.

우리가 이기적인 본성을 갖는 존재라면 언제부터 어떤 이유로 그런 본성을 갖게 됐는지 물어야 하고, 우리가 이타적인 본성을 갖는 존재라면 마찬가지 이유로 우리가 어쩌다가 그런 본성을 갖게 됐는지 물어야 한다. 다윈 역시 1871년 『인간의 유래』라는 책을 출판해 인간이 갖고 있는 사회적 본능은 자신의 자연 선택으로도 풀기 힘든 난제임을 인정한 바 있다.

사실 지금까지는 인간의 이타성이나 호혜성이 인간의 아주 예외적인 현상으로 치부되거나, 그렇지 않더라도 개인의 행동이 낳는 사회적 결과를 예측하는 데 큰 영향을 미치지 않을 것으로 간주돼 왔다. 하지만 최근 많은 연구에서 이 속성들은 결코 무시할 수 없을 만큼 영향력이 크다는 사실이 드러나고 있다.

과거 우리 조상들이 혹독한 겨울을 이기기 위해 충분한 지방을 섭취해야 했고, 그러기 위해서 우리 몸은 단맛에 길들여져야 했던 것처럼 우리의 본성도 조상이 오랜 시간 생존하기 위해 터득한 것일 수 있다. 물론 지금은 더 이상 혹독한 겨울을 견디기 위해 아등바등하며 보내지 않아도 되기에, 과거 조상에게서 물려받아 여전히 몸에 밴 채 남아 있는 '단맛에 대한 추구'가 이제는 우리를 골치 아프게 할 뿐이지만 말이다.

진화론과 사회과학, 절반의 동거

현재 다윈의 진화론은 생물학 이외의 다른 분야에서는 하나의 방법론으로 차용돼 많은 성과를 내고 있다. 하지만 진화론이 사회생물학자들이 주장하듯 인간 행동의 생물학적이거나 유전학적 기초를 밝히는 것으로까지 나아가야 하는가라는 점에서는 여전히 의견이 분분하다.

진화적 방법론을 사용해 소비 행태, 제도 변천, 이타성의 진화를 이야기할 때는 흥미로워하던 사람들도 그런 행동 패턴의 생물학적 기초를 이야기하면 눈살을 찌푸리기 일쑤다.

한편에서는 사회과학에서 진화론이 은유(메타포)로만 남아 있는 일은 분명 극복해야 할 한계라고 이야기하는 반면, 다른 한편에서는 이는 극복해야 할 한계가 아니라 넘어서는 안 될 경계라고 주장한다.

인간 행동을 규정짓는 생물학적 특징을 이해하는 일이 무슨 의미가 있냐며 회의적인 사람들이 있는 반면, 인간이 생물학적으로 접근해서는 안 될 정도로 특수한 존재로 볼 근거가 뭐가 있냐고 질문하는 이들도 있다.

긴 진화의 역사에서 인간이 갖는 특수성에 주목하려는 사람들이 있는가 하면, 진화의 역사 전체를 관통하는 보편성을 강조하려는 사람들도 있다. 한편의 사람들은 남녀의 성차를 운운하는 일이 과학이라는 미명 아래 진행되는 낡은 이데올로기적 공세에 불과하다고 치부하는 반면, 다른 한편의 사람들은 이데올로기적 편견이 과학의 발견을 무시하고 있다고 주장한다.

결국 현재로서는 다윈의 진화론이 사회과학을 비롯한 학문 전반에 한 발만 걸치고 있을 뿐이다. 진화론이 두 발을 모두 딛게 되는 순간이 올 것인지, 혹은 와야 하는지에 대해서는 아직 이렇다 할 정답을 내기 힘들다.

중요한 점은 우리가 인간으로서 더욱 나은 사회를 원하고 그런 사회를 만들기 위해 노력해야 한다는 대전제에 동의한다면 우리는 우리의 본성에 대해 진지하게 고민해야 한다는 점이다. 우리가 좀 더 나은 결과를 얻기 위해 만들어내는 각종 제도들이 우리의 본성과 조화를 이뤄야 하기 때문이다. 그리고 이에 대한 우리의 지식을 넓혀 나가는 데 다윈의 진화론이 지대한 역할을 하고 있다는 점만은 분명하다.

2. 진화론이 과학과 사회에 끼친 영향
– 사회 곳곳에 흐르는 다윈의 향기

여러 학자들의 생생 인터뷰 ②

루스 페이덜(Ruth Padel)

1946년 출생. 영국의 고전학자이자 시인이며 저널리스트다. 영국 일간지 《인디펜던트》에 현대시를 평론하면서 유명해졌다. 환경론자이며 런던 동물학회 회원이다.

찰스 다윈의 고손녀

1. 다윈은 어떤 성격을 지녔다고 얘기 들었나?

그는 매우 정직하고, 성실하며, 친절하고 자상한 성격이었다고 한다. 자식에게는 다정한 아버지이자 아내에게는 둘도 없는 남편이었으며 친구들에게도 더할 나위 없이 싹싹했다. 그러면서도 진실이라고 생각하는 문제에 대해선 항상 오랫동안 진지하게 고민했다고 한다.

2. 다윈처럼 항해할 생각을 해본 적 있나?

실제로 아시아 호랑이들의 생존이 얼마나 위협받고 있는지, 야생에서 왜 그들이 멸종하는지 관찰하기 위해 4년 동안 11개국을 여행한 적이 있다. 그 여행을 마친 뒤 펴낸 책이 『위기의 호랑이 *Tigers in Red Weather*』다. 라오스와 수마트라, 부탄 그리고 네팔을 거쳐 인도와 중국, 러시아에 이르는 긴 여행을 하는 동안 나는 이 여행이 다윈의 비글호 항해와 비슷하다는 생각을 했다. 다만 다윈은 종이 어떻게 발생했는지 찾고 있었고, 180년 뒤 나는 종이 어떻게 멸종하는지 찾고 있었다. 매우 슬픈 일이다.

3. 다윈이 말한 진화가 아직도 진행되고 있다고 생각하나?

진화는 모든 곳에 있다. 종이 환경에 어떻게 적응하는지, 그리고 어떻게 살아남는지, 이것이 생물학, 유전학, 그리고 기생충학의 기초다. 내 삶에서는 어떤 진화가 일어났는지 모르겠다. 하지만 내 딸이 나처럼 글쓰기를 좋아하고 나와 비슷하게 생각하는 것을 볼 때면 이것도 진화가 아닐까 생각하곤 한다.

4. 『다윈–시로 보는 일생』은 어떤 책인가?

그의 편지와 그의 부인의 편지, 그의 일기와 책에 나타나는 과학과, 종교적 신념을 잃어가는 그의 아내를 시로 나타냈다. 다윈의 손녀딸이자 내 외할머니인 노라 발로우는 다윈의 자서전을 비롯해 여러 권의 책을 편집했다. 그녀가 95세이던 어느 날 나는 케임브리지에서 그녀를 돌보고 있었고 밖에는 비가 내리고 있었다. 외할머니는 내게 다윈의 진화론이 무엇인지 들려줬고, 그 이론이 다윈의 부인인 엠마의 종교적 신념을 어떻게 깨뜨렸는지도 알려줬다. 그 뒤 나는 오랫동안 그들에 대한 책을 써야겠다고 생각했다. 그리고 아시아를 여행하는 동안 틈만 나면 『종의 기원』을 탐독했고, 나는 시라는 나만의 방식으로 그들의 이야기를 쓸 수 있었다.

대니얼 데닛(Daniel C. Dennett)

1942~2024년. 세계적인 과학철학자. 진화생물학과 인지과학을 주로 연구한다. 현재 미국 터프츠 대학교 인지연구센터 교수다. 베스트셀러로 『다윈의 위험한 생각』(1995년)이 있다.

다윈의 대변인

1. 『다윈의 위험한 생각』에서 '위험한 생각'은 무엇인가?

다윈의 생각은 인간이나 신처럼 크고 화려한 지적 생명체를 보잘것없는 것으로, 평등한 것으로 만든다는 점에서 이전의 관점을 뒤엎기 때문에 위험하다는 표현을 썼다. 다윈은 지적이지도 않으며 의도하지도 않은 자연 선택이라는 일련의 과정이 생명체에 기능과 형태를 창조할 수 있음을 증명했다. 어떤 이들은 이런 다윈적 사고가 멋지고 아름다운 아이디어라고 생각하는 반면, 또 한쪽에선 자존감을 위협한다고 생각한다. 후자에 해당하는 사람들은 그들 스스로를 '천사보다 조금 낮은 존재'로 생각할 뿐 자신들이 말하고 생각하는 동물일 뿐이라고 간주하진 않는다. '인간성'이란 영역을 고수하려는 이런 시도는 진화론과의 충돌을 일으킨다. 이런 의미에서도 다윈의 생각은 위험하다.

2. '다윈주의 근본주의자'라는 호칭이 마음에 드나?

그 호칭은 스티븐 제이 굴드가 만들었다. 굴드는 내게 따라다니는 다윈주의라는 딱지가 가진 사회적 · 정치적 함의를 싫어했다. 그래서 굴드는 '다윈주의 근본주의자'라는 말을 만들어 '다윈주의'라는 말에 내포된 사회적 · 정치적 함의를 희석시키고 싶어 했다. 나는 지금도 철저히, 물론 신중하게 진화론적 사고를 주장하고 있고, 어쩌면 그런 의미에서는 근본주의자인지도 모른다.

3. 당신의 로봇 강아지 '타티'가 연구와 관련이 있는가?

타티는 인간 공학 기술의 결정체이자 리버스엔지니어링(이미 만들어진 시스템을 역으로 추적해 기술을 알아내는 일)으로 다룰 만한 대상이기도 하다. 로봇이지만 일종의 살아 있는 생명체라는 사실만으로도 정교하고 복잡한 존재지만, 어떤 면에서는 가장 단순한 생명체인 박테리아보다 더 간단한 질서에 의해 움직인다. 나는 인공지능이 진화 생물학의 영역이라고 생각한다. 인간은 어쩌면 무수히 많은 로봇으로 만들어진 존재일지도 모른다.

4. 찰스 다윈과 저녁을 먹을 수 있다면 무슨 얘기를 하고 싶나?

DNA에 대해 얘기하고 싶다. 그가 얘기한 진화의 과정이 분자와 유전체 그리고 지식과 언어, 기술과 문화에 이르기까지 모든 영역에서 일어나고 있음을 말해 주고 싶다. 그는 우리가 밝혀낸 성과들에 매우 흥분할 것이다.

피터 맥그래스(Peter McGrath)

HMS 비글호 재단의 공동 창립자.
영국 리버풀 대학교에서 동물학을 전공했다.
자유기고가이자 전문 항해사다.

21세기 비글호 항해사

1. 비글호를 건조하게 된 동기는 뭔가?

우리는 1831~1836년 찰스 다윈을 태우고 항해했던 비글호의 현대판을 건조할 계획이다. 다윈 탄생 200주년을 기념하기에는 그의 자연 선택 이론이 탄생하는 데 결정적인 역할을 한 비글호 항해를 재연하는 일이 의미 있다고 생각했다. 이 계획은 3년 전 시작됐다. 나는 전문 항해사로, 비글호를 재조명해 영국의 항해사(史)를 부각시키고 싶다. 특히 피츠로이 선장은 훌륭한 항해사이자 뛰어난 과학자였지만 역사는 그에게 너무 야박한 평가를 내렸기에 이 부분도 바로잡고 싶다.

2. 다윈이 승선했던 비글호와 뭐가 다른가?

다윈의 비글호와 쌍둥이처럼 똑같진 않다. 전 세계를 누비기 위해선 많은 기술이 필요하다. 현대판 비글호는 디젤 보조 기관과 발전기, 내비게이션 등을 갖출 것이다.

3. 비글호는 얼마나 건조됐나?

이제 막 시작 단계다. 지금은 비글호를 건조하는 데 필요한 자금을 모으고 있다. 앞으로 400만 파운드(약 78억 원) 정도 더 기부 받을 예정이다. 비글호가 완성되면 다윈의 비글호 항해를 재연할 것이다. 해양생물들의 유전자 샘플을 채취하고 미국항공우주국(NASA)과 공동 연구를 진행할 계획이다. 우주비행사인 마이크 바라트는 비글호로 해양 현상을 연구하는 일을 NASA에 제안했다. 혹시 좋은 연구 아이디어가 있는 과학자는 우리에게 알려 달라. 공동 연구를 할 수도 있다.

특히 젊은 친구들이 지구온난화나 기후변화 같은 최근의 환경문제를 다룰 수 있도록 할 예정이다.

4. 비글호에 한 명만 태울 수 있다면 누구를 택하겠는가?

영국 케임브리지 대학교 생리학과 석좌교수인 리처드 케인스다. 그는 다윈의 증손자이자 비글호 항해기를 포함해 다윈의 많은 저작을 편집하고 출판했다.

세상을 바꾼 진화론

2. 진화론이 과학과 사회에 끼친 영향
– 진화론을 알아야 세상이 보인다

세상을 바라보는 시각의 변화

$E=mc^2$, $S=k\log W$.

앞의 식은 아인슈타인의 유명한 질량~에너지 등가원리이고, 뒤의 식은 오스트리아의 이론 물리학자 루드빅 볼츠만의 엔트로피식이다. 볼츠만의 식은 일반인에게는 별로 알려져 있지 않지만 '엔트로피'란 개념은 오늘날 물리학을 넘어서 다양한 분야에서 널리 쓰이고 있다.

수학자나 물리학자들은 이처럼 단순한 식을 '우아하다'고 생각하고 복잡한 식을 '지저분하다'고 느낀다. 간결하게 표현되는 식일수록 내포하는 의미가 심오하고 적용되는 범위가 넓기 때문이다.

그런데 이런 경향이 물리법칙에서만 발견되는 것은 아니다. 19세기 중반 찰스 다윈이 제창한 진화론은 '생물은 변이를 일으키고 그중에서 환경에 가장 적합한 개체가 살아남는다.'는 한 문장으로 요약될 수 있다. '자연 선택'이라고 불리는 이 원리는 지구상에 존재하는 수많은 동식물의 존재 이유를 그럴듯하게 설명했다.

그러나 사람들은 곧 깨달았다. 진화론은 생물 종이 생기고 사라지는 과정을 설명하는 원래의 영역을 훨씬 넘어선 그 무엇이라는 것을. 일단 진화론의 세례를 받은 이들은 결코 그 이전의 관점으로 세상을 바라볼 수 없게 된 것이다.

커다란 원을 배경으로 팔과 다리를 벌린 채 서 있는 남성을 그린 레오나르도 다빈치의 스케치는 인체의 비례와 조화를 상징하는 그림으로 널리 쓰이고 있다. 그러나 진화론은 우리 몸에 대한 이런 '환상'을 여지없이 깨뜨렸다. 우리 몸은 각 기관이 서로 진화의 보조를 맞추지 못해 고생이 이만저만이 아니기 때문이다.

대표적인 예가 정맥류와 치질. 포유류는 심장에서 뿜어져 나온 피가 동맥을 거쳐 전신으로 퍼진 후 정맥을 거쳐 다시 심장으로 돌아간다. 네발짐승은 몸이 수평이므로 이런 순환에 무리가 없다. 다만 심장보다 아래인 사지의 정맥에는 판막이 있어 중력으로 피가 역류하는 현상을 막아 준다.

그런데 인류가 직립하면서 문제가 생겼다. 심장이 두 배로 높아지면서 중력의 영향력도 그만큼 커진 것. 따라서 발끝까지 내려간 피를 올려 보내기가 만만치 않다. 결국 피가 고이면서 높아진 압력을 견디지 못한 다리의 혈관 벽이 불거져 나온 것이 정맥류다. 치질은 항문 주위에서 발생한 정맥류로 인구의 5%가 갖고 있을 정도다.

영국의 작가 일레인 모간은 저서『진화의 상흔』에서 "치질의 빈도가 이렇게 높은 것은 항문 주위의 혈관에는 피의 역류를 막는 판막이 없기 때문"이라고 말했다. 결국 인간의 항문 정맥은 직립으로 심장보다 밑에 놓이게 된 변화에 아직 적응하지 못했고 그 대가가 치질인 셈이다.

인체가 오랜 진화의 산물이라는 생각은 질병을 보는 시각을 근본적으로 바꿔놓고 있다. 이런 접근법을 '다윈의학'이라 부른다. 다윈의학자들은 진화론의 관점에서 질병의 원인과 증상을 파악한다. 따라서 처방도 달라질 수밖에 없다. 예를 들어 복통으로 인한 설사의 경우, 기존의 의사들은 탈수를 우려해 무조건 지사제를 처방했다. 상식적인 대응으로 보인다.

그런데 약을 먹고 설사를 멈춘 사람들이 오히려 복통에서 회복되는 기간이 훨씬 길었다는 연구 결과가 나왔다. 왜 그럴까. 설사는 우리 몸이 장에 침투한 독소나 병균을 빨리 몸에서 배출하기 위해 개발한 비상수단이다. 그런데 이런 방어메커니즘을 중단시켰으니 복통이 오래갈 수밖에. 물론 탈수가 심각한 설사는 예외이겠지만 견딜만하다면 화장실에 자주 가는 게 복통에서 빨리 회복되는 길인 것이다.

진화론은 전염병에 대한 시각도 바꿔놓았다. 백신과 항생제의 개발로 한때 전염병으로부터의 해방을 선언하기도 한 인류지만 오늘날에는 누구도 이런 오만한 주장을 하지 않는다. 진화를 통해 항생제를 무력화시킨 슈퍼박테리아가 등장하는가 하면 에이즈 바이러스처럼 인류를 위협하는 신종이 어느 순간 출현하기 때문이다. 그러나 진화론은 이들에 대한 해결책도 제시하고 있다.

에이즈 확산을 막는 효과적인 방법의 하나가 콘돔을 사용하는 것이다. 그렇다면 콘돔은 생식기의 접촉을 통해 바이러스가 전파되는 것을 막는 역할만 할까. 미국 암허스트 대학교 진화생물학자 폴 에발트 교수는 콘돔의 사용이 바이러스를 온순하게 진화시킨다고 설명한다. 즉 숙주인 인간을 죽일 정도로 폭발적으로 증식하는 강력한 바이러스는 전염이 쉬운 환경이 유리하다. 그러나 콘돔으로 막혀 전염이 어려워지면 불리해진다. 전파하지 못한 상태에서 숙주가 죽어버리면 바이러스의 운명도 끝이기 때문이다.

에발트 교수는 "따라서 이 경우에는 파괴력이 약하게 진화한다."며 "숙주를 적당히 괴롭히면서 오래 함께 살 수 있기 때문"이라고 말했다. 실제 1980년대 에이즈 공포에 떨었던 미국은 오늘날 에이즈를 일종의 만성병으로 받아들이는 반면 여전히 감염에 속수무책인 아프리카는 에이즈 창궐로 매년 수백만 명이 사망하고 있다.

2. 진화론이 과학과 사회에 끼친 영향
– 진화론을 알아야 세상이 보인다

인간 존재를 다시 생각하다

착시는 시각 진화의 결과
왼쪽 책상은 오른쪽 책상에 비해 길쭉해 보인다.
그러나 윗면을 따로 떼어서 보면 둘은 같은 모양이다.
책상이 다르게 보이는 것은 뇌가 망막에 맺힌
2차원 영상의 원근을 고려해 3차원의 실체로
재해석하는 회로를 진화시켰기 때문이다.

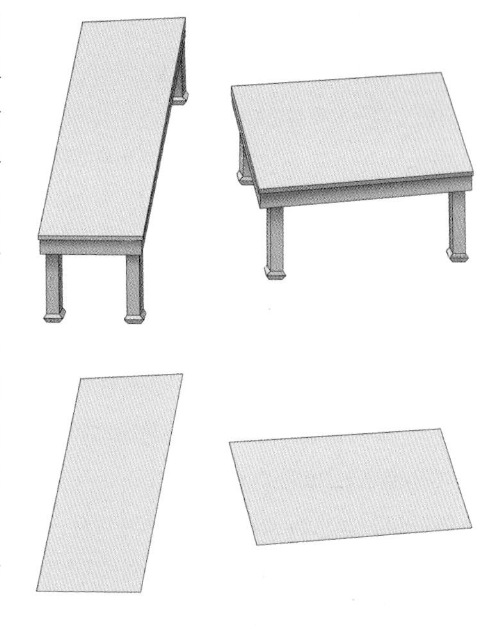

진화론은 우리 몸을 바라보는 시선뿐 아니라 개체와 자아, 지능 등에 대한 개념 자체를 흔들고 있다. 영국 옥스퍼드 대학교의 동물학자 리처드 도킨스 박사는 1976년 『이기적 유전자』를 출간해 그 서막을 울렸다. 엄청난 센세이션을 불러일으킨 이 책에서 그는 "개체는 유전자의 증식을 위해 이용되는 운반체일 뿐"이라는 충격적인 주장을 담았다. 수십억 년에 걸쳐 만들어진 정교한 신체 기관, 고도의 지능과 미묘한 감정이 고작 DNA라는 생체 분자가 존재하기 위해 몸이 진화해 온 결과라니.

그럼에도 많은 사람들은 "과학적 근거가 약한 일종의 말장난"이라며 그의 주장을 애써 평가절하했다. 그러나 1980~1990년대 뇌와 관련된 일련의 연구 결과로 도킨스의 생각은 이제 상식이 돼 버렸다. 미국 하버드 대학교의 심리학자 스티븐 핑커 교수가 1997년 펴낸 책 『마음은 어떻게 작동하는가?』의 한 구절을 보자.

"자연 선택은 유전자만을 선택할 수 있다. 그러나 유전자는 뇌를 구축한다. 다른 유전자 조합은 다른 방식으로 정보를 처리하는 뇌를 만들어낸다."

즉 뇌의 정보 처리 과정의 진화는 세세한 부분까지 뇌의 형성 과정에 관여하는 유전자의 선택에 의해 이뤄지는 것이다. 그에 따르면 뇌는 개체가 정보를 효율적으로 처리해 환경에 더 잘 적응하기 위해 고안된 기관이다. 잣까마귀는 소나무 씨앗 3만 개를 넓은 지역에 걸쳐 숨겨놓은 뒤 최대 6개월 뒤에도 회수할 수 있다. 만일 사람에게 씨앗 300개를 주고 숨기게 한 뒤 다음날 찾으라고 하면 절반도 가져오지 못할 것이다. 그렇다고 잣까마귀가 사람보다 머리가 좋다고 생각하는 사람은 아무도 없다. 은닉행동은 먹이가 부족한 시기를 견디기 위한 전략이다. 잣까마귀의 뇌는 이런 행동이 효율적으로 작동할 수 있게 진화된 회로를 갖고 있을 뿐이다.

미국 스탠퍼드 대학교 심리학자 로조 셰파드 교수는 흥미로운 그림을 만들었다. 그림에는 책상이 두 개 그려져 있는데 하나는 가로로 나머지는 세로로 배치돼 있다. 세로로 그려진 것은 길쭉한 책상이고 가로로 놓인 것은 정사각형에 가깝게 보인다. 과연 그럴까.

자를 대고 재 보면 두 책상은 가로와 세로 길이

❶ 뇌의 정보처리메커니즘도 진화의 결과일 뿐이라고 주장하는 심리학자 스티븐 핑커 교수(오른쪽 끝). ❷ 진화알고리즘이 창조한 작품. '자연'의 역할을 하는 사람이 선택한 작품들끼리 교배해 새로운 작품이 탄생하는 과정을 반복한 결과다. ❸ 말라리아에 감염된 어린이. 매년 2백만 명이 희생되는 말라리아를 통제할 가장 효과적인 수단은 모기장을 사용하는 것이다. 감염이 어려워지면 덜 치명적인 말라리아원충이 선택되기 때문이다.

가 똑같다. 그런데 이런 지식을 갖고 봐도 둘은 여전히 다르게 보인다. 왜 눈은 이성의 말을 듣지 않는 걸까. 셰파드 교수는 "이 그림은 뇌가 2차원 구조인 망막에 있는 정보를 어떻게 3차원의 실체로 계산하는지 보여 준다."고 말한다.

즉 뇌는 세로 방향은 원근의 영향으로 상이 짧아 보이는 것이라고 추론해 실제 형상은 더 길다고 결론짓는다는 것이다. 물론 이런 과정은 자동으로, 즉 우리가 의식하지 못하는 사이에 즉각적으로 일어난다. 셰파드 교수는 "우리의 지각과 인지체계는 몸의 크기나 체형, 피부색처럼 자연 선택의 결과로 만들어진 것"이라고 말했다. 착시는 뇌가 얼마나 효율적인 시각 정보 처리 체계를 진화시켰는지를 반증하고 있는 셈이다.

그런데 예측할 수 없는 유전자의 변이를 통해 뇌처럼 정교한 신경 회로의 성능이 개선되는 일이 실제 가능할까. 아무리 생각해도 돌연변이가 생기면 백발백중 회로의 결함으로 이어질 것 같다. 이런 의문에 대한 해답을 컴퓨터과학의 새 분야인 '진화 알고리즘'이 내놓았다. 진화 알고리즘은 생명체처럼 복제하고 돌연변이를 일으킬 수 있는 프로그램인데 이 과정을 통해 좀 더 지능적인 소프트웨어로 진화할 수 있음을 보여 준 것이다.

소프트웨어개발회사인 미국 내추럴 셀렉션 사는 진화하는 체스 프로그램을 만들었다. 물론 사람을 이기는 체스 프로그램은 많이 나와 있다. 1997년 슈퍼컴퓨터 '딥 블루'에서 가동된 프로그램은 당시 세계 챔피언인 러시아의 개리 카스파로프를 이겨 사람들을 놀라게 했다. 그러나 이것은 프로그래머가 수많은 경우의 수를 일일이 프로그램화한 대형 소프트웨어다.

그런데 내추럴 셀렉션 사의 프로그래머가 한 일은 임의의 전략을 갖는 간단한 소프트웨어 15개를 만든 것뿐. 이들 프로그램은 서로 시합을 거쳐 성적을 매기게 된다. 가장 높은 점수를 받은 소프트웨어들이 선택돼 부모가 돼 자손 프로그램을 만든다. 이 과정에서 프로그램의 일부가 서로 교환되기도 하고 명령어가 바뀌는 돌연변이가 일어나기도 한다.

250세대가 지난 뒤 등장한 프로그램은 초기 조상들보다 훨씬 더 복잡하고 다양한 전략을 갖게 됐다. 이 모든 과정에서 사람은 전혀 개입되지 않았다. 이 프로그램은 인터넷 체스 사이트를 통해 데뷔했고 상대가 소프트웨어인지 모른 채 경기에 임한 체스 고수들 중 상당수가 고배를 마셨다고.

미국 브랜다이스 대학교 컴퓨터 과학자인 호드 립손과 조단 폴랙은 진화 알고리즘을 이용해 컴퓨터가 로봇을 설계하는 프로젝트를 진행하고 있다. 부모 역할을 하는 이 컴퓨터에는 플라스틱 부품을 만드는 3D프린터가 연결돼 있다. 알고리즘이 설계한 부품이 프린터로 찍혀 나오면 사람은 컴퓨터가 지시하는 대로 회로를 연결해 작동시켜 그 결과를 입력한다. 이런 식으로 수백 세대의 진화를 거쳐 모래 위를 움직일 수 있는 로봇이 탄생했다. 현재 연구자들은 연결 나사와 배터리까지 스스로 설계해 찍어낼 수 있는 기계를 연구하고 있다.

2. 진화론이 과학과 사회에 끼친 영향
– 진화론을 알아야 세상이 보인다

수로 밀어붙인다

얼마 전까지만 해도 신약 개발은 '합리적인 의약 설계'라는 방법을 추구해 왔다. 질병이 일어나는 원인을 분자 수준에서 규명해 그 과정을 차단하거나 변경하는 약물을 설계하는 방법이다. 마치 자물쇠의 구조를 밝힌 뒤 거기에 맞는 열쇠를 깎는 것과 같다.

그런데 최근 진화의 방식이 신약 개발에도 도입되고 있다. 다양한 구조의 분자 단위들을 임의적으로 조합해 좀 더 복잡한 구조의 분자를 만드는 '조합화학'이 그것이다. 이렇게 만들어진 수만~수십만 가지 분자는 자동화된 스크린 장치를 통해 약효가 테스트된다. 이 과정을 통해 소수의 분자가 '선택'되는 것이다.

한국화학연구원 김성수 박사는 "이 과정에서 우리가 미처 생각하지 못한 분자 구조가 만들어지기도 한다."며 "최근 자동화 기술의 발달로 조합과 스크린 과정에 들어가는 비용이 떨어짐에 따라 이 방법은 더욱 활발하게 쓰일 것"이라고 말했다.

진화의 개념은 최근 마케팅 전략에도 도입되고 있다. 신제품을 개발할 때는 철저한 시장 조사를 통해 소비자가 원하는 것이 무엇인지를 파악해야 한다는 것은 상식적인 얘기다. 그러나 갈수록 제품 수명이 짧아지고 소비자의 기호는 예측이 어려워지고 있다. 이런 환경에 지나치게 신중한 제

진화 알고리즘으로 수백 세대에 걸쳐 진화한 체스 프로그램은 체스 고수들과 맞서서 좋은 승률을 냈다.

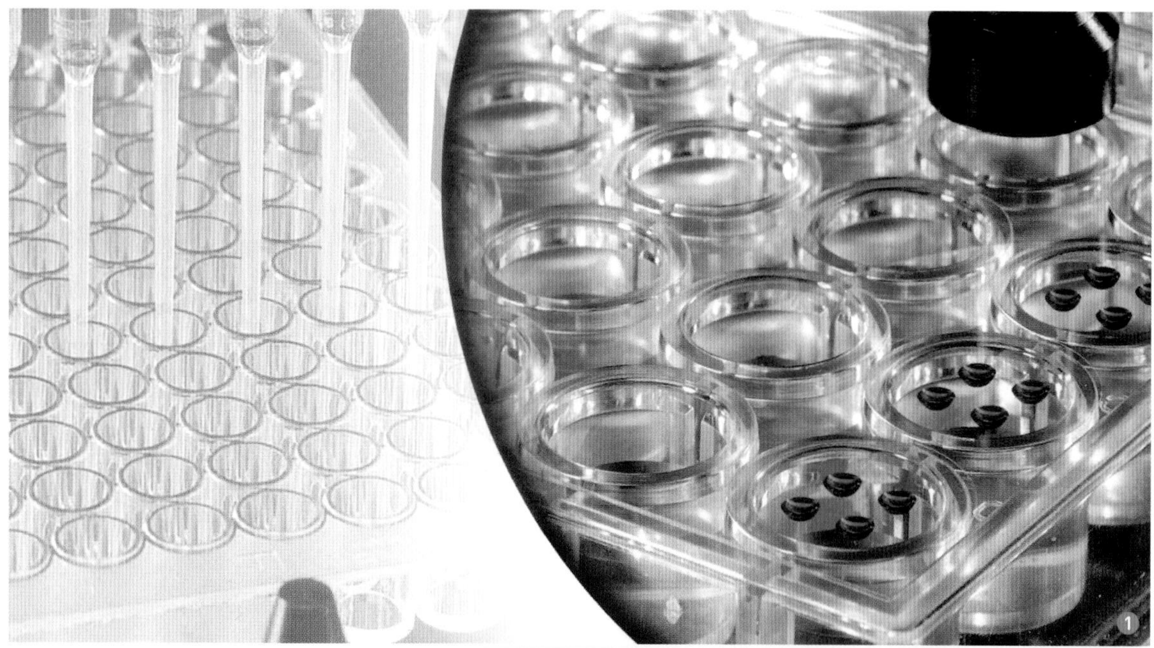

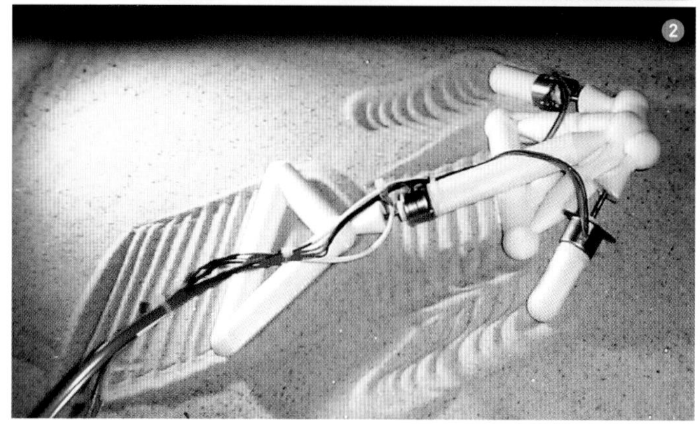

❶ 수만 가지의 분자를 한꺼번에 만들어 원하는 구조를 찾는 '조합 화학'은 진화론의 패러다임을 따르고 있다. ❷ 진화 알고리즘으로 컴퓨터가 스스로 진화시킨 로봇이 모래 위를 이동하고 있다.

품 개발 전략은 자칫 때를 놓치기 쉽다.

최근 기업체들은 다양한 콘셉트의 제품을 한꺼번에 내놓는 전략을 취하고 있다. 그 뒤 소비자의 반응이 좋은 제품을 택해 집중적으로 마케팅을 벌이는 것이다. 출판업계가 대표적인 분야. 2002년 4월 출간돼 100만 권 이상 팔린 틱낫산 스님의 저서 『화』는 지금까지도 출판계의 신화로 남아 있다. 보통 1만 권 정도면 선전했다는 명상 서적이 이렇게 대박을 터뜨릴 줄은 누구도 예상 못했던 일.

살림출판사의 출판기획자는 "어떤 책이 성공할지 예측하기 어려운 상황에서 진화론을 적용하는 것은 위험은 줄이면서 기회는 놓치지 않는 묘수"라며 "한 해에 출간한 수십 권 가운데 한두 권만 히트해도 그 출판사는 성공한 것"이라고 말했다.

영국의 저널리스트 에번 뉴워트은 2002년 출간한 『디지털 다윈이즘』에서 급변하는 인터넷 환경에 적응할 수 있게 진화하는 기업만이 살아남을 것임을 강조했다. 인터넷의 진화가 자연 진화의 압축판이라는 것이다.

그는 "경제적 생명체의 토양인 웹은 예전에는 볼 수 없었던 새로운 종의 사업과 기업들을 탄생시켰다."며 "이 새로운 경제적 유기체들은 기존의 기업들이 새로운 방식으로 진화할 것을 강조함과 동시에, 자신들의 생존에 필요한 새로운 사업 모델과 특성들을 만들고 있다."고 말했다.

디지털 다윈이즘의 신봉자를 자처하는 마이크로소프트사 빌 게이츠 회장은 미국 라스베이거스에서 열린 '2005 국제 가전전시회'(CES) 기조연설에서 "미래에는 디지털 라이프 스타일이라는 새로운 생활 태도가 등장할 것"이라며 "뛰어난 소프트웨어와 기기가 결합하면 고객들의 삶과 일 모두를 충실하게 채워줄 수 있다."라고 예측했다. 20년이 지난 지금, 그의 예측대로 디지털 라이프 스타일은 치열한 경쟁을 뚫고 '선택'됐고, 오늘날 가장 주요한 삶의 방식이 됐다.

III 진화의 증거

생명과 진화

2. 다양한 동물의 진화

갈라파고스 제도에는 핀치, 이구아나, 땅거북, 군함새 등 특이한 생물들이 살고 있다. 다윈은 이들이 오랫동안 육지로부터 격리된 채 살았기 때문에 독자적으로 분화했을 거라는 확신을 얻었다.
바로 이 생각이 현재의 생물은 공통 조상에서 유래해 환경에 적응하면서 변화해 왔다는 진화론의 모태가 됐다. 다윈은 진화는 수백만~수천만 년에 걸쳐 아주 천천히 일어나기 때문에 지층에서 드물게 발견되는 화석을 통해서라야 그 흔적을 찾아볼 수 있다고 생각했다.
그러나 다윈 이후 갈라파고스를 찾은 과학자들은 실제로 진화가 일어나는 것을 목격했다. 이제 다윈이 미처 보지 못한 생생한 진화의 현장을 들여다보자.

진화의 증거

1. 눈으로 보는 진화

눈앞에 펼쳐지고 있는 자연 선택의 증거들

여러 과학자들이 남아메리카에서 동태평양을 가로질러 갈라파고스 제도에 첫발을 디뎠다.

갈라파고스에는 핀치, 이구아나, 땅거북, 군함새 등 여기서만 볼 수 있는 특이한 생물들이 살고 있다. 다윈은 이들이 오랫동안 육지로부터 격리된 채 살았기 때문에 독자적으로 분화했을 거라는 확신을 얻었다. 바로 이 생각이 현재의 생물은 공통 조상에서 유래해 환경에 적응하면서 변화해 왔다는 진화론의 모태가 됐다.

"우리는 서서히 진행되는 이 변화를 결코 보지 못하며, (중략) 그저 현재 생물의 형태가 과거와 다르다는 것만 볼 수 있을 뿐이다."

다윈은 그의 역작 『종의 기원』에서 이렇게 적었다. 진화는 수백만~수천만 년에 걸쳐 아주 천천히 일어나기 때문에 지층에서 드물게 발견되는 화석을 통해서라야 그 흔적을 찾아볼 수 있다고 생각한 것이다. 그러나 다윈 이후 갈라파고스를 찾은 과학자들은 실제로 진화가 일어나는 것을 목격했다.

다윈이 관심을 보였던 13종의 갈라파고스핀치는 진화의 영향을 극명하게 보여 주는 대표적인 사례다. 핀치는 씨앗, 곤충, 과일, 나뭇잎 등을 먹는데, 특이하게도 먹이에 따라 부리의 높이나 폭, 모양이 제각각이다. 씨앗 중에도 크고 단단한 것을 먹는 핀치의 부리는 튼튼하고 뭉툭하며, 작고 연한 씨앗을 먹는 핀치의 부리는 작고 예리하다.

1930년대에 갈라파고스를 찾은 영국 조류학자 데이비드 랙 박사는 크기나 강도가 비슷한 씨앗을 먹는 핀치 종들은 서로 경쟁하기 때문에 같은 공간에 함께 살지 못한다는 것을 확인했다. 적자생존의 원리에 따라 씨앗을 먹기에 좀 더 적합한 부리를 가진 종이 살아남고 먹이를 뺏긴 종은 도태된다. 반

면 크기나 강도가 다른 씨앗을 먹는 핀치들은 경쟁할 필요가 없으니 같은 공간에서도 각자 환경에 적응하며 살 수 있다.

1970년대부터 30년 넘게 갈라파고스 제도 한가운데에 있는 작은 섬 대프니 메이저의 핀치를 연구한 미국 프린스턴 대학교 진화생물학자 피터 그랜트와 로즈메리 그랜트 교수 부부 연구팀은 더 극적인 진화를 목격했다. 연구가 한창이던 1977년 갈라파고스는 비 한 방울 내리지 않고 메말라 갔다. 가뭄이 계속되면서 짝짓기 횟수가 줄어 핀치의 총 수가 점점 감소했다.

가뭄이 끝난 후 연구팀은 살아남은 포르티스(핀치의 한 종)들의 부리 높이가 가뭄 전보다 평균 0.5mm 정도 늘어난 사실을 발견했다. 가뭄 동안 씨앗의 평균 크기와 강도가 증가해 크고 단단한 부리를 가진 녀석이 유리해졌기 때문이다. 불과 수년 만에 큰 부리를 가진 포르티스가 '선택'받은 것이다. 그러면 포르티스는 이제 계속 큰 부리를 갖는 방향으로 진화할까.

1983년 갈라파고스는 엘니뇨로 한바탕 몸살을 앓았다. 남아메리카 서쪽 해안으로 따뜻한 해류가 흘러들어와 수온이 올라가고 많은 비가 쏟아져 내린 것. 작은 씨앗은 풍작이었고, 큰 씨앗은 흉작이었다. 가뭄으로 지쳐 있던 포르티스들은 격렬하게 짝짓기를 했다. 수백 퍼센트 이상 증가한 포르티스들의 부리 크기를 측정한 그랜트 교수 연구팀은 깜짝 놀랐다. 가뭄 때와는 반대로 작은 부리의 핀치가 늘어나고 있었던 것이다! 갈라파고스의 자연이 큰 부리를 선호했다가 다시 작은 부리에게로 돌아선 데 걸린 기간은 불과 십 수 년이었다.

그 후 영국 에든버러 대학교 조프리 하퍼 교수와 미국 뉴욕 대학교 마리아와 요셉 백볼기 교수 부부는 자연 선택 이외에 잡종 교배도 핀치의 부리 형태를 바꿀 수 있다는 연구 결과를 발표했다.

과거 다윈은 핀치들이 제도 내 각 섬에 고립된 채 다양한 모양의 부리를 가진 종으로 진화한다고 생각했다. 하지만 하퍼와 백볼기 교수 연구팀에 따르면 핀치들 중 일부는 섬에서 섬으로 이동한다. 이렇게 '이민' 간 핀치가 타향에서 새로운 배우자를 만나 짝짓기를 하면서 짧은 시간 내에 더욱 다양한 종이 생긴다는 것이다.

이구아나도 이같은 변화를 겪고 있다. 갈라파고스에는 2종의 이구아나가 산다. 해조류를 먹는 바다이구아나와 선인장을 먹는 육지이구아나다. 최근 플라자 섬에서 바다이구아나와 육지이구아나가 교배해 머리는 바다이구아나이고 몸은 육지이구아나인 잡종이 2마리 태어났다. 수십 년 후 이곳을 찾은 관광객들은 가이드로부터 3종의 이구아나가 살고 있다는 설명을 듣게 될지도 모르겠다. 잡종이 생식 능력을 가졌는지 아직 확인되지 않았긴 하지만 말이다.

'순식간에' 일어난 변화

갈라파고스 이외에도 지구 곳곳에서 빠르게 일어나는 진화가 목격되고 있다. 1970년대 후반 미국 동물학자 조너던 로소스 박사는 큰 나무가 우거진 바하마 군도에 사는 아놀리스 사그레이라는 도마뱀 몇 마리를 키 작은 덤불만 자라는 고립된 섬으로 옮겨놓았다. 새로운 환경에서 도마뱀은 과연 멸종하지 않고 버틸 수 있었을까. 놀랍게도 20년 후 도마뱀 수는 오히려 늘어났다. 대신 큰 나무가 많던 고향에서 살았을 때보다 도마뱀의 다리가 훨씬 짧아졌나. 작은 나무가 많은 환경에 적응하여 20년 만에 체형이 '숏다리'로 바뀐 것이다.

미국 캘리포니아 주립대학교 데이비드 레즈닉 박사 연구팀은 1980년대 초 카리브 해의 트리니다드 섬에 사는 포에실리아 레티쿨라타라는 민물고기를 대상으로 흥미 있는 실험을 했다. 이 민물고기는 천적인 육식 물고기가 서식하는 강의 하류에 산다. 연구팀은 민물고기 몇 마리를 천적이 없는 상류로 옮겨봤다. 11년쯤 지나자 상류로 옮긴 민물고기들이 하류 민물고기보다 몸집이 훨씬 커지고 수명도 길어졌다. 짝짓기 시기가 늦어져 새끼 수도 줄었다. 하류에 살 때는 천적에게 잡아먹힐 것에 대비해 성장과 번식에 박차를 가했지만, 상류에서는 그럴 필요가 없어졌기 때문이다. 불과 11년 만에 환경에 적응해 습성을 바꿔버린 셈이다.

이처럼 생물들은 생각보다 빨리 환경에 적응해 왔고, 자연은 그중 가장 적합한 종을 선택했다. 프랑스 피에르&마리 퀴리 대학교 진화생물학자 안데르스 파프 묄러 박사 연구팀은 이 같은 자연 선택뿐 아니라 성 선택도 진화를 가속화시킨다는 연구를 2004년 12월 《진화생물학》에 발표했다. 그들이 주목한 생물은 제비. 암컷 제비는 꼬리가 긴 수컷을 선호한다. 꼬리 깃털이 자라려면 에너

지가 많이 필요하므로 결국 꼬리가 길수록 건강하다는 얘기. 연구팀은 지난 20년간 수컷 제비의 꼬리 깃털이 1.14cm나 길어졌다는 것을 발견했다. 암컷에게 선택받으려고 혈안이 된 수컷들은 좀 더 '섹시'하게 보이는 방향으로 '서둘러' 진화한 것이다.

암컷의 배우자 선택이 진화의 원동력이 된 사례는 동아프리카에서도 찾아볼 수 있다. 네덜란드 라이덴 대학교 올레 제하우젠과 프란스 비테 박사 연구팀은 빅토리아 호수에 서식하는 시클리드라는 물고기가 불과 약 1만 2000년 만에 자그마치 500종으로 분화했다는 것을 밝혀냈다. 수컷 시클리드는 비늘 색깔이 각양각색이다. 암컷 시클리드는 각자 선호하는 색깔의 수컷을 배우자로 고른다. 수컷 시클리드가 암컷의 눈높이에 따라 다양한 색깔을 띤 종으로 분화한 것이다.

진화의 증거

1. 눈으로 보는 진화

인간도 '선택'받는다

자연 선택, 잡종 교배, 성 선택 등에 의해 생물의 진화는 지금 이 시간에도 현재 진행형으로 일어나고 있다. 그런데 최근 지구상의 생물들은 자신들의 진화 속도에 강력한 영향을 미칠 새로운 존재를 만났다. 바로 '인간'이다.

지난 2001년 갈라파고스에서는 유조선이 암초와 충돌해 침몰하는 바람에 100만 리터의 기름이 바다에 그대로 유출됐다. 이 사고로 삽시간에 펠

2001년 갈라파고스에서 유조선이 암초와 충돌해 10만 리터의 기름이 바다에 유출됐다.

리컨, 바다사자, 갈라파고스펭귄 등 희귀 동물 수백 마리가 희생되고 말았다. 에콰도르 정부는 해양 전문가들을 동원해 대책 마련에 나섰지만, 당시 과학자들은 "최악의 경우 희귀 동물 멸종으로 이어질 우려도 있다."고 경고했다. 이 사고의 영향으로 현재 갈라파고스의 생태계에 어떤 변화가 일어나고 있는지 모를 일이다.

동아프리카의 호수들도 사정이 비슷하다. 인간 활동으로 수질 오염이 심각해지면서 시클리드의 시야가 좁아지고 있는 것. 시각을 통해 배우자를 골라야 하는 암컷 시클리드에게는 난감한 변화가 아닐 수 없다.

이처럼 다른 생물의 진화에 영향을 미치는 인간 자신은 과연 자연 선택으로부터 자유로울까. 2002년 영국 주간지 《옵서버》는 "인류는 진화의 정점에 도달했는가?"라는 물음에 대한 전문가들의 의견을 보도했다. 영국 런던 대학교 스티브 존스 교수를 비롯한 진화 정체론자들은 더 이상 인류의 다양한 형질 변화가 일어나지 못하게 됐다고 주장했다. 문명이 발달하면서 유전적 우열에 관계없이 생존률이 높아졌고, 다른 인종끼리 결혼해 피가 섞이면서 인류는 점차 '비슷비슷'해질 거라는 설명이다.

그러나 미국 캘리포니아 대학교 크리스토퍼 윌스 교수를 비롯한 진화옹호론자들은 인간은 여전히 진화의 영향 아래에 놓여 있고 그 방향은 전혀 예측할 수 없다고 반박했다. 특정 병원균에 이례적으로 강한 내성을 가진 종족이 출현할 수도 있고, 상대적으로 열악한 환경에 사는 사람보다 우수한 지적 능력을 갖고 문명의 혜택을 더 누리는 사람이 사회적으로 유리한 것은 부인할 수 없다는 입장이다.

최근 환경에 가장 잘 적응하는 인류가 살아남는 자연 선택이 '실시간으로' 벌어지고 있다는 연구 결과들이 나와 진화옹호론자들의 손을 들어줬다. 대표적인 사례가 우유 속의 젖당을 분해하는 능력. 인간은 성인이 되면 우유를 잘 소화시키지 못한다. 어릴 때는 체내에 젖당 분해 효소가 많이 만들어지지만 자라면서 점점 줄어들기 때문이다.

핀란드 헬싱키 대학교 리나 펠토넨 교수 연구팀은 4800~6600년 전 우랄 산맥에 살던 사람들이 성인이 돼서도 젖당 분해 효소가 만들어지게 하는 돌연변이 유전자를 갖고 있었다는 사실을 밝혀냈다. 목축업의 비중이 큰 유럽이나 중동 사람들이 성인이 돼서도 우유를 잘 마시는 것은 이 유전자를 갖고 있기 때문이라고 한다. 펠토넨 교수는 "이 돌연변이는 아마도 우연히 일어났을 것"이라며 "우유에서 영양을 섭취할 수 있는 사람은 생존에 유리했기 때문에 이들이 선택돼 다수가 됐다."고 분석했다.

해발 4000m가 넘는 고산지대에 사는 티베트인 사이에서도 자연 선택이 이뤄지고 있다. 미국 케이스웨스턴리저브 대학교 신시아 비알 교수가 이들의 가계를 추적한 결과, 혈액 중 산소 농도가 높은 여성이 낳은 자녀가 성인이 될 때까지 살아남는 확률이 더 높다는 사실을 발견한 것. 고산소 여성의 경우 자녀가 어릴 때 사망한 수가 0.4명인데 비해 저산소 여성의 경우에는 무려 2.5명이나 됐다. 산소가 희박한 고산지대 환경이 인간에게 자연 선택의 압력으로 작용한 것이다. 비알 교수는 "우리 눈앞에서 진화가 일어나고 있다."며 "이런 식이라면 2000년 뒤에는 히말라야인 모두가 고산소 유전자를 갖게 될 것"이라고 예측했다.

진화의 증거

1. 눈으로 보는 진화

세상을 바꾸는 소리 없는 변화

진화의 시계는 다윈이 짐작했던 것보다 훨씬 빠르다. 지구상의 생물들은 출발선에서 기다리고 있는 달리기 선수 같다. 총소리가 들리자마자 그들은 진화라는 경쟁을 시작한다. 심사위원인 자연은 생물들의 미미한 변화 하나하나를 민감하게 감지해 순위를 매겨 진화의 방향을 결정한다. 이 같은 선택의 압력에 인류조차도 자유롭지 못하다. 클레오파트라의 코가 정말 한 치만 더 낮았더라면 세계의 역사가 실제로 바뀌었을지도 모를 일이다.

창조론자들은 동물들이 공통 조상에서 유래했다면 어떻게 외모가 그렇게 다를 수 있느냐며 진화론자들을 공격해 왔다. 그러나 미국 캘리포니아 대학교 윌리엄 맥기니스 교수 연구팀은 2002년 미미한 유전적 변형이 급격한 외형 변화를 초래할 수 있다는 연구 결과를 《네이처》에 발표해 창조론자들을 곤경으로 몰아넣었다. 연구팀은 바다작은새우의 유전자 일부를 조작해 변형 단백질을 얻었다. 바로 이 단백질이 바다작은새우의 다리를 만드는 유전자를 방해해 배 부분에 생겨야 할 다리가 감쪽같이 사라진 것. 맥기니스 교수는 "유전자 돌연변이가 몸의 마디마다 다리가 있던 갑각류의 조상을 다리가 적은 곤충으로 변형시켰을 것"이라고 추측했다. 2002년 뉴질랜드 마시 대학교 데이비드 램버트 교수 연구팀은 유전자로 진화 속도를 추정하기도 했다. 연구팀은 남극 아델리펭귄 사체에서 유전자를 추출해 돌연변이가 일어난 비율을 분석했다. 그 결과 펭귄이 학계에서 추정하던 것보다 2~7배나 빨리 진화했다는 결론을 얻었다. 미국 배일러 대학교 의대 수잔 로젠버그 박사와 인디아나 대학교 패트리샤 포스터 박사 연구팀은 2001년 《사이언스》에 발표한 논문에서 "생명체 내의 DNA 합성 효소 중에는 유독 실수를 많이 일으키는 것이 있어 필요한 경우 스스로 돌연변이가 생기도록 부추겨 진화 속도를 빠르게 한다."고 설명했다.

해발 4000m가 넘는 고산지대에 사는 티베트인은 혈액 중 산소 농도가 높은 고산소 유전자를 가진 사람들의 생존률이 높다.

실제로 핀치 부리의 다양한 모양도 특정 유전자가 발현하는 시기와 양에

남극 아델리펭귄 유전자의 돌연변이가 일어난 비율을 분석한 결과, 펭귄은 추정보다 2~7배나 빨리 진화했다.

따라 결정된다. 2004년 미국 하버드 대학교 의대 클리포드 타빈 박사 연구팀은 씨앗을 깨는 데 알맞은 둥근 부리 핀치 3종과 과즙을 먹는 데 알맞은 뾰족 부리 핀치 3종의 발생 과정을 비교했다. 그 결과 발생 초기에 둥근 부리 핀치에서 유전자가 BMP4라는 단백질을 더 많이 만들어냈다는 것. 뿐만 아니라 둥근 부리를 가진 핀치 3종 사이에서도 이 유전자의 발현 패턴이 조금씩 달랐다. 유전자의 미묘한 변이가 핀치의 부리 모양을 바꿔 자연 선택과 도태라는 엄청난 차이를 만드는 것이다.

이처럼 유전자가 진화에 핵심적인 영향을 미친다는 사실이 여러 과학자들에 의해 증명됐다. 오늘날 인류는 생명과학의 발전으로 유전자를 자유자재로 조작할 수 있게 됐다. 인류의 유전자 '선택'이 진화에 과연 어떤 영향을 줄지 지켜볼 일이다.

진화의 증거

1. 눈으로 보는 진화

다윈도 깜짝 놀랄 부리의 진화

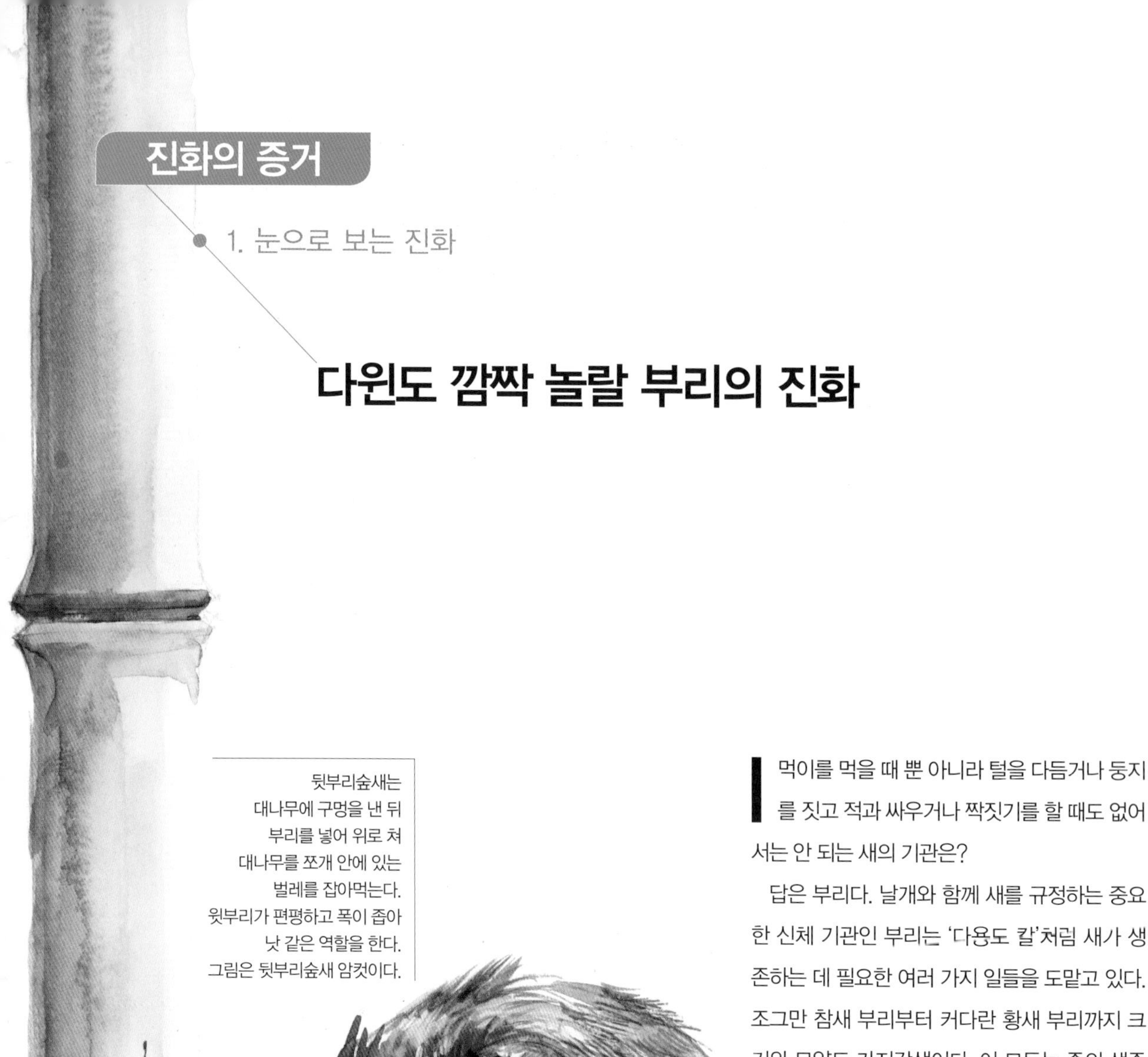

뒷부리숲새는
대나무에 구멍을 낸 뒤
부리를 넣어 위로 쳐
대나무를 쪼개 안에 있는
벌레를 잡아먹는다.
윗부리가 편평하고 폭이 좁아
낫 같은 역할을 한다.
그림은 뒷부리숲새 암컷이다.

먹이를 먹을 때 뿐 아니라 털을 다듬거나 둥지를 짓고 적과 싸우거나 짝짓기를 할 때도 없어서는 안 되는 새의 기관은?

답은 부리다. 날개와 함께 새를 규정하는 중요한 신체 기관인 부리는 '다용도 칼'처럼 새가 생존하는 데 필요한 여러 가지 일들을 도맡고 있다. 조그만 참새 부리부터 커다란 황새 부리까지 크기와 모양도 가지각색이다. 이 모두는 종의 생존 확률을 높이기 위한 진화의 결과. 부리는 다공성 턱뼈 위에 케라틴 성분의 얇은 뿔 같은 층이 덮여 있는 기관이다. 하늘을 날아야 하므로 육상 동물처럼 속이 꽉 찬 뼈로 이뤄졌다면 무게중심이 안 맞아 날아오르기도 전에 앞으로 꼬꾸라질지도 모른다. 새 얼굴의 매력 포인트인 부리의 천태만상을 들여다보자.

40년 탐사 끝에 남아메리카 베네수엘라에서 발견된 뒷부리숲새(수컷).

남아메리카 숲에 사는 큰부리새의 부리는 거추장스러워 보인다. 하지만 빽빽한 밀림을 헤치고 과일을 먹을 땐 매우 유용하다.

2004년 남아메리카 베네수엘라의 숲속에서 희한한 생김새를 한 새가 발견됐다. '뒷부리숲새'(recurve-billed bushbird)가 그 주인공. 부리를 위아래로 뒤집어 붙인 모습의 뒷부리숲새의 존재가 처음 확인된 건 1965년 남아메리카 콜롬비아다. 당시 안데스 산맥의 한 숲에서 이 새를 봤다는 얘기를 들은 사람들은 그 뒤 40여 년 동안 콜롬비아 숲을 뒤졌지만 새를 찾는 데 실패했다. 그러다 2004년 뉴질랜드 매세이 대학교 조류학자 크리스 샤페 교수가 이끄는 탐사대가 콜롬비아와 안데스 산맥으로 이어져 있는 베네수엘라의 한 숲에서 마침내 발견한 것. 탐사대는 말로만 듣던 숲새의 부리를 보고 경악했다. 그렇다면 도대체 이 녀석들은 어떻게 이런 부리모양을 하게 됐을까.

컬럼비아 대학교 게리 스틸레스 연구팀은 숲새의 부리 모양은 대나무 대 속에 살고 있는 벌레를 효과적으로 잡아먹기 위한 형태라고 2007년 《콜롬비아 조류학》에 보고했다. 연구자들은 숲새가 살고 있는 대나무 종류인 '카리조' 숲을 면밀히 관찰했다. 카리조 줄기는 속이 비어 있는데 건기에도 물을 머금고 있어 벌레들의 안식처다. 뒷부리숲새는 커다란 엄지발가락으로 사람이 손으로 잡듯이 대나무대를 꼭 잡고 버티고 서서 부리로 줄기에 구멍을 낸 뒤 부리를 집어넣고 낫질을 하듯이 위로 쳐서 줄기를 쪼개 안에 숨어 있는 벌레를 잡아먹었다. 윗부리가 둥그렇고 아래쪽으로 휘어진 형태보다 폭이 좁고 일자로 곧게 뻗은 형태가 이런 방식에는 훨씬 효과적인 셈. 윗부리는 휘는 방향이 바뀌었지만 당연히 콧구멍은 여전히 남아 있다.

우리나라에도 부리가 위로 휘어진 새가 있다. 뒷부리도요나 뒷부리장다리물떼새가 그 주인공. 이 녀석들은 부리가 얇고 길어 뒷부리숲새처럼 '사진 조작' 같은 느낌이 들 정도는 아니지만 특이한 형태임은 분명하다. 뒷부리장다리물떼새가 긴 부리를 물에 담그면 위로 휘어진 부리 앞쪽이 물과 거의 수평하게 잠기는데 물떼새는 부리를 좌우로 움직여 얕은 물에 사는 갑각류나 곤충을 잡아먹는다.

진화의 증거

1. 눈으로 보는 진화

공중제비의 유래

제비의 현란한 비행 기술은 날아다니는 벌레를 잡아먹기 위해서다. 제비 부리는 짧지만 옆으로 넓어 주둥이를 벌릴 때 벌레를 잡을 확률이 높다.

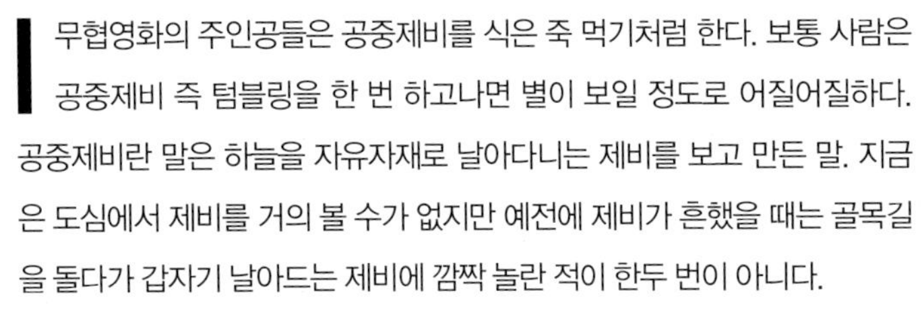

무협영화의 주인공들은 공중제비를 식은 죽 먹기처럼 한다. 보통 사람은 공중제비 즉 텀블링을 한 번 하고나면 별이 보일 정도로 어질어질하다. 공중제비란 말은 하늘을 자유자재로 날아다니는 제비를 보고 만든 말. 지금은 도심에서 제비를 거의 볼 수가 없지만 예전에 제비가 흔했을 때는 골목길을 돌다가 갑자기 날아드는 제비에 깜짝 놀란 적이 한두 번이 아니다.

제비는 이런 놀라운 비행 솜씨 덕분에 날아다니는 벌레들을 공중에서 사냥할 수 있다. 그런데 아무리 비행 고수라도 부리가 좁고 많이 벌어지지 않는다면 벌레를 놓치기 쉬울 것이다. 조류학자인 국립환경과학원 박진영 박사는 "제비의 부리는 옆에서 보면 짧지만 정면에서 보면 넓적하게 생겼고 크게 벌릴 수 있어 벌레를 잡을 수 있는 확률을 높였다."며 "부리 옆에는 빳빳한 털이 나 있어 비행 중에 여기에 걸린 날벌레들도 잡아먹을 수 있다."고 설명했다. 최근 도심에서 제비를 볼 수 없는 것도 이런 먹이 포획 습성 때문이다. 제비가 맘껏 날 수 있는 공터가 점점 줄어드는 데다 물웅덩이나 수풀 같은 날벌레 서식처가 거의 사라져 결국 제비가 떠나게 된 것.

반면 우리나라의 대표적인 텃새인 참새는 도심에서도 아직까지는 종종 볼 수 있는데 특정한 먹이를 아주 효과적으로 먹게 부리가 진화한 대신 다양한 먹이를 먹을 수 있게 '절충한' 형태라서 환경 변화에 적응할 수 있었기 때문이다. 박 박사는 "참새 부리는 끝이 약간 뾰족하면서도 전체적으로 약간 두툼한 모양을 하고 있다."며 "그 결과 봄에서 가을 사이에는 주로 벌레(부리가 뾰족할수록 유리)를 먹고 가을에서 봄까지는 주로 식물의 씨앗(부리가 두툼할수록 유리)을 먹을 수 있다."고 설명했다. 참새가 사계절이 뚜렷한 우리나라에서 텃새로 살아남을 수 있었던 이유다.

부리가 두꺼워 무는 힘이 강한 대표적인 새로는 앵무새를 들 수 있다. 앵무새는 호도 같은 견과류도 깨뜨려 먹을 수 있다. 철사를 끊거나 구부리는 공구인 펜치 옆모습이 앵무새 얼굴을 닮은 게 우연은 아니다.

공구도 용도에 따라 다양한 형태가 있듯이 부리도 먹이 종류에 따라 극단적인 형태를 띠기도 한다. 윗부리와 아래부리가 서로 엇갈린 솔잣새가 대표적인 예. 솔잣새는 이름에서 알 수 있듯이 소나무나 잣나무의 씨앗을 먹고 산다. 그런데 씨앗이 솔방울 속에 박혀 있기 때문에 평범한 부리라면 솔방울 껍데기를 뜯어내고 나서 안의 씨앗을 부리로 집어먹어야 한다. 반면 솔잣새는 껍질 틈 사이에 부리를 박고 나사처럼 돌려 속으로 밀어 넣어 열매를 먹는다. 그럼에도 사람의 눈에는 마치 덧니가 난 것처럼 보여 부자연스럽고 새도 불편할 것 같다.

"사람의 시각에서 보면 굉장히 불편해 보이는 부리 모양도 해당 종에게는 생존에 유리한 구조임을 잊어서는 안 됩니다."

박진영 박사는 또 다른 예로 저어새를 든다. 기다랗고 끝이 넓적한 주걱 같은 부리가 달린 저어새는 같은 황새목에 속하는 우아한 황새와 비교하면 다소 우스꽝스럽게 보인다. 그러나 이렇게 넓적한 부리가 얕은 물에 사는 물고기나 갑각류를 잡아먹을 때는 무척 유용하다. 부리를 물에 담가 좌우로 휘젓다가 부리에 닿은 물고기를 얼른 잡아먹는 데는 끝이 뾰족한 부리보다 넓적한 부리가 안성맞춤이다. 박 박사는 "최근 개체수가 급감한 저어새를 보고 원시적인 부리 형태 때문이라는 주장도 있었다."며 "저어새의 부리가 정말 생존에 불리했다면 이미 멸종해 버렸을 것"이라고 반박했다. 주로 강 하구나 갯벌을 서식처로 삼는 저어새가 사람의 활동으로 삶의 터전이 줄어들며 위기를 겪는 것이라고.

남아메리카에 서식하는 큰부리새도 극단적인 부리 진화의 일면을 보여 준다. 몸의 절반이 부리일 정도로 커다란 부리는 가분수의 전형이다. 만일 부리가 포유류의 뼈처럼 속이 꽉 찼다면 큰부리새는 제대로 서지도 못할 것이다. 큰부리새는 밀림 속에서 과일을 먹고 사는데 빽빽한 잎을 헤치고 과일에 접근하는데 커다란 부리가 유용하다. 물론 부리 속은 대부분 텅 비어 있다.

저어새의 우스꽝스러운 부리 모양은 얕은 물에 사는 물고기나 갑각류를 잡을 때 효과적인 구조다.

진화의 증거

1. 눈으로 보는 진화

손보다 섬세한 산까치 부리

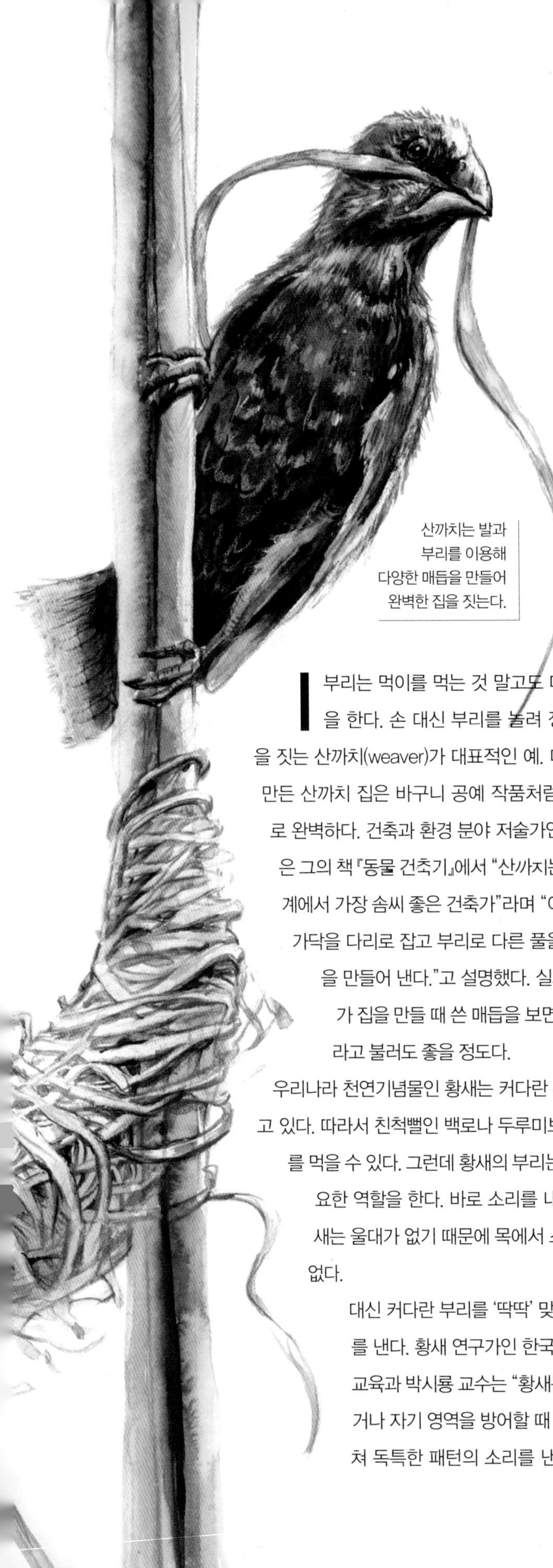

산까치는 발과 부리를 이용해 다양한 매듭을 만들어 완벽한 집을 짓는다.

부리는 먹이를 먹는 것 말고도 다양한 역할을 한다. 손 대신 부리를 놀려 정교한 매듭을 짓는 산까치(weaver)가 대표적인 예. 매듭을 엮어 만든 산까치 집은 바구니 공예 작품처럼 보일 정도로 완벽하다. 건축과 환경 분야 저술가인 존 니콜슨은 그의 책『동물 건축기』에서 "산까치는 동물의 세계에서 가장 솜씨 좋은 건축가"라며 "이들은 풀 한 가닥을 다리로 잡고 부리로 다른 풀을 물어 매듭을 만들어 낸다."고 설명했다. 실제로 산까치가 집을 만들 때 쓴 매듭을 보면 '매듭 강사'라고 불러도 좋을 정도다.

우리나라 천연기념물인 황새는 커다란 부리를 지니고 있다. 따라서 친척뻘인 백로나 두루미보다 큰 먹이를 먹을 수 있다. 그런데 황새의 부리는 또 다른 중요한 역할을 한다. 바로 소리를 내는 기관. 황새는 울대가 없기 때문에 목에서 소리를 낼 수 없다.

대신 커다란 부리를 '딱딱' 맞부딪쳐 소리를 낸다. 황새 연구가인 한국교원대 생물교육과 박시룡 교수는 "황새는 구애를 하거나 자기 영역을 방어할 때 부리를 부딪쳐 독특한 패턴의 소리를 낸다."고 설명했다. 사람으로 치면 손뼉을 쳐서 신호를 보내는 셈이다. 한편 부리끝 부분까지 신경이 퍼져 있어 부리에 닿는 것들을 지각한다. 박 교수는 "황새는 부리 끝으로 맛을 안다."며 "뿌연 물속에 있는 먹이를 잡으려면 부리가 민감해야 한다."고 말했다.

1835년 비글호를 타고 갈라파고스에 도착한 26세의 찰스 다윈은 먹이 종류에 따라 14종의 핀치 부리 모양이 조금씩 다르다는 사실을 발견했다. '다윈의 핀치'로 불리는 이 새에 대한 관찰은 다윈이 훗날『종의 기원』에서 자연 선택에 따른 진화론을 펴는 데 영감을 줬다.

갈라파고스 제도의 작은 화산섬인 다프네 섬에서 33년 동안 핀치를 연구하고 있는 부부 조류학자인 미국 프린스턴 대학교의 피터 그란트 교수와 아내 로즈마리 그란트는 2006년《사이언스》에 발표한 논문에서 다윈이 생각했던 것보다 훨씬 짧은 시간 안에 부리가 진화할 수 있다는 연구 결과를 소개했다. 연구자들이 처음 다프네 섬에 발을 들였을 때는 주로 씨앗을 먹는 중간 크기의 땅 핀치와 선인장의 열매와 꽃가루를 주식으로 삼는 선인장 핀치 두 종류가 살고 있었다. 땅 핀치는 부리가 두툼하고 선인장 핀치는 뾰족하다. 둘은 먹이가 달라 평화롭게 공존했다. 그런데 1982년 새로운 종의 땅 핀치가 다프네 섬에 날아들었다. 이 녀석은 덩치가 이미 살고 있던 땅 핀치의 두 배나 됐기 때문에 주로 큰 씨앗을 먹는데 개체수가 점차 늘어 2003년에는 350마리에 이르렀다. 그런데 그해 심한 가뭄이 닥쳐 식물이 제대로 씨앗을 맺지 못했고 땅 핀치 사이에 먹이 경쟁이 치열해졌다. 결국 이듬해 초에 수를 헤아린 결과 큰 땅 핀치는 150마리, 중간 크기의 땅 핀치는 235마리만이 살아남았다. 2004년에도 가뭄이 계속되면서 큰 씨앗이 고갈돼 사망률도 급증했다. 이듬해 조사 결과 큰 땅 피치는 13마리만 살아남아 멸종 위기에 처했고 중간 크기의 땅 핀치도 83마리만 남았다.

연구자들은 2005년 살아남은 중간 크기의 땅 핀치 부리 크기를 조사해봤다. 그 결과 평균 10.6mm로 2003년의 11.2mm보다 5% 줄어들었고 두께도 8.6mm로 이전의 9.4mm보다 9% 줄었다. 중간 크기의 땅 핀치 가운데 큰 씨앗을 먹는 데 유리한, 부리가 큰 그룹은 큰 땅 핀치와 경쟁으로 대부분 죽었지만 작은 씨앗을 먹는 데 적합한 부리가 작은 그룹은 상대적으로 생존율이 높았기 때문이다. 연구자들은 "죽은 새들의 위를 부검한 결과 모두 텅 비어 있었다."며 "먹이 수급 변화나 다른 종의 존재로 인한 굶주림이 한 종의 진화 방향을 결정짓는 강력한 요인임을 잘 보여 주는 예"라고 설명했다.

부리의 다양한 모양은 어떻게 만들어질까. 지난 2004년 미국 하버드 대학교 의대 발생생물학자인 클리포드 타빈 박사팀은 씨앗을 깨먹는 데 적합한 둥근 부리를 지닌 땅 핀치 3종과 과즙을 먹는데 알맞은 뾰족한 부리를 지닌 선인장 핀치 3종의 부리 발생 과정을 비교했다. 연구자들은 부리 발생 조직에서 뼈 형태 형성 단백질 4(BMP4)의 발현 패턴이 차이가 있음을 확인했다. 즉 땅 핀치의 경우 BMP4가 발생 초기에 더 많이 만들어졌다. 한편 같은 집단에 속하는 3종 사이에도 BMP4의 발현 패턴이 조금씩 달라 부리 형태의 미묘한 차이를 만들었다.

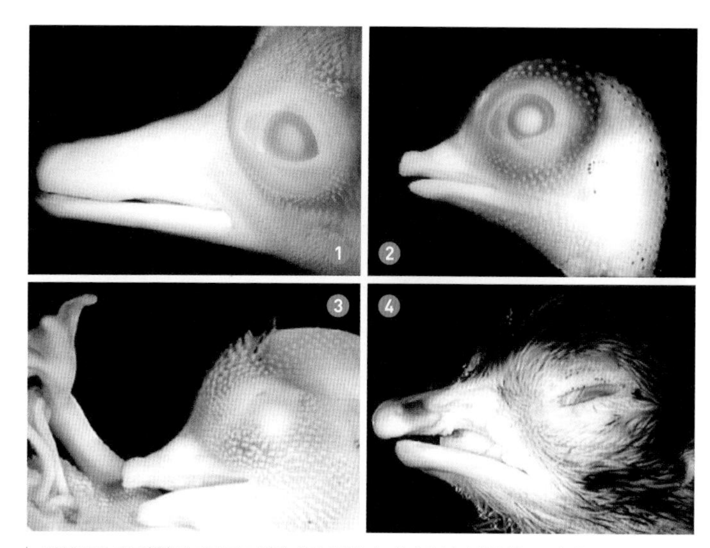

정상적인 오리(❶)와 메추라기(❷) 태아의 부리. 배아의 부리 형성을 조절하는 신경능세포를 바꿔치기한 오리(❸)와 메추라기(❹)는 서로 상대의 부리에 더 가까운 형태를 띤다.

결국 새로운 형태의 부리는 새로운 유전자가 생겨서 나타나는 게 아니라 기존 유전자의 발현 시기와 수준의 변화로 나타난 결과다. 환경에 맞춰 부리 모양이 빨리 진화할 수 있었던 것도 유전자 발현 패턴 변화를 통해서 가능했던 셈이다. 핀치처럼 같은 부류에 속하는 새들뿐 아니라 서로 거리가 먼 새들의 전혀 다른 부리 모양도 유전자들의 발현 패턴 차이에서 비롯된다는 연구 결과가 있다.

2003년 미국 샌프란시스코 캘리포니아 대학교 질 헬름스 교수팀은 배아 조직 이식으로 메추라기의 부리를 지닌 오리와 오리 부리를 지닌 메추라기를 탄생시켜 사람들을 놀라게 했다. 연구자들은 수정 뒤 36시간이 지난 배아에서 부리를 형성한다고 추정되는 조직인 신경 능세포(neural crest cell)를 떼어내 서로 바꿔치기했다. 그 뒤 11일이 지나 형태를 갖춘 태아를 조사한 결과 각자 상대편의 부리 모양으로 발생했음을 확인했다. 흥미로운 사실은 이처럼 전혀 다른 형태의 부리가 만들어지는 데 공통의 유전자들이 관여한다는 점. 다만 개별 유전자가 발현하는 시점이 달라 메추라기의 경우 오리보다 부리가 빨리 성숙한다. 연구자들은 "이번 연구 결과는 신경 능세포가 자율적으로 인접 조직의 유전자 발현을 조절해 부리의 모양을 만든다는 사실을 보여 줬다."고 설명했다.

찰스 다윈은 1859년 출판한 『종의 기원』에서 품종에 따라 형태가 다양한 비둘기 부리를 조사한 뒤 "이런 변화는 아주 이른 시기부터 확연히 드러난다."며 "하지만 그 원인에 대해서는 전혀 모르겠다."고 썼다. 그로부터 150여 년이 지나서야 다윈의 궁금증에 대한 실마리가 풀린 셈이다.

깃털 공룡이 말하는 조류 진화의 비밀

2002년 중국 랴오둥성의 한 채석장에서 공룡의 화석이 발견됐는데, 비늘이 있어야 할 자리에 깃털이 달린 공룡의 화석이었다. 이 화석은 새와 가장 가까운 관계에 있는 드로마에오사우루스류에 속하는 공룡으로 밝혀졌다. 이 결과는 《네이처》 2002년 3월 7일자에 소개되며 전 세계에 큰 파장을 불러일으켰다. 이 공룡 화석의 깃털은 놀랍게도 현생 새의 깃털과 같은 비대칭 모양이었다. 깃털의 중심인 '우축'(rachis)을 중심으로 '우판'(vane) 양쪽이 비대칭 모양으로 뻗어나가면, 전체적인 모양은 앞면은 볼록하고 뒷면은 매끈한 유선 모양을 띠게 된다. 유선형은 양력을 얻어 뜰 수 있는 구조로 비행기 날개가 이처럼 생겼다. 따라서 깃털이 대칭이냐 비대칭이냐의 문제는 비행 능력과 직결된 매우 중요한 문제다.

이 발굴이 진행된 중국 랴오둥성의 채석장은 몇 해 전, 역시 드로마에오사우루스류에 속하는 신오르니소사우루스(Sinornithosaurus) 화석이 발견된 적이 있다. 신오르니소사우루스는 온몸이 2.5cm의 머리카락 같은 구조로 둘러싸였으며, 또 어깨뼈가 일정한 각도를 이뤄 앞발을 머리 위 너머로 들어 올려 새처럼 위아래로 퍼덕일 수 있었다. 이런 어깨뼈 구조는 시조새에서도 나타났다. 앞발은 새와 같이 뒷다리 길이만큼이나 길다. 턱에는 단검같이 날카로운 이빨들로 채워져 있었다. 하지만 신오르니소사우루스의 깃털은 대칭이었다. 따라서 비대칭의 깃털을 가진 드로마에오사우루스 공룡이 곧 발견될 수 있음이 예견돼 왔던 것이다.

같은 지역에서 맨 처음 발견된 깃털 공룡은 중화용조(中華龍鳥, Sinosauropteryx)로 새를 제외하고 깃털이 발견된 첫 번째 공룡 화석이었다. 지금까지 깃털은 새에서만 나타난다고 알려져 있었다. 비록 시조새(Archaeopteryx)가 공룡으로부터 진화해 왔다는 사실은 널리 받아들여지고 있었지만, 그 증거는 대부분 새와 공룡 사이에 나타나는 골격의 유사성에 있었다. 일부 선견지명이 있던 과학자들은 깃털 달린 공룡이 곧 발견될 것이라고 예측했다. 하지만 깃털이 화석으로 남는다는 것은 매우 드문 일로 이런 화석이 진짜 발견될 수 있을까 하는 의구심은 한갓 바람으로 이어져 왔다.

중화용조 화석이 발견된 지층을 조사한 결과, 1억 2400만 년 전 이 지역은 화산 활동이 활발한 커다란 호수 환경으로 부드러운 화산재와 이암층이 퇴적되고 있었다. 당시 이 지역에 서식하던 물고기, 거북, 포유류, 곤충, 공룡 등이 죽으면서 세립질 퇴적층에 보존됐기 때문에 공룡의 깃털처럼 부드러운 조직의 흔적까지 완벽하게 화석으로 남게 된 것이다.

중화용조는 지금까지 새의 조상으로 알려졌던 시조새와는 다른 골격 구조를 갖고 있다. 매우 짧은 앞발에 긴 꼬리를 가졌으며 가슴뼈(흉대)는 원시적인 형태여서 앞발을 위아래로 움직일 수 없었다. 온몸에 깃털을 가졌으나 날갯짓으로 창공을 날지 못했다는 뜻이다.

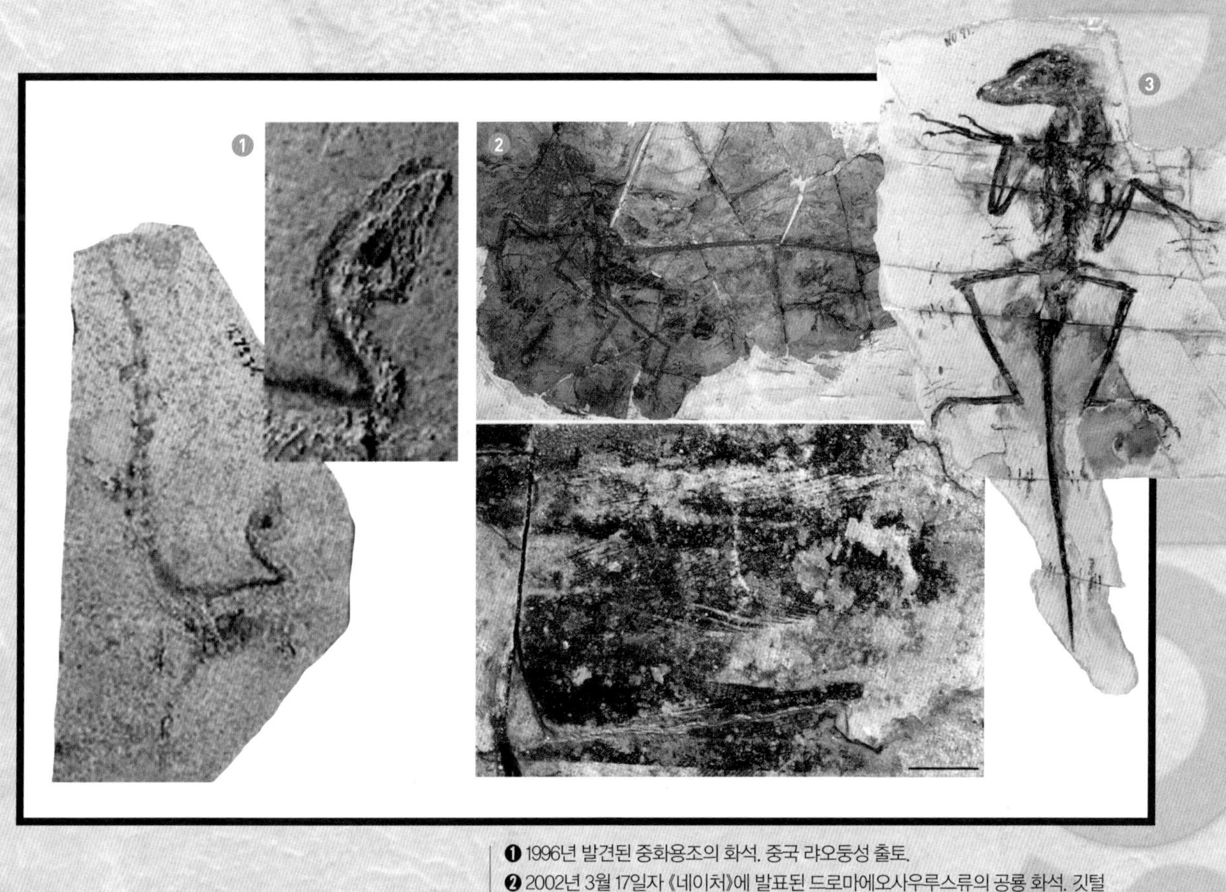

❶ 1996년 발견된 중화용조의 화석. 중국 랴오둥성 출토.
❷ 2002년 3월 17일자 《네이처》에 발표된 드로마에오사우루스류의 공룡 화석. 깃털 모양이 비대칭이었음을 알 수 있다.
❸ 신오르니소사우루스의 골격 구조는 현생 새와 비슷하다. 앞발을 들어올려 새처럼 퍼덕일 수 있었으며 앞발 길이는 뒷발만큼 길다.

마침내 밝혀진 새의 기원

그렇다면 중화용조의 온몸을 덮고 있는 깃털은 무슨 용도였을까. 또한 시조새와 중화용조는 어떤 관계일까.

중화용조의 비밀을 밝히기 위해서는 우선 새의 시조로 알려진 시조새의 유래에 대해 알아야 한다. 다윈이 『종의 기원』을 발표한 지 2년 후인 1861년 독일 바바리아 지방의 후기 쥐라기 지층인 졸렌호펜(Solenhofen) 석회암에서 처음으로 깃털 하나가 발견됐다. 당시 과학자들은 이 깃털이 현생 새의 깃털과 너무나도 똑같은 것에 놀랐으며 생각했던 것보다 훨씬 오래전인 1억 5000만 년 전에 이미 하늘을 나는 새가 존재했다는 점에 경이로워했다. 그 후 얼마 되지 않아 거의 완전한 시조새 화석이 발견됐는데, 시조새의 깃털은 놀랍게도 현생 새의 깃털과 같은 비대칭 모양이었다.

시조새의 골격이 비록 현생 새와 비교될 만큼 완벽한 비행 구조는 아니지만 깃털만은 비대칭으로 분명 나는 데 이용됐음을 알 수 있었다. 1868년 시조새를 살펴본 토머스 헉슬리는 "시조새가 파충류와 조류의 중간 단계이며 다윈의 진화 이론을 지지하는 확고한 증거"라고 주장했다. 사실 깃털을 제외하면 시조새는 전형적인 육식 공룡의 특징을 그대로 갖고 있다. 이후 같은 지층에서 콤프소그나투스라는 조그만 공룡이 발견되자 헉슬

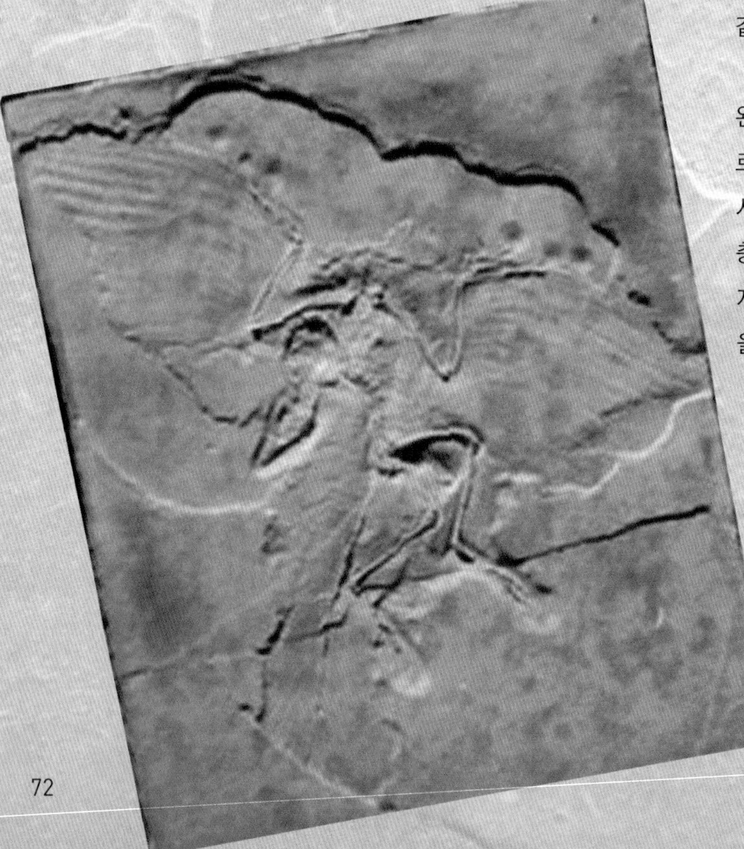

새의 시조로 알려진 시조새 화석 모습. 이 화석은 1861년 독일 졸렌호펜 석회암 지대에서 발견됐다. 비록 골격 구조는 비행에 적당한 모양이 아니었지만 깃털은 분명한 비대칭 모양이었다.

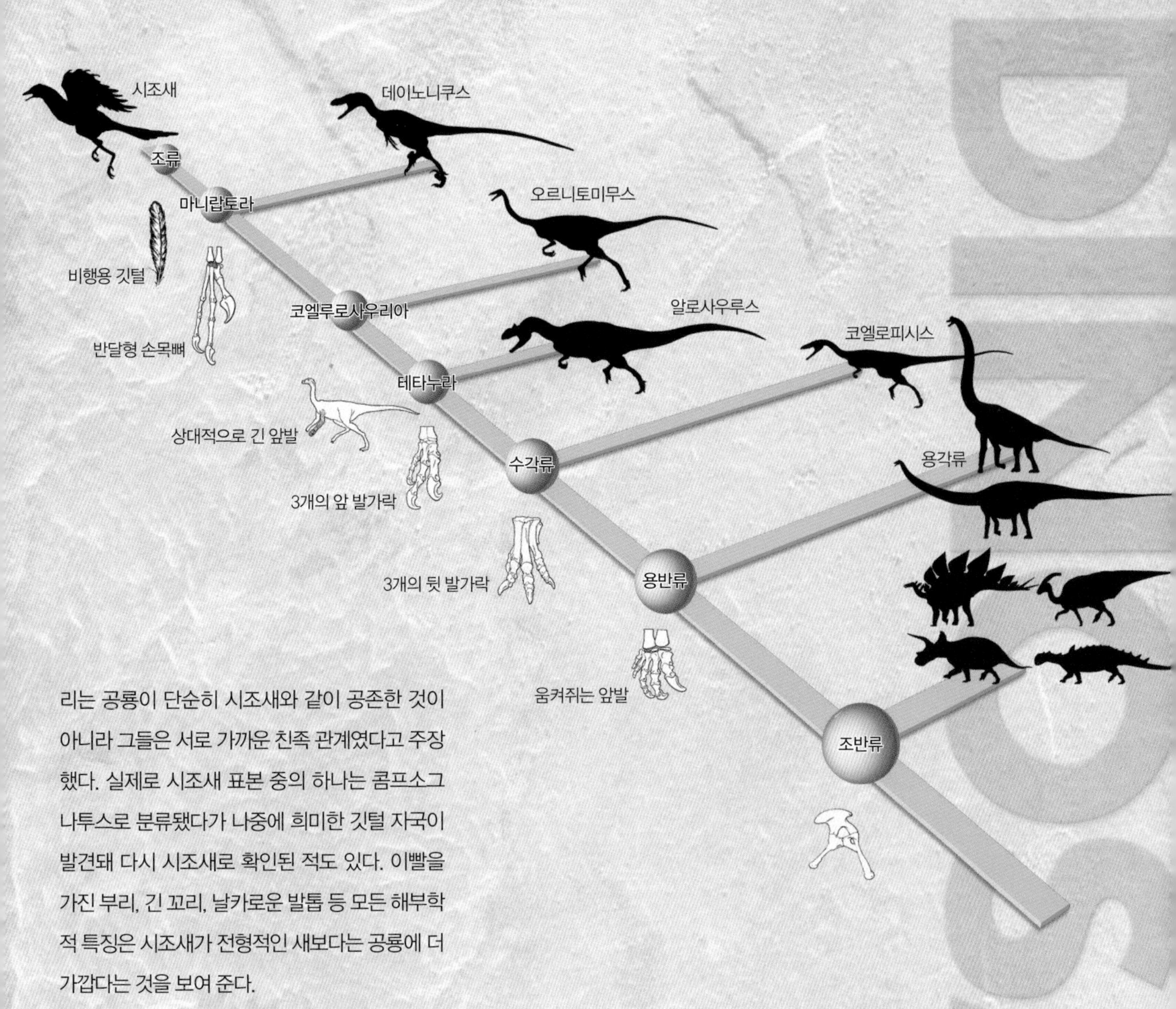

리는 공룡이 단순히 시조새와 같이 공존한 것이 아니라 그들은 서로 가까운 친족 관계였다고 주장했다. 실제로 시조새 표본 중의 하나는 콤프소그나투스로 분류됐다가 나중에 희미한 깃털 자국이 발견돼 다시 시조새로 확인된 적도 있다. 이빨을 가진 부리, 긴 꼬리, 날카로운 발톱 등 모든 해부학적 특징은 시조새가 전형적인 새보다는 공룡에 더 가깝다는 것을 보여 준다.

그러나 이 주장은 1926년 헤일만에 의해 심각한 도전을 받게 된다. 그는『새의 기원』이라는 책에서 새가 공룡과 매우 유사하다는 것은 인정하지만 공룡에게는 차골(叉骨)로 진화될 수 있는 쇄골(빗장뼈, 鎖骨)이 이미 퇴화돼 없어졌기 때문에 공룡이 새로 진화될 수 없다고 주장했다. 차골은 한 쌍의 쇄골이 V형으로 변한 것으로 시조새를 포함해 새에서만 나타나는 특징이다. 새의 차골이 쇄골이 없는 공룡에게서 진화했다는 이론은, 진화상 한 번 없어진 형질은 같은 종에서 다시 나타나지 않는다는 '돌로의 법칙'(Dollo's Law)에 위배된다.

헤일만의 이 같은 주장 이후 공룡과 새의 관계는 수면 밑으로 가라앉고 말았다. 시조새가 발견된 후 과학자들은 새가 비늘을 가진 다리를 갖고 알을 낳는다는 사실에 근거해 새가 파충류에서 진화됐다는 점에 동의했지만, 대부분의 학자들은 새가 파충류 중 공룡에서 진화된 것이 아니라 더 원시적인 파충류에서 진화된 것이라 생각했다. 즉 중생대가 시작될 때 공룡을 포함한 지배 파충류의 조상으로부터 새가 진화된 것이며 새의 직접 조상이 공룡은 아니라는 것이다.

이러한 견해는 1960년대까지 지속됐다. 그러나 1973년 예일 대학교의 고생물학자인 존 오스트롬 교수는 사람만 한 크기의 데이노니쿠스(Deinonychus)와 시조새의 골격을 정밀하게 비교 · 분석해, 데이노니쿠스가 새의 골격과 놀랄 만큼 유사하다는 사실을 밝혀냈다. 그는 작은 육식 공룡이 새의 조상이라고 주장함으로써 다시 공룡과 관계된 새의 기원에 대한 논쟁에 불을 붙였다. 진화된 공룡인 데이노니쿠스가 속한 마니랍토라(Maniraptora) 그룹은 시조새와 전형적인 새에게 나타나는 진보된 특징을 가장 많이 가진다. 이런 사실은 새의 특징이 갑자기 나타난 것이 아니라 오랜 시간에 걸쳐 단계적으로 출현했음을 의미한다.

진화의 증거

2. 다양한 동물의 진화

날지 못하는 깃털 공룡

공룡시대인 중생대에는 시조새와 익룡 두 종류가 하늘을 지배하고 있었다. 시조새는 현생 새와 똑같은 깃털로 덮힌 날개를 가진 반면, 익룡 날개는 박쥐와 비슷한 얇고 촘촘한 피부섬유로 구성돼 있다. 사진은 독일의 졸렌호펜 석회암층에서 발견된 익룡의 화석.

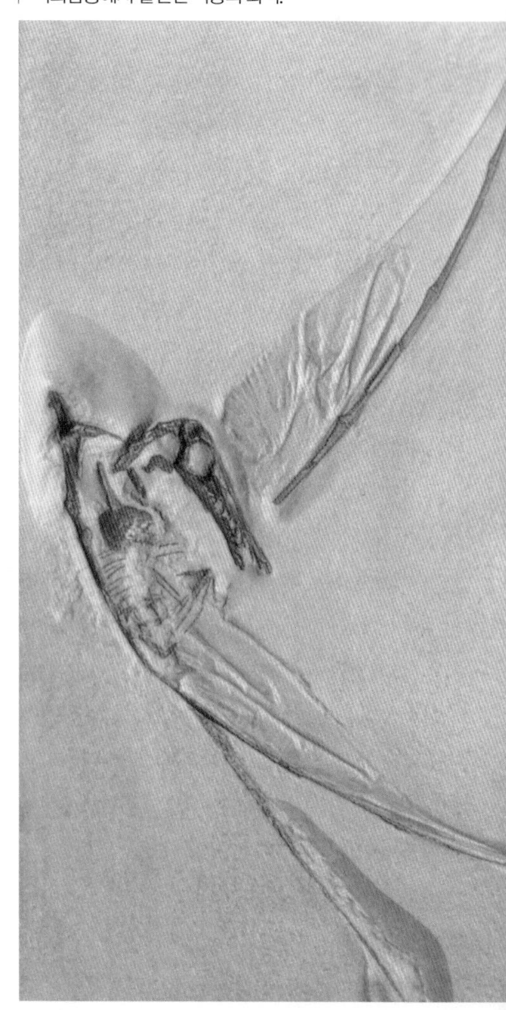

그렇다면 공룡에 나타나는 '조류적' 특징은 무엇일까. 조류로 진화하는 첫 단계는 뒷발로만 걷는 이족 보행의 완성이다. 이런 특징은 처음 공룡이 진화했을 때 이미 성취됐다. 육식 공룡은 이동하는 데 전혀 앞발을 사용하지 않음으로써 앞발은 자유로워졌다.

이족 보행은 오직 새와 공룡만이 가능하다. 육식 동물인 수각류 공룡은 머리뼈에 구멍이 많고 뼈 속을 비워 골격을 가볍게 했다. 목은 길어지고 등을 수평으로 유지해 뛸 때 뒷다리를 중심으로 머리와 꼬리가 균형을 이룬다. 또한 긴 다리의 대퇴골(넓적다리뼈)은 정강이뼈보다 짧아졌으며 종아리뼈는 퇴화하기 시작했다. 따라서 걸음걸이의 속도가 증가했다.

뒷발가락도 중앙의 세 발가락만 사용하고 첫 번째와 다섯 번째 뒷발가락은 퇴화했다. 이렇게 퇴화된 첫 번째 발가락은 뒤로 이동해 조류로 진화되면서 다른 발가락과 마주보게 돼 나뭇가지를 잡을 수 있다. 수각류가 테타누라(Tetanura)와 마니랍토라 그룹으로 더 진화되면서 앞발가락의 수는 다섯 개에서 세 개로 줄고 짧은 앞발은 뒷발 길이만큼 길어진다. 특히 마니랍토라 그룹은 두 개의 손목뼈가 합쳐져 반달형의 뼈로 변해 손목을 상하뿐 아니라 좌우로도 움직일 수 있다. 손을 새처럼 접을 수 있다는 의미다. 따라서 날갯짓이 가능하게 됐다. 쇄골도 중앙에서 합쳐져 조류의 것처럼 폭도 넓어지고 벨로시랍토르(Velociraptor)에서는 부메랑 모양의 차골로 바뀐다.

공룡학자들은 이미 공룡과 새의 골격에서 100가지가 넘는 공통점을 발견함으로써 공룡이 새의 조상임을 기정사실로 받아들이고 있다. 그런데 랴오둥성에서 온몸이 깃털로 덮인 뜻밖의 공룡 화석이 발견된 것이다. 지금까지 깃털은 새에게만 나타나는 특징이었으며, 새의 조상인 시조새에서만 발견되

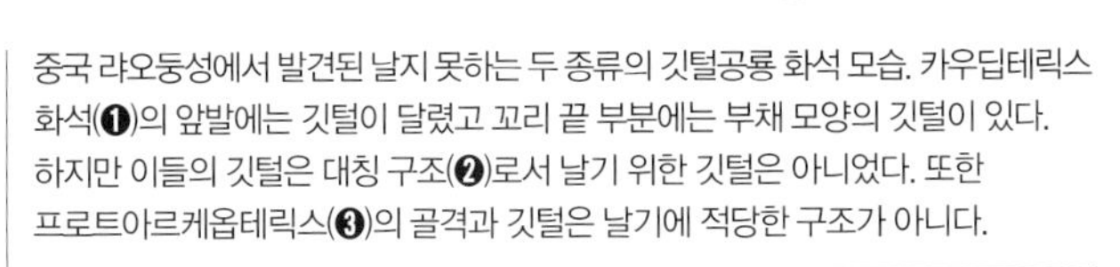

중국 랴오둥성에서 발견된 날지 못하는 두 종류의 깃털공룡 화석 모습. 카우딥테릭스 화석(❶)의 앞발에는 깃털이 달렸고 꼬리 끝 부분에는 부채 모양의 깃털이 있다. 하지만 이들의 깃털은 대칭 구조(❷)로서 날기 위한 깃털은 아니었다. 또한 프로트아르케옵테릭스(❸)의 골격과 깃털은 날기에 적당한 구조가 아니다.

는 흔적이었다. 그런데 시조새가 아닌 공룡 화석에서 깃털의 흔적이 발견됐으며, 더욱 놀라운 사실은 이들 공룡이 하늘을 전혀 날지 못했다는 점에 있다. 대체 어떻게 된 일일까. 공룡은 어떤 단계부터 깃털이 생겨나기 시작한 것일까. 공룡은 왜 깃털이 필요했을까.

중국 랴오둥성에서는 중화용조가 발견된 지 얼마 안 돼 깃털은 있지만 날지 못하는 두 종류의 깃털 공룡이 또 발견됐다. 이들은 카우딥테릭스(Caudipteryx)와 프로트아르케옵테릭스(Protarchaeopteryx)로서 중화용조처럼 원시 깃털 같은 것으로 온몸이 덮이고 또한 현생 새와 비슷한 긴 깃털을 가진다. 카우딥테릭스는 부리를 갖지만 부리 앞쪽에는 조그만 이빨들이 발달했고, 프로트아르케옵테릭스의 머리는 잘 보존돼 있지 않았다.

이들 모두는 앞발에 깃털이 달렸고 꼬리 끝에는 부채 모양의 깃털이 있었다. 이들 두 공룡은 중화용조보다 좀 더 새처럼 보이지만 깃털과 골격을 보면 날 수 없는 공룡들이었다. 비록 이들의 깃털은 현생 새의 깃털과 매우 유사하게 보이지만 대칭 깃털이기 때문에 날수는 없었다. 따라서 이런 깃털의 목적은 분명 다른 데 있었을 것이다. 아마도 긴 꼬리 깃털은 짝을 유혹하기 위해 현란한 색을 표현하는 수단으로 쓰였거나 적에게 경고의 메시지를 보내는 역할을 했을 것이다.

또 크기가 2m에 이르며 테리지노사우루스류에 속한 바이피아오사우루스(Baipiaosaurus)에서도 깃털이 발견됐는데, 현재까지 발견된 깃털 공룡 중 가장 크다. 테리지노사우루스류 공룡은 긴 목과 조그만 이빨, 그리고 앞발에 발달한 거대한 발톱이 특징인 공룡이다. 과거 초식 공룡인 조반류 공룡에 속한다는 주장도 있었던 수각류 공룡이다. 바이피아오사우루스에서 깃털이 발견됨에 따라 테리지노사우루스류가 수각류 공룡임이 더욱 확실하게 인정받았다. 왜냐하면 지금까지 오직 수각류 공룡에게서만 깃털 같은 구조가 발견됐기 때문이다. 바이피아오사우루스는 다른 수각류처럼 새와 같은 골격을 가지며 앞발을 따라 7.5cm의 긴 털 구조가 발달했다.

이 깃털은 진화상 단지 새에 가장 가까운 관계인 마니랍토라 그룹의 공룡뿐 아니라 테리지노사우루스, 오비랍토르 그룹 등에서도 나타나는데, 이는 깃털이 모든 수각류에게 일반적인 특징이었을 수 있다는 암시다. 이런 새로운 아이디어로 보면 이미 잘 알려진 티라노사우루스, 데이노니쿠스, 오비랍토르, 벨로키랍토르 등의 수각류 공룡들이 깃털이나 깃털과 같은 구조를 가졌다는 추정도 가능하다. 최소한 이들의 일생 가운데 한 단계에서 깃털을 가졌다고 추측할 수 있다. 이 주장이 옳다면 솜털 달린 티라노사우루스 새끼를 그려보는 일이 낯설게만 느껴지지 않을 것이다. 즉 중국에서 발견된 이런 놀라운 공룡 화석으로부터 이제 어떤 공룡으로부터 깃털이 생겨났는가에 대한 해답이 하나가 아니라 여러 가지임을 알 수 있다.

하늘 날기 전부터 출현한 깃털

깃털 공룡이 연이어 발견되자 공룡으로부터 새의 진화를 반대하는 학자들은 카우딥테릭스와 프로트아르케옵테릭스는 공룡이 아니라 날지 못한 '새'였고 중화용조의 원시 깃털은 깃털의 기원으로 보기 어렵다는 주장을 폈다. 즉 중화용조의 깃털 같은 구조는 피부 조직에서 발견되는 각질처럼 피부 섬유질이 닳아 만들어진 구조라는 것이다. 또한 그들은 왜 새와 가장 가까운 관계에 있는 드로마에오사우루스류에서 비대칭 깃털이 발견되지 않느냐고 이의를 제기했다.

이런 질문에 답이라도 하듯 이 놀라운 화석지에서 드로마에오사우루스류에 속하는 비대칭 깃털 달린 공룡이 2002년 발견됐다.

이 화석은 현생 새와 똑같은 깃털을 가졌지만 날지 못했던 첫 번째 공룡이다. 따라서 현대적인 깃털은 분명 새가 출현하기 전, 그리고 하늘을 나는 데 이용하기 전 이미 수각류 공룡에서 진화됐던 것이다. 그렇다면 이들 깃털은 어떻게 진화돼 왔으며, 어떤 용도로 사용됐을까. 깃털 공룡이 발견되기 전 초기 깃털이 어떻게 생겼을까 하는 정보는 전혀 없었다.

새의 진화와 깃털을 연구하는 공룡학자들은 현대적인 깃털이 진화하기 전 분명 '원시 깃털'(protofeathers)이 존재했을 것이라고 주장해 왔다. 이 원시 깃털은 머리카락 형태이거나 총채처럼 생긴 단순한 모양의 깃털일 것이라 기대했다. 중화용조의 깃털은 이런 예상과 일치했다. 부드럽고 푹신푹신한 중화용조의 깃털은 마치 병아리의 솜털과 같은 모습일 것으로 생각된다. 중화용조나 다른 깃털 공룡에서 나타나는 이 같은 솜털은 원시 깃털로 생각되며 이런 구조가 후에 진짜 깃털로 진화된 것으로 판단된다.

이런 원시 깃털은 공룡을 외부의 온도 변화로부터 보호했을 것이다. 사실

지금까지 깃털은 시조새에서 발견된 깃털처럼 하늘을 나는 공룡에게만 나타난다고 알려져 있었다.

깃털과 털은 가장 좋은 절연체로 알려져 있다. 특히 솜털은 아주 좋은 절연체인데, 몸 가까이에 공기층을 형성해 피부가 차갑거나 더운 외부 공기에 직접 닿는 것을 막는다.

하늘을 나는 새처럼 땅에 사는 공룡에게도 깃털의 필요성은 명백했다. 예를 들면 카우딥테릭스와 프로트아르케옵테릭스의 깃털은 단순한 머

리카락 같은 원시 깃털의 단계를 넘어 비록 대칭 깃털이지만 분명한 깃털 형태를 가졌다. 이런 깃털은 자기 과시용으로 쓰이거나, 더욱 중요하게는 둥지에 알을 품을 때 알을 감싸는 데 아주 유용했을 것이다.

공룡으로부터 새의 진화를 반대하는 이들은 만약 깃털 공룡이 새의 조상이라면 어떻게 깃털 공룡보다 시대적으로 2500만 년이나 앞서 시조새가 진화할 수 있었는가 하는 문제를 제기한다. 언뜻 보면 순서가 거꾸로 된 것처럼 보인다. 하지만 많은 증거를 보면 랴오둥성의 깃털 공룡은 시조새로부터 진화된 것이 아니라 시조새와의 공통 조상으로부터 갈라져 나온 것이다.

즉 이 공통 조상은 아마도 작은 드로마에오사우루스 같이 생긴 가볍고 긴 앞발을 가진 진화된 수각류였을 것이며, 시조새가 하늘을 날기 오래 전 이미 날기 위한 목적이 아닌 다른 이유로 깃털을 진화시켰을 것이다. 이 공룡은 깃털을 가진 많은 후손으로 퍼져나갔고, 그중 한 그룹인 시조새는 깃털을 날기 위해 사용했지만, 다른 그룹들, 즉 랴오둥성의 깃털 공룡은 날기 위한 목적으로 깃털을 이용하지 않았을 뿐이다. 이것이 바로 깃털 공룡과 시조새가 다른 점이며, 왜 시조새보다 젊은 지층에서 날지 못하는 깃털 공룡이 발견되는가에 대한 대답이다.

현재 공룡으로부터 새의 진화에 대한 수수께끼는 아직 풀지 못한 난제가 많이 남아 있다. 즉 새의 공룡 조상은 정온 동물이었을까. 그렇다면 공룡은 언제 어떻게 변온에서 정온 동물로 변했을까. 언제 공룡들은 날기 시작했을까. 땅에서 뛰어올라 날았을까. 또는 나무 사이를 뛰어다니다가 날았을까.

하지만 이런 문제에 앞서 더 큰 당면 과제가 있다. 그렇다면 새는 과연 무엇인가 하는 문제다. 이제 공룡과 새의 공통점은 너무도 많아 두 그룹을 분명하게 가를 수 있는 특징이 없어졌다. 과거에는 깃털을 새의 고유한 특징으로 여겼으나 이제 더 이상 아니다. 따라서 모든 사람이 동의하는 새로운 새의 정의가 만들어져야 한다. 시조새가 가장 오래된 새로 인정된 지 140년이 넘었다. 시조새는 분명 새다. 그렇다면 깃털 공룡은 무엇일까. 쉽게 생각할 수 있는 새의 정의는 날 수 있느냐 없느냐에 있는 것 같다. 깃털을 갖고 완전히 하늘을 나는 동물은 새이며 날지 못하는 깃털 동물은 공룡이라고 볼 수 있을까. 그렇다면 날지 못하는 새인 타조와 펭귄은? 이런 문제를 풀기 위해 많은 학자들이 노력하고 있다.

그들은 왜 큰 몸집을 택했나

거대 동물이 왜 그렇게 큰 몸집을 갖게 됐는지는 과학자에게도 흥미로운 주제다. 하지만 아직까지 확실한 이유는 밝혀지지 않고 있다. 다만 진화의 방향성을 놓고 보면 몸집이 커지는 쪽이 당연하다는 것이 공통적인 결론이다.

미국 프린스턴 대학교의 진화생물학자인 존 타일러 보너 교수는 자신이 쓴 『크기의 과학』에서 "지구 역사상 유기체 크기의 상한선은 항상 열려 있었다."며 "대부분의 생명체가 몸집을 키우는 방향으로 진화해 왔다."고 설명한다.

몸집이 커지면 편리한 점이 많다. 천적이 줄어들고, 그만큼 다른 경쟁 상대에 비해 먹잇감을 얻기가 쉬워진다. 대형 초식 동물이 늘면 포식자들도 효과적으로 사냥하기 위해 몸집을 키우는 방향으로 진화하기 마련이다.

하지만 크기의 진화 방향이 어떤 종 '스스로의 결정'에만 의존하는 것은 아니다. 환경 요인 역시 무시할 수 없다. 예를 들어 차가운 기후에서 포유류와 같은 정온 동물의 몸집은 더 커져야 한다. 체온을 유지하기 위해서는 큰 몸뚱이가 유리하기 때문이다. 반면 변온 동물은 따뜻한 기후에서 몸집이 더 커진다. 몸집이 커지면 외부 열을 차단하기에 그만큼 유리하다. 척추고생물학자들은 거대 초식 공룡이 온화한 기후 덕분에 울창한 수풀에서 쉽게 먹잇감을 구할 수 있어 몸집이 커졌을 것으로 보고 있다. 몸집이 커지면 소화 기관도 길어져 소화를 돕는 박테리아가 활동할 수 있는 충분한 시간을 벌 수 있기 때문이다. 현존하는 파충류 역시 충분한 환경만 뒷받침된다면 지금보다 몸집이 더 커질 가능성이 그만큼 높다.

대기 중 산소 농도가 크기에 영향을 줬다는 주장도 있다. 과학자들은 석탄기에 살던 바퀴벌레가 고양이만 했던 까닭이 당시 대기 중 산소 농도가 지금보다 2배 높았기 때문일 것으로 보고 있다. 거대 곤충들은 다리에 산소를 공급하는 기관과 힘줄, 신경 다발이 발달했는데, 이들 기관이 산소를 몸 곳곳에 충분히 공급하면서 몸집이 커졌다는 얘기다. 미국 미드웨스턴 대학교 알렉산더 카이저 교수는 2007년 미국 국립과학원회보(PNAS)에 발표한 논문에서 "거대 곤충들의 기관은 지금보다 얇고 더 컸다."며 "산소를 몸 전체와 다리 곳곳에 전달하기에 충분했을 것이고 몸집도 점점 커졌을 가능성이 높다."고 설명했다.

서식지 면적도 크기에 영향을 줬을 가능성이 높다. 2001년 미국 캘리포니아 대학교 의대와 남호주 박물관 연구진은 6만 5000년간 유라시아 대륙과 사이프러스에 살던 매머드와 하마의 몸 크기가 진화한 과정을 분석해 이들의 몸집이 서식 면적에 따라 달라졌다는 사실을 알아냈다. 연구진은 북극해 랭글 섬에 살던 매머드의 경우 유라시아 대륙에 살던 매머드에 비해 몸 크기가 65%로 줄어들었다는 사실을 근거로 들었다. 덩치가 큰 동물일수록 먹잇감을 충분하게 공급하는 넓은 면적의 서식지가 필요하다는 게 연구진의 분석이다.

2. 다양한 동물의 진화

이순신 동상만 한 사람 등장할까

브라키오사우루스 같은 거대 초식 공룡보다 훨씬 큰 생명체는 지금도 있다. 지구상의 가장 큰 생명체인 그레이트배리어리프는 길이만 2000km에 이르는 산호이다. 미국 오리건 주의 한 숲에서 발견된 꿀버섯은 면적이 무려 8.9㎢에 이른다. 생명체는 과연 얼마나 더 커질 수 있을까.

생물체의 크기는 세포 수가 결정한다. 세포의 자체 크기나 모양보다는 얼마나 많이 분열하느냐에 따라 몸집이 결정된다. 조혈 세포, 생식 세포, 체세포처럼 세포는 종류도 다양하고 크기도 다르지만 몸집을 좌우하는 결정적 요인은 세포의 수다. 쥐와 코끼리가 세포 종류에서 차이가 없지만 몸집이 다른 것도 이런 이유 때문이다. 몸의 크기는 또 성장 호르몬의 종류와 양에 따라 달라진다. 성장 호르몬이 세포의 분열을 계속 명령해서 세포의

동물의 기초대사율과 몸무게 관계를 보여 주는 그래프

1930년대 스위스 태생의 생리학자 막스 클라이버는 13종의 동물의 대사율과 몸무게 관계를 분석해 대사율이 몸무게의 3/4승에 비례한다는 이론을 내놨다. 하지만 최근 이 법칙의 보편성에 의문이 제기됐고 대사율이 몸무게의 2/3승에 비례한다는 새로운 연구 결과가 국제학술지 '피지컬 리뷰 레터스'에 소개됐다. 동물의 몸무게가 늘수록 대사율이 상대적으로 떨어진다는 사실을 알 수 있다.

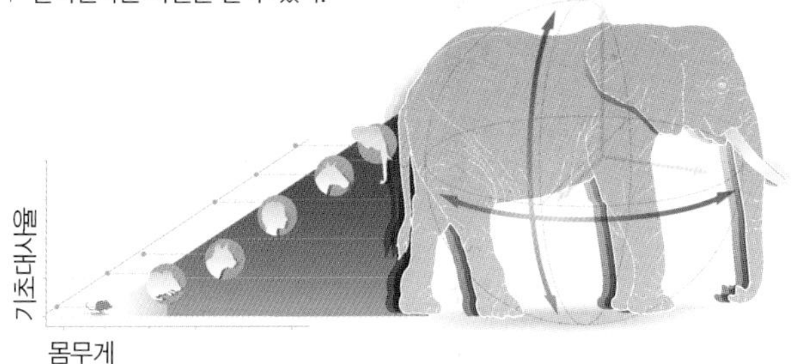

포유류 뇌 무게와 수명 관계를 밝히는 그래프

과학자들의 연구 결과 포유류의 몸무게보다는 뇌 무게가 수명을 반영하는 경향이 있다. 설치류와 육식동물이, 발굽이 있는 말이나 코끼리보다 수명이 짧다는 사실을 알 수 있다. 몸집이 크면 뇌 무게가 커지지만 몸무게에 비해 뇌 무게의 비율은 작아지는 경향이 나타난다.

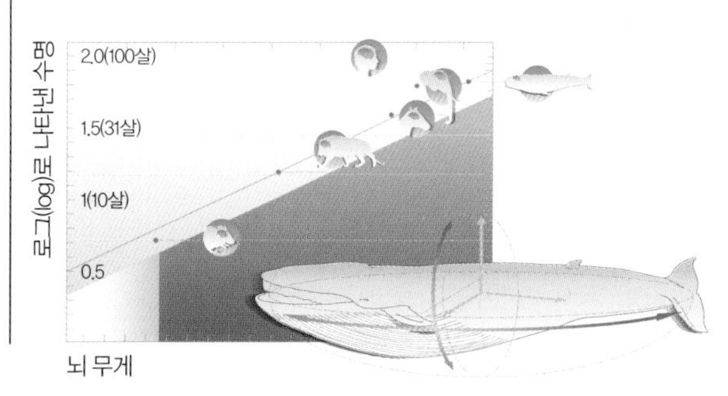

숫자가 점점 많아진다면 덩치도 따라서 커진다.

세포가 계속해서 분열만 한다면 생명체는 계속 성장할 수 있을까. 그렇지는 않다. 생명체 스스로의 조절 능력을 벗어난 세포 분열은 일어나지 않는다. 설령 그렇다 하더라도 비정상적인 부작용을 낳을 수 있다. 예를 들어 소설 『걸리버 여행기』에 등장하는 거인국 사람은 실제 사람과 똑같은 모습을 할 수 없다. 거인국 사람은 제대로 걸어 다니기는커녕 자신의 몸무게를 지탱하기 힘들 수 있다. 뜀박질은 물론 제자리에서 폴짝 뛰는 것도 어려울지 모른다. 뛰었다 떨어지는 순간 몸무게 때문에 다리뼈가 박살날 수도 있다. 심지어 사람 키의 2배만 돼도 한번 쓰러지면 영영 일어나지 못할 수 있다. 쓰러져서 머리를 부딪칠 경우 정상인보다 30배나 더 큰 충격을 받을 수 있기 때문이다.

과학자들은 "걸리버 여행기에 등장하는 사람의 다리는 물리적인 구조상 거의 코끼리 다리 수준으로 굵어져야 한다."고 설명한다. 덩치가 크고 무거운 동물들은 작은 동물에 비해 상대적으로 굵은 다리뼈를 갖고 있다. 그래야 자신의 몸을 지탱할 수 있기 때문이다. 게다가 몸집이 큰 동물은 크기에 비해 더 많은 근육이 필요하다. 따라서 근육량이 매우 커서 몸 안에 모두 넣기가 힘들어져 다리의 형태 자체가 바뀌어야 한다.

물론 중력의 영향을 덜 받는 예외인 동물이 있다. 바로 수중 동물들이다. 수중 동물들은 몸무게에 큰 영향을 받지 않는다. 물의 부력 덕분에 중력의 영향을 상대적으로 덜 받기 때문이다. 대왕고래가 코끼리보다 14배 몸집이 무거워도 바다에서 잘 생활하는 이유도 부력 덕분이다. 고래들이 종종 뭍으로 밀려왔다가 다시 바다로 돌아가지 못하는 경우가 많다. 자신의 몸무게에 짓눌려 질식하기 때문이다. 초식 공룡 가운데 몸집이 가장 컸던 브라키오사우르스도 육지로 올라오기 전 대부분의 시간을 물에서 보냈기 때문에 등장할 수 있었다는 것이 과학자들의 분석이다.

진화 생물학자들은 "동물의 크기와 뇌 크기, 대사량, 생식 주기는 밀접한 관계가 있다."고 말한다. 몸집이 클수록 빠르고, 오래 살며, 개체 수는 적다. 뇌의 크기는 상대적으로 작아지고 생식 주기는 길어진다.

대부분의 생명체는 몸집이 커지는 것과 함께 그에 맞게 생리 메커니즘이나 모습을 함께 바꿔 왔다. 한 예로 크기와 대사율의 관계를 놓고 보자. 하지만 코끼리가 한 번 먹는 식사량은 쥐 한 마리가 한 끼 먹는 양보다 절대적으로 많다. 코끼리는 자신의 몸무게와 같은 수의 쥐들이 먹는 음식물보다 훨씬 적은 양을 먹어도 살 수 있다. 이는 코끼리의 대사율이 쥐보다 낮기 때문이다. 대사율은 몸집(부피), 몸무게, 표면적과 관련이 있다. 포유동물의 경우 먹이를 많이 먹을수록 열량이 올라가고 그만큼 열을 발산하기 위해 동물의 몸집(부피)은 커진다. 하지만 표면적의 넓이는 몸집의 증가량을 따라가지 못하는 경우가 많다. 결국 코끼리는 운동 효율을 높이는 대신 대사율을 낮추는 방향으로 진화했다는 것이 과학자들의 해석이다.

진화의 증거

2. 다양한 동물의 진화

거대동물의 멸종

그렇다면 세상을 떵떵거리며 호령하며 살아가던 거대 동물은 왜 사라진 것일까. 과학자들 사이에선 학설이 분분하다. 인류 조상의 무차별적인 사냥 때문이라는 측과 치명적인 전염병이 유행했기 때문이라는 측, 환경이나 날씨의 급격한 변화로 사라졌다는 견해가 엇갈린다. 2009년 말부터 2010년 초까지는 거대 포유류의 멸종과 관련한 흥미로운 논쟁이 있었다.

미국 위스콘신 대학교 재클린 질 교수는 거대 초식 동물들이 인류가 사냥을 시작하고 대형 산불이 일어나기 전 멸종했다고 보고 있다. 질 교수팀은 미국 인디애나 주의 한 호수에서 채취한 동물 똥을 분석한 결과 거대 동물들이 1만 4800년 전에서 1만 3700년 전 서서히 멸종됐다는 분석을 2009년 11월 《사이언스》에 소개했다.

하지만 사람에 의한 멸종 가능성을 제기하는 견해도 만만찮다. 미국 워싱턴 대학교 타일러 패이스 교수와 와이오밍 대학교 토드 슈러벨 교수는 인류가 거대 동물을 사냥하기 시작한 1만 3800년 전~1만 1400년 전에 멸종했다는 연구 결과를 같은 달에 발행된 《미국 국립과학원회보(PNAS)》에 발표했다.

2010년 1월에는 호주 지역에 살던 거대 포유류들이 사냥으로 멸종했다는 호주 과학자들의 연구 결과도 발표됐다. 《사이언스》에 발표된 이 논문에 따르면 호주 지역에서 살던 거대 포유류가 소빙하기를 거치며 대부분 환경에 '적응'했지만 인간이 거대 포유류 새끼를 사냥하기 시작하면서 5만 년 전~4만 년 전 빠르게 멸종했다는 것. 이에 대해 질 교수는 "인간 활동이 거대 동물의 멸종의 한 원인이 된 것은 분명하다."며 "지금도 대멸종이 진행되고 있는 가운데 거대 동물은 가장 큰 위기를 맞고 있다."고 분석했다. 하지만 당분간 거대 동물을 사라지게 만든 정확한 원인에 대한 논란은 이어질 전망이다.

그렇다면 영화 속 괴물 같은 거대 생명체가 등장할 가능성은 없을까. 2004년 영국의 과학저널리스트 두걸 딕슨이 쓴 『미래 동물 대탐험 *The Future is Wild*』은 이에 대한 흥미로운 예측을 내났다. 이 책은 세계적으로 저명한 고척추 생물학자, 지질학자, 진화 유전학자 등 전문가 약 30명이 예측하는 미래 세계를 담고 있다.

과학자들은 신생대 후반부인 현대가 끝나면 500만 년 간 빙하기가 불어 닥치고 급격한 기후 변화가 생기면서 수많은 생물종이 사라질 것으로 보고 있다. 하지만 긴 빙하기가 끝나고 그 뒤부터 지구는 다시 따뜻하고 안정된 환경이 된다. 따뜻해진 지구는 바닷물의 수면이 올라가고, 다양한 식물들이 군락을 이루면서 생물의 종 다양성이 아주 높아질 전망이다. 이 가운데 육지로 올라온 수중 동물이 식물이 번성하는 습지에 살면서 점차 대형화되는 경향을 보인다.

먹이를 많이 먹을수록 덩치가 커지는 파충류 가운데는 현존하는 코끼리보다 훨씬 큰 거대 동물이 출현할 가능성이 높다. 예를 들어 수컷 코끼리보다 몸무게가 무려 24배 더 나가는 거북이 등장할 가능성이 높다. 거대한 몸집의 이 거북은 조상 대대로 내려오는 등껍데기 일부가 몸집이 커지면서 연약해지는 갈비뼈와 척추를 대신해 근육을 지탱해 준다. 덩치가 커지면서 천적도 사라지기 때문에 수명도 늘어날 것이라는 예측이다. 곤충과 갑각류, 거미류 같은 육상의 절지동물 몸집도 지금보다 훨씬 커진다. 산소 농도가 다시 올라갈 것으로 예상되기 때문이다.

그 뒤 다시 한 차례 대멸종을 더 거쳐 2억 년 뒤 지구는 또 다시 새로운 모습을 띠게 된다. 지금의 판구조론을 적용하면 각각 분리됐던 대륙들이 한데 뭉쳐 거대한 하나의 초대륙이 된다. 과학자들은 초대륙으로 바뀌면 대륙 내부는 매우 건조한 사막이 형성되고 바다에는 거대한 태풍이 계속해 휩쓸고 지나갈 것으로 보고 있다. 급격히 기후가 바뀌는 환경에서는 특수한 형태의 생물종이 생겨날 가능성이 높다는 게 전문가들의 분석이다.

육지에 사는 거대한 오징어인 '코끼리오징어'의 등장은 대표적인 예다. 대멸종으로 사라진 척추동물을 대신해 오징어 같은 두족류가 뭍으로 올라온다는 것. 심지어는 현존하는 코끼리와 비슷한 몸무게인 8톤 가까이 이를 것으로 예상된다.

과학자들은 "앞으로 등장할 동물의 종류와 덩치는 알 수 없다."고 말한다. 하지만 거대 동물이 출현할 가능성을 완전히 배제하지는 않는다. 역사상 수많은 거대 동물이 지금까지 출현했다가 사라졌듯이 앞으로도 그럴 것이기 때문이다.

2억 년 뒤 지구에는 새로운 생물종이 생겨날 가능성이 높다. 그 대표적인 예가 '코끼리오징어'이다.

지금은 사라진 그때 그 동물들 ①

매머드

매머드는 공룡과 더불어 과거에 존재했던 거대 동물을 꼽을 때 빠지지 않는다. 혈연 관계가 비슷한 코끼리는 아직까지 남아 현존하는 최대 육상 동물의 지위를 차지하고 있지만, 매머드는 빙하기가 끝날 무렵인 1만 년 전에 멸종한 '비운의 주인공'이다.

원래 코끼리와 매머드의 공통 조상은 어금니 4개가 뚜렷하게 발견되는 최초의 동물인 '메리테리움(Moeritherium)'이다. 메리테리움은 크기가 약 1~3m로 작았는데, 코가 짧고 두툼한 윗입술이 약간 튀어나와 오히려 돼지와 닮았다. 메리테리움의 화석은 이집트의 신생대 지층 중 약 5000만 년 전~3700만 년 전(에오세)와 약 3700만 년 전~2500만 년 전(올리고세)의 지층에서 발견됐다.

신생대 – 빙하기와 함께 사라진
비운의 주인공, 매머드(Mammuthus).

메리테리움은 진화하면서 몸집이 점점 커지면서 코도 길어졌다. 코끼리가 먼저 등장하고 그 뒤에 매머드가 등장했다. 매머드는 유럽과 아시아를 거쳐 시베리아, 북아메리카의 추운 툰드라 지역으로 이동했고 코끼리는 아시아와 아프리카 쪽으로 이동했다. 매머드는 특히 어금니가 빨래판 모양에 굵고 나선형으로 휘어졌다. 약 480만 년 전부터 약 4500년 전까지 살았으며, 크기는 어깨 높이가 코끼리만 한 것(2.5m)부터 5m가 넘는 것까지 다양했다.

코끼리는 아직까지 지구상에 존재하는데, 매머드는 왜 멸종했을까. 정확한 원인은 아직도 논란

백악기 – 열대 바다 주름잡던 거대거북, **아르켈론 이스키로스(Archelon ischyros).**

중이나, 과학자들은 코끼리에 비해 매머드가 변화하는 기후에 적응하지 못했기 때문으로 추측하고 있다. 마지막 빙하기가 끝나면서 매머드도 지구상에서 사라졌기 때문이다.

아르켈론 이스키로스

뭍에서는 느릿느릿 기어 다니다가 바닷속에서는 지느러미 같은 앞발로 노를 저어 바다를 휘젓고 다녔던 동물, 평생 무거운 등껍데기를 이고 다니면서 100살 넘게 살았던 동물, 바로 거북이다. 미국 고생물학자 조지 와일랜드가 사우스다코타 백악기 지층에서 발견한 이 동물 뼈의 화석은 1896년 발행된 《아메리칸 사이언스 저널》 4번째 판에 처음 소개됐다.

예나 지금이나 '장수'의 상징으로 통하는 거북은 크기가 3m를 넘던 때가 있었다. 백악기인 1억 4600만 년 전부터 6500만 년 전까지 살았던 아르켈론은 1976년 미국 사우스다코다주의 셰일 상층에서 발견된 화석으로 볼 때 몸길이는 약 4.6m, 무게는 2.2톤이었다고 추정된다. 그 시대에 살았던 다른 거대 거북, 프로토스테가(Protostega)도 몸길이가 3m를 넘었다. 학계에서는 지금까지 발견된 화석을 토대로 아르켈론의 크기가 좀 더 컸을 것이라는 주장에 힘을 싣고 있다.

아르켈론은 지금의 미국 캔자스 지역에 살았는데, 당시 그 지역은 얕은 바다였다. 아르켈론의 주둥이는 새의 부리처럼 삐죽하고 앞으로 휘어 있어 턱의 힘이 셌다. 하지만 이빨이 없어서 부드러운 해파리나 조개를 잡아먹거나 죽은 물고기를 뜯어 먹었다.

티타노보아 케레요넨시스

지구 역사상 가장 큰 거대 왕뱀. 남아메리카 콜롬비아 북부의 세레혼 석탄 광산에서 2009년 처음 발견됐다. 현존하는 뱀 가운데 가장 큰 아나콘다보다 2배 이상 크다. 화석을 놓고 추정하면 몸길이만 약 13m, 몸무게는 무려 1.2톤에 이를 것으로 추정되고 있다. 길이로 만 보면 버스보다 훨씬 길다.

이 뱀은 약 6000만 년 전 덥고 축축한 열대의 밀림에서 살았다. 당시 지구는 평균 기온이 지금보다 10℃ 높은 30~34℃였을 것으로 추정된다. 평소 밀림을 소리 없이 미끄러져 움직이다가 먹잇감을 낚아채 단단히 휘감은 뒤 쥐어짜는 방식으로 천천히 질식시킨다. 현존하는 보아뱀이나 비단구렁이가 먹잇감을 잡는 방식과 유사하다. 즐겨먹는 먹잇감은 원시 악어. 인류는 역사상 이 정도 크기의 뱀과 한 번도 맞닥뜨린 적은 없다. 캐나다 토론토 대학교 제이슨 헤드 박사팀은 2009년 영국에서 발행된 《네이처》 2월 5일자에 이 뱀의 발견 소식을 처음 소개했다.

팔레오세 – 보아뱀의 조상, **티타노보아 케레요넨시스(Titanoboa cerrejonensis).**

지금은 사라진 그때 그 동물들 ②

베엘제부포

과학자들은 2008년 아프리카 동쪽 마다가스카르 섬에서 지금까지 보지 못한 거대 개구리를 발견했다. 백악기 후기 새끼 공룡을 먹고살던, 성격이 더러운 이 괴물 개구리는 몸길이 41cm, 무게 4.5kg 정도로 비치볼 크기와 유사하다. 현존하는 가장 큰 개구리 케라토피리스(Ceratophyrines)의 최소 2~3배에 이를 것으로 추정된다.

10년 전 미국 뉴욕 스토니브룩 대학교 연구진은 7000만 년 전 살았넌 것으로 추정되는 거대 개구리 화석 조각을 발견했다. 과학자들은 수 년 간에 걸쳐 75개에 이른 뼈 조각을 마치 퍼즐 맞추듯 맞춰나갔다.

과학자들은 이 개구리가 남아메리카에서 발견되는 입 큰 개구리 케라토피리스에 가까우며, 매우 공격적일 것으로 분석했다. 실제로 케라토피리스는 매우 공격적이며, 숲에 숨어 있다가 먹잇감을 순식간에 덥석 문다. 일부에서는 흡사 팩맨(1980년대 유행한 게임 주인공으로 큰 입을 벌려 닥치는 대로 아이템을 먹는다.)에 비유하기도 한다.

악마 개구리라는 별명을 가진 베엘제부포는 현존하는 개구리보다 훨씬 두껍고 단단한 피부와 강한 턱을 갖고 있어 몸집이 작은 공룡에겐 공포의 대상이었을 가능성이 크다. 베엘제부포는 그리스어로 악마와 두꺼비의 합성어를 뜻한다.

요세포아르티가시아 모네시

몸무게만 약 1톤에 이른 선사 시대 거대 쥐. 2008년 1월 우루과이 산호세에서 아마추어 화석

백악기 – 공룡도 먹어치우던 괴물 개구리, **베엘제부포(Beelzebufo).**

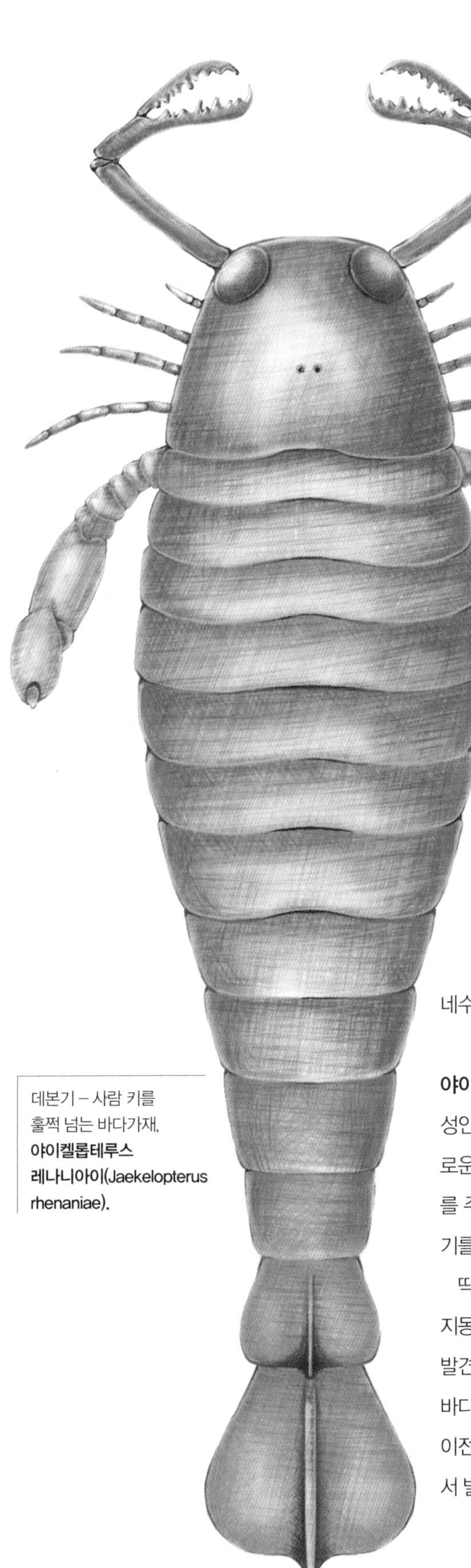

데본기 – 사람 키를 훌쩍 넘는 바다가재, **야이켈롭테루스 레나니아이(Jaekelopterus rhenaniae).**

마이오세 – 황소만 한 마이티 마우스, **요세포아르티가시아 모네시(Josephoartigasia monesi).**

수집가가 발견한 이 쥐의 머리 화석이 공개되자 세계가 발칵 뒤집혔다. 두개골 길이만 약 53cm에 이른다. 고척추 생물학자들이 화석을 분석한 결과 쥐의 몸집이 황소 크기만 했을 것이라는 계산이 나왔다. 이 거대 쥐는 약 400만 년 전~200만 년 전 습한 저지대에서 살았던 것으로 추정된다. 큰 앞니는 천적인 검치고양이나, 타조의 조상이자 육식을 하는 거대 새에 맞서는 데 쓰였던 것으로 과학자들은 보고 있다.

이 새로운 종이 발견되기 전까지 가장 큰 쥐는 2003년 남아메리카 베네수엘라에서 발견된 포베로미 파테르소니(Phoberomys pattersoni)였다.

야이켈롭테루스 레나니아이

성인의 키를 훨씬 넘는 2.5m에 이른다. 현존하는 가장 큰 악어 크기로, 날카로운 집게발은 길이만 46cm로 무시무시하다. 약 3억 9000만 년 전의 바다를 주름잡던 최고의 포식자였을 것으로 추정된다. 주로 집게발로 바다 물고기를 잘라 먹었으며 연안의 늪지에서 알을 낳았다.

딱딱한 껍데기와 무릎관절, 체절(몸마디)을 신체 특징으로 갖고 있는 절지동물은 아주 오래전 이와 같이 꽤 몸집이 컸던 것으로 추정된다. 지금까지 발견된 거대 절지동물에는 노래기와 전갈, 바퀴벌레, 잠자리가 있다. 하지만 바다에서 사는 절지동물이 이 정도로 크다는 사실이 알려진 것은 처음이다. 이전까지 발견된 가장 큰 바다가재 집게발은 독일 프륌 지역의 한 채석장에서 발견됐다.

지금은 사라진 그때 그 동물들 ③

석탄기 후기 – 세상에서 가장 거대했던곤충, **메가네우라 모니이** (Meganeura monyi).

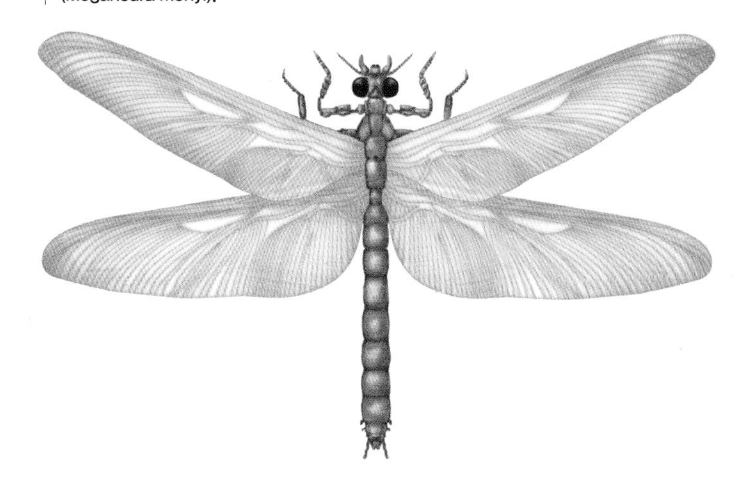

메가네우라 모니이

나뭇가지에 앉아 있는 녀석 곁에 살금살금 다가가 긴 날개를 잡는 것만으로도 쉽게 잡히는 잠자리. 사람이 잠자리를 2억 9000만 년 전에 만났다면, 아마 '주객'이 바뀌었을 것이다.

고대 잠자리 메가네우라는 기록상 가장 큰 곤충으로, 한쪽 날개 끝에서 반대쪽 날개 끝까지의 길이가 무려 70cm나 됐기 때문이다. 누군가 공격하려고 했다면 그를 6개의 다리로 붙잡아 길고 긴 날개를 펄럭이며 먼 데로 데려갔을지도 모른다.

메가네우라의 화석은 1880년쯤 프랑스의 석탄기 후기 지층에서 발견됐다. 크기만 거대할 뿐이지 생김새는 현생 잠자리와 흡사하다. 메가네우라는 다른 곤충뿐 아니라 작은 양서류도 잡아먹었다. 어느 날 잠자리가 알 수 없는 이유로 몸이 거대해지는 쪽으로 진화해 사람을 공격하는 건 아닐까.

다행히 메가네우라는 환생하더라도 지금 같은 환경에서 살아갈 수 없다. 메가네우라가 거대했던 이유를 미국 미드웨스턴 대학교 생리학과의 알렉산더 카이서 교수는 "고대 대기에는 산소가 31~35% 가량 들어 있어 곤충, 특히 잠자리가 호흡하는 데 적합했다."고 설명했다. 곤충은 다리에 퍼져 있는 호흡 기관에 공기를 꽉 채운 다음, 세포로 직접 확산시키는 방법으로 숨을 쉰다. 산소의 비중이 적어진 지금 대기에서는 호흡하기가 비교적 어렵기 때문에, 곤충이 성장하는 데 일정한 한계가 있다는 얘기다. 결국 대기 구성 성분이 달라지면서 메가네우라는 크기가 작은 현생 잠자리 같은 크기로 작게 진화했다.

이 동물은 영국 극지연구소 로이드 펙 연구원이 1999년 《네이처》에 처음 보고했다.

스텔러바다소

1741년 독일의 동물학자 게오르그 스텔러가 북태평양 북부에 있는 커맨더 섬을 탐험하던 중이었다. 그는 바다에서 키가 8m쯤 되는 '거대 인어'를

홀로세 – 소의 몸에 고래 꼬리,
스텔러바다소(Hydrodamalis gigas).

목격했다. 인어를 연상시키는 동물로 잘 알려져 있는 '듀공'이나 '매너티'라고 하기엔 크기가 너무 컸다. 사람들은 바다소 중에 가장 큰 이 동물을 스텔러바다소라고 불렀다.

스텔러바다소는 북태평양 중에서도 북부인 베링해와 코만도르스키 제도에서만 살았다. 몸 크기에 비해 얼굴이 작고, 나무껍질 같이 거친 피부에는 따개비들이 덕지덕지 붙어 있었다. 꼬리에는 고래의 것처럼 커다란 지느러미가 있었다. 앞다리는 가슴지느러미처럼 진화해 노처럼 저을 수 있었다. 스텔러바다소는 다시마 같은 갈조류를 먹는 초식동물이었다. 덩치가 크고 해안 근처에서만 살아 사냥하기 쉬웠고, 고기 맛이 훌륭했다. 북방항로를 개척하던 사람들은 고기는 식량으로 삼고, 검고 두꺼운 가죽은 배를 만드는 데 사용하기 위해 무자비하게 사냥했다.

결국 스텔라바다소는 발견된 지 27년 만인 1768년 지구상에서 완전히 사라져버렸다. 모계로만 유전되는 미토콘드리아 DNA를 분석한 연구 결과에 따르면 스텔러바다소와 듀공은 공통조상에서 약 2200만 년 전에 갈라졌다고 한다. 듀공은 현재 멸종 위기에 놓여 있다.

팔로르케스테스 아자일

호주 남동부의 태즈메이니아 섬에 살았던, 지금은 멸종된 거대 동물. 캥거루처럼 생긴 이 동물은 육식을 했다. 몸무게가 약 500kg이던 이 동물은 이 섬에 살던 다른 거대 동물들과 함께 약 4만 년 전 인간의 활동으로 멸종됐다. 이는 이들이 사람이 섬에 들어오기 전 빙하기를 맞아 멸종했다는 기존 연구에 맞서는 결과다. 이밖에 몸무게가 50~100kg에 이르는 캥거루와 같은 유대목에 속하는 표범과 동물이 지금의 캥거루로 진화했다는 학설도 있다.

플라이스토세 – 초원을
누비던 킹콩 캥거루,
팔로르케스테스 아자일
(Palorchestes azael).

지금은 사라진 그때 그 동물들 ④

네오기 – 한 번 물면 놓지 않는 거대 상어,
카르카로돈 메갈로돈(Carcharodon megalodon).

카르카로돈 메갈로돈

한 마디로 엄청난 크기의 이빨을 가진 상어다. 지금까지 살았던 어떤 종류의 동물보다 무는 힘이 강했을 것으로 추정된다. 이 상어가 무는 힘은 자동차도 으깰 정도로 세다. 현존하는 백상어나 백악기 티라노사우루스보다도 무는 힘이 훨씬 세다.

이들 상어가 처음 바다에 등장한 때는 네오기였던 약 1600만 년 전. 주로 바다거북이나 고래를 먹고 살았다.

이 거대 상어가 고래를 잡아먹는 전술은 듣기만 해도 오싹하다. 고래가 추진력을 얻는 꼬리나 지느러미를 먼저 잡아 뜯어버리기 때문이다. 이 거대 상어는 최대 16m까지 자라고 당시 살았던 가장 큰 고래보다 30배나 무거웠을 것으로 추정된다.

이카딥테스 살라시

사람 어른 크기만 한 몸집을 가진 펭귄. 약 3600만 년 전쯤 하얀 설원이 아니라 건조한 모래사막에서 살았을 것으로 추정된다. 미국 노스캐롤라이나 대학교 연구진은 페루 아타카마 사막에서 2종류의 거대 펭귄 화석을 발굴했다. 펭귄들이 적도 지역으로 이주한 때는 3000만 년 전, 또 지구가 가장 따뜻했던 6500만 년 전일 것으로 추정된다.

이카딥테스 살라시는 약 3600만 년 전에 살았고, 또 다른 거대 펭귄인 페루딥테스 데브리에시는 4200만 년 전 살았던 것으로 추정되고 있다. 지금은 멸종된 두 펭귄은 현존하는 펭귄보다 2~4배 몸집이 더 크다.

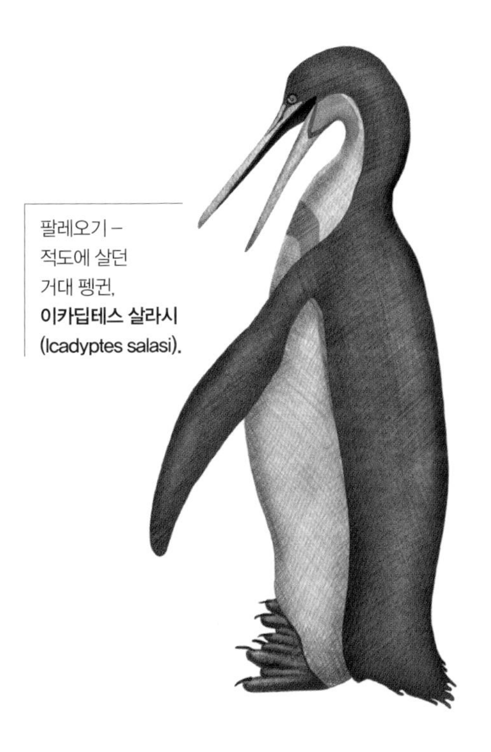

팔레오기 –
적도에 살던
거대 펭귄,
이카딥테스 살라시
(Icadyptes salasi).

모아새

현존하는 동물 가운데 키가 가장 큰 새는 무엇일까. 키 2.4m, 몸무게 약 155kg의 타조는 큰 날개가 있지만 덩치가 큰 탓에 하늘을 날 수 없다. 인류 역사상 타조보다 더 크고 목이 긴 새가 있었다. 뉴질랜드에 살았던 몸길이 3.7m의 모아새다.

모아새는 온순한 초식 동물이었지만, 뉴질랜드에는 지금은 멸종한 하스트독수리를 빼고는 천적이 거의 없었기 때문에 굳이 날 필요가 없었다. 그래서 모아새는 타조처럼 다리가 발달해 달리기를 잘 했고, 날개는 흔적으로만 남아 있었다.

태평양 폴리네시아 동부에서 살던 마오리족은 10세기경 카누를 타고 뉴질랜드에 건너왔다. 그들은 투실투실 살이 찐 모아새를 잡아먹기 시작했다. 모아새의 개체 수가 점차 줄기 시작해 14세기에 멸종돼 버렸다.

2005년 모아새가 멸종된 이유는 성숙하는 데 오랜 시간이 걸리기 때문이라는 연구 결과가 알려졌다. 영국과 뉴질랜드의 동물학자들은 모아새 다리뼈에 있는 성장 고리를 분석했다. 성장 고리는 나무의 나이테와 비슷한 역할을 한다. 분석 결과, 일반 새가 완전히 성숙하는 데 12개월이 걸리는 반면, 모아새는 10년 이상이 걸렸다는 사실을 알아냈다. 결국 성숙이 늦어진 모아새는 마오리족에게 쉽게 잡혀 멸종에 이른 셈이다. 최근 과학자들은 모아새의 배설물 화석을 연구해 당시 살았던 식물의 키가 대개 30cm 이하였다는 사실을 알아냈다.

네오기 – 날개가 없어질
정도로 힘껏 달린 '키다리 새',
모아새(Dinornithidae).

진화의 증거

2. 다양한 동물의 진화

명작에 출현했던 공포의 거대 동물들

허먼 멜빌이 쓴 『모비딕』에는 고래사냥꾼들이 던진 수많은 작살이 등에 박혀 있는 포악한 향유고래가 등장한다.

공포 스릴러 영화나 모험 소설에 나오는 거대 동물은 지구상 어딘가에서 실제로 존재할까.

긴 다리(촉완)로 배를 휘감아 침몰시키는 크라켄은 대왕오징어를 모델로 삼은 전설 속 거대 동물이다. 심해 동물인 대왕오징어(최대 13m)는 해수면 가까이에 올라오면 조류 방향이 바뀌는 충격으로, 죽은 채 파도에 쓸려온다. 배를 바다 밑으로 당기거나, 심지어 영화 「캐리비안의 해적2」에서처럼 배를 두 동강 내는 일은 불가능하단 얘기다.

가상의 존재 크라켄은 오랜 세월 동안 뱃사람들의 공포의 대상으로 군림했다.

크라켄이 제목만 들어도 치를 떨 만한 소설이 있다. 허먼 멜빌이 쓴 『모비딕』에서는 고래사냥꾼들이 던진 수많은 작살이 등에 박혔음에도 아랑곳하지 않는 포악한 향유고래가 나온다. 향유고래는 몸길이가 15m쯤 되는 이빨고래로, 오징어나 대왕오징어, 물고기를 먹는다. 향유고래의 라이벌 백상아리(약 6.5m)는 스티븐 스필버그의 영화 「죠스」에 등장해 유명해졌다. 상어는 400여 종이 있는데 대부분 온순하다.

세상에서 가장 큰 물고기인 고래상어(18m)는 새우나 오징어, 플랑크톤을 물과 함께 들이마신 뒤 물만 내뱉는다. 식인 상어는 백상아리를 비롯해 청상아리(7m), 뱀상어(6m) 정도뿐이며, 오랫동안 먹이 구경을 못 했거나 사람이 먼저 공격했을 때만 난폭해진다. 호주나 남아프리카공화국에서는 백상아리가 해수욕장에 등장할 때도 있다고 하니 정말 무시무시하지 않을 수 없다.

하지만 영화나 소설에 나오는 거대 동물 모두를 두려워할 필요는 없다.

대부분은 상상 속에서 탄생했기 때문이다. 조앤 롤링의 『해리포터』 시리즈에 나오는 대왕거미 '아라고그'와 커다란 뱀 '바실리스크'도 그렇다. 아라고그가 '새를 잡아먹는 거미'인 타란툴라라는 주장도 있지만, 타란툴라는 주로 곤충이나 쥐, 새를 사냥하며 크기도 30cm 안팎으로 1m를 넘지 않는다. 몇몇 종을 제외하고는 사람에게 무해한 독을 가지기 때문에 타란툴라를 애완동물로 키우기도 한다.

용처럼 생긴 머리, 갑옷처럼 단단한 살갗, 눈을 마주치기만 해도 사람을 돌처럼 굳게 한다는 바실리스크는 오래전부터 유럽의 전설이나 신화에 자주 등장했다. 지구상에 존재하는 동물 가운데 굳이 비슷한 걸 찾자면 아나콘다(6~10m)인데, 제아무리 커다란 아나콘다라도 먹잇감을 돌로 만들지는 못한다.

영화와 소설에서 만날 수 있는 거대 동물을 실제로 만나면 어떤 느낌이 들까. 고래잡이배 선원이었던 경험을 살려 『모비딕』을 탄생시킨 멜빌은 소설에서 이렇게 말했다. "야망을 품은 젊은이들이여, 명심하라. 모든 인간의 위대함이란 병에 지나지 않는다는 것을."

진화의 증거

2. 다양한 동물의 진화

진화는 진보인가, 아닌가

이 글은 과학동아에 연재된 『다윈의 식탁』 내용 중 일부를 발췌한 것입니다.

지금으로부터 20년도 더 된 2002년 5월 20일, 나에게 한통의 이메일이 날아왔다. 영국 옥스퍼드 대학교의 진화생물학자 윌리엄 해밀턴 박사가 아프리카 콩고에서 말라리아에 걸려 3일 만에 운명을 달리했다는 부고였다. 내 눈을 의심했지만 조만간 이 소식은 인터넷을 통해 전 세계에 알려졌다. 장례식은 5일 후에 영국 옥스퍼드에서 거행된다고 했다. 나는 당시 일정을 모두 취소하고 부랴부랴 짐을 꾸려 런던행 비행기에 올랐다. '다윈 이래로 진화생물학계에서 가장 중요한 이론들을 창안한 전설적인 학자가 돌아가시다니…….'

그의 장례식에는 전 세계에 흩어져 있었던 진화론의 대가들이 다 모였다. 해밀턴의 이론을 '이기적 유전자'라는 용어로 대중화한 리처드 도킨스를 비롯해, 해밀턴에게 지적인 빚을 조금이라도 진 학자들이 하나둘씩 모이기 시작했다.

심지어 도킨스측 학자들과 계속해서 마찰을 빚어온 하버드 대학교 고생물학자 스티븐 제이 굴드와 집단 유전학자 르원틴도 애도의 뜻을 직접 표하기 위해 대서양을 건너왔다. 《생물학과 철학》이라는 학술지의 편집장을 맡고 있는 스티렐니와 저명한 생물철학자 소버가 장례식에 참석한 몇몇 대가들에게 흥미로운 제안을 한다. 이번 기회에 진화론을 둘러싼 그간의 혈전을 한번 결판내 보자는 것이다. 그들은 진화론의 양대 산맥을 이루고 있는 도킨스와 굴드를 제일 먼저 설득하기 시작했다. 하지만 진화 무림의 이 두 고수들은 모두 바쁜 일정을 핑계로 고사했다. 어쩌면 이 토론의 결과가 미칠 파장을 우려했는지는 모른다.

우여곡절 끝에 닷새 동안 매일 저녁에 모여 함께 식사를 한 후에 두 시간 정도 토론을 하기로 합의했다. 내가 그 모임을 '다윈의 식탁'으로 부르면 어떻겠느냐고 하자 다들 좋다고 찬성한다. 덕분에 나는 그 토론의 서기로 임명되는 영광을 누렸다.

장소는 토론의 정신을 살리기 위해 다윈의 손자가 설립한 케임브리지 대학교의 다윈 칼리지 교수 식당으로 정해졌다. 나는 《네이처》의 편집장과 BBC 방송국 측에 토론의 일정과 토론자 명단을 급송했다.

드디어 다윈의 식탁이 열렸다. 식탁 주위에는 몇 시간 전부터 BBC TV 카메라가 준비 상태로 있고, 식탁 뒤편에는 《네이처》의 편집장을 비롯해 저명한 진화생물학자들이 몇 명씩 짝지어 앉아 있다. 방청객은 20명 정도로 모두 초청받은 사람들이다.

함께 식사를 마친 패널들이 지정된 자리에 앉기 시작한다. 토론이 이뤄지는 식탁은 커다란 직사각형 모양을 하고 있으며 사회자를 중심으로 양옆쪽에 '굴드팀'(G팀)과 '도킨스팀'(D팀)이 마주 앉도록 돼 있다.

토론 시간이 임박해지자 D팀 테이블에 도킨스와 에드워드 윌슨, 핀커, 그리고 코스미디스가 차례로 앉기 시작했고, 맞은 편 G팀에는 굴드와 르원틴, 촘스키, 그리고 코인이 자리를 잡았다(촘스키는 해밀턴 박사의 장례식에 참석하지는 않았지만, 며칠 전 세계 평화대회 기조 연설자로 런던에 왔다가 핀커 교수의 부탁을 받고 출연하게 됐다). 나는 벌어진 입을 다물 수가 없었다. '이건 꿈에서나 가능한 라인업이다! 내가 지금 이 역사적인 자리에 앉아 있다니, 그것도 서기로서.'

오늘의 쟁점은 '진화와 진보', '생명의 미래'에 관한 토론이다. 도킨스(D)팀에는 영국 서섹스 대학의 이론생물학자 존 메이너드 스미스 교수가 참여하며 굴드(G)팀에는 미국 산타페에서 복잡계를 연구하고 있는 다니엘 맥셰이 교수가 합세한다. 엘리엇 소버 교수가 사회를 보며, 마이클 루즈 교수가 특별 손님으로 참여할 것이다.

사회자(소버) : 오늘은 "생명은 진보하는가?"라는 큰 질문에 대해 생각해 보려 합니다. 많은 사람들이 '진화'를 '진보'와 같은 뜻으로 사용하고 있는 것 같은데요, 진화생물학적 관점에서 맞는 이야기인가요?

굴드(G팀) : 몇 년 전 대중 강연 후의 질의응답 시간이었어요. 한 초등학생 꼬마가 손을 번쩍 들더니 "박사님, 조금 전에 인간이 원숭이에서 진화했다고 하셨잖아요. 그렇다면 동물원의 원숭이들은 언제 사람이 되나요? 그 광경을 보면 얼마나 멋질까요!"라고 질문하더군요. (모두 웃음) 이 꼬마에게 진화는 최정점인 인간을 향해 나아가는 진보였던 겁니다. 사실 이 꼬마뿐이겠습니까? 생명이 아메바와 같이 간단한 생명체로부터 시작해 원숭이를 거쳐 결국 가장 복잡한 인간으로까지 진화해 왔다는 생각은 인류의 역사를 통해 계속 반복돼온 낯익은 시나리오입니다.

루즈(특별 손님) : 옳은 지적입니다. 사실 진보 사상은 아리스토텔레스까지 거슬러 올라갑니다. 그는 무생물로부터 식물과 동물, 그리고 인간과 천사들에 이르는 '존재의 대사슬'을 일직선상에 놓고 인간을 자연 세계의 최고 정점에 올려놓았죠. 다윈 이전의 프랑스 진화론자 라마르크도 이런 일직선상의 진화가 크게 두 종류, 즉 동물의 진화선상과 식물의 진화선상으로 나뉘어 진행돼 왔다고 주장했습니다. 사실 라마르크를 비롯한 19세기 대부분의 진화론자들은 진보를 진화의 핵심으로 봤어요. 또한 영국 빅토리

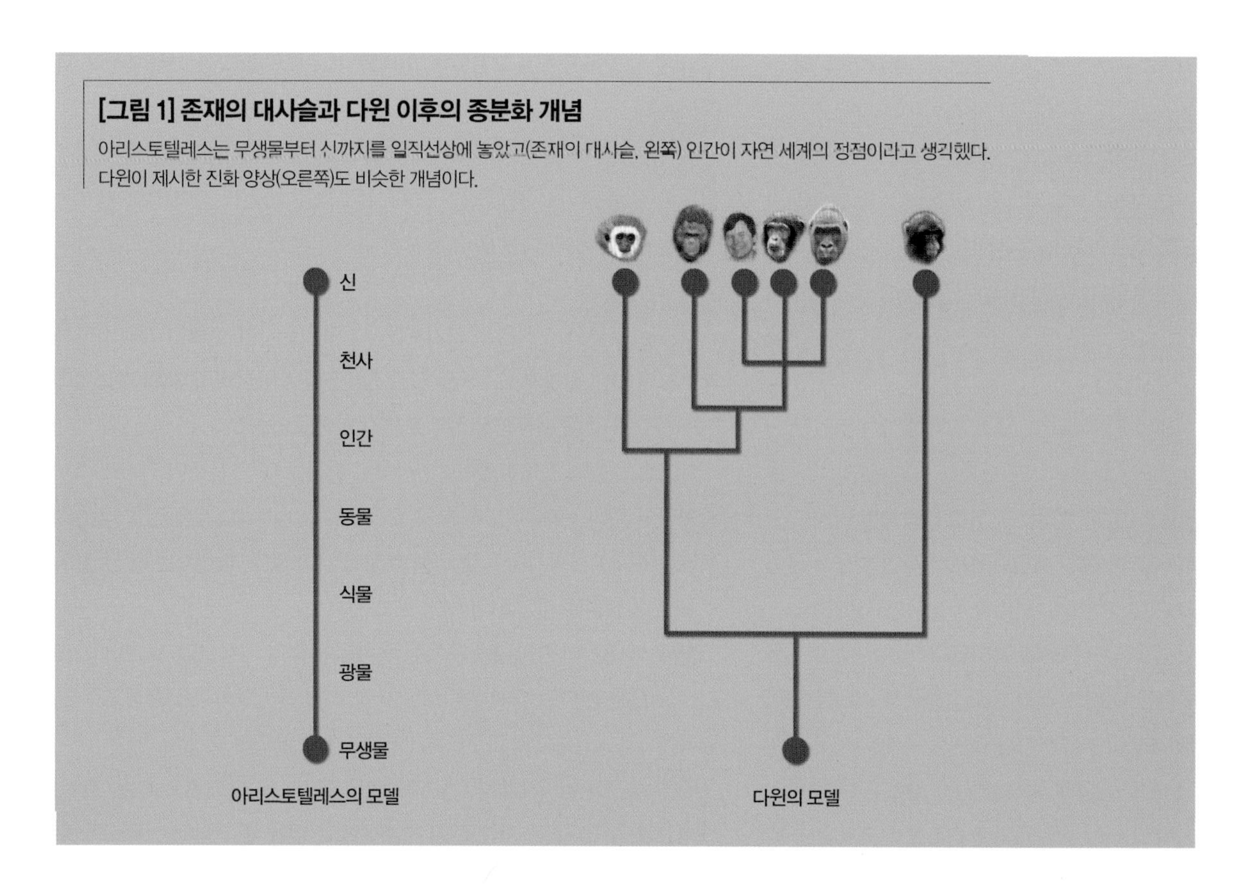

[그림 1] 존재의 대사슬과 다윈 이후의 종분화 개념

아리스토텔레스는 무생물부터 신까지를 일직선상에 놓았고(존재의 대사슬, 왼쪽) 인간이 자연 세계의 정점이라고 생각했다. 다윈이 제시한 진화 양상(오른쪽)도 비슷한 개념이다.

스티븐 제이 굴드의 술꾼 모형.

아 시대의 대부분의 사상가들도 생물의 변화를 진보와 동일시했고요(그림 1).

굴드(G팀) : 동의합니다. 빅토리아 시대에 영향력 있는 사상가이기도 했던 스펜서는 다윈이 고심 끝에 쓴 '수정이 가해진 상속'이라는 용어를 '펼침'의 뜻이 담겨 있는 '진화'라는 용어로 대체한 후에 결국 그 용어를 정착시키기까지 했죠. 적어도 다윈 이전의 사람들은 생명이 어떤 목표점을 향해 진화한다는 생각을 매우 자연스럽게 받아들였던 것 같습니다. 생명의 진화는 마치 사다리를 타고 어딘가를 향해 올라가는 것과 유사하며 인간은 그 사다리의 맨 끝에 위치한 생명체였던 셈이지요.

사회자 : 그렇다면 다윈은 진보 개념을 진화 이론에서 축출한 사람이라고 보면 맞나요? 이 부분은 아무래도 최근에 『모나드에서 인간까지: 진화 자연주의에서 진보의 개념』이라는 책을 쓰신 루즈 교수님이 답해 주셔야 될 것 같은데요.

루즈(특별 손님) : 통념과는 달리 대답은 그리 간단치 않습니다. 다윈의 자연 선택 이론이 혁명적인 이유 중 하나는 그 이론이 인간을 진보적 진화의 꼭대기에서 끄집어 내렸기 때문이라고 주장하는 이들이 적지 않습니다. 하지만 정작 다윈 자신은 생명의 진보에 대해 매우 이중적인 태도를 취했던 것 같습니다. 어떤 경우에는 생명의 진보란 있을 수 없다고 말하면서도 다른 때는 마치 생명의 진보가 필연적인 듯이 말을 하거든요. 이런 의미에서 "왜 다윈마저도 진보에 그렇게 집착했을까?"라는 질문을 던져 보면 좋을 것 같아요.

도킨스(D팀) : 글쎄요, '집착'이라……. 생명 역사의 파노라마를 머릿속에 그려보십시다. 인류가 발견한 최초의 생명체는 35억 년 된 암석에서 발견된 박테리아입니다. 박테리아들로만 우글거렸을 생명의 초창기는 벚나무, 개미, 고양이, 사람 등 온갖 종류의 생물체들로 가득한 오늘날과는 너무도 다르죠. 이런 생명의 역사를 떠올리고도 어찌 진보를 말하지 않을 수 있겠습니까? 현재의 생명이 35억 년 전의 그것에 비해 엄청나게 다양해지고 복잡해졌다는 점을 부인할 수 있을까요? 생명의 진보를 믿는다는 것은 어쩌면 매우 건전한 상식일 것입니다.

굴드(G팀) : 하지만 문제는 건전한 상식도 종종 틀린 것으로 판명난다는 점이지요. 복잡성이 증가하는 방향으로 생명이 진화해 왔을 것이라는 상식적 믿음도 마찬가지입니다. 다윈 이후로도 많은 이들이 생명의 진보를 '복잡성의 증가'에서 찾아보려고 애를 썼습니다. 즉 생명의 진화는 복잡성이 점점 증가하는 추세를 보이며, 이 복잡성의 증가라는 측면에서 생명의 진보를 이야기할 수 있다는 생각이었죠.

하지만 이건 환상에 지나지 않습니다. 생명에는 그런 추세가 없습니다! 단지 변이의 폭만 증가했을 뿐입니다. 도킨스 교수의 말씀처럼, 최초의 생명체가 막 시작됐던 35억 년 전보다 현재가 생물종의 다양성 면에서 상대적으로 우위에 있다는 사실은 저도 기꺼이 받아들입니다. 하지만 그런 종 다양성의 증가를 진화의 추세로 해석하면 큰 오산이죠. 저는 이 문제에 천착해서 『풀하우스』를 쓰기도 했죠.

사회자 : 왜 오산이라는 말씀이신지요?

굴드(G팀) : '술꾼 모형'으로 쉽게 설명해 드리겠습니다. 술에 만취한 한 남자가 술집에서 비틀거리면서 나옵니다. 그가 인도를 따라 오른쪽으로 가다보면 도랑이 나오죠. 그 도랑에 떨어지면 그는 정신을 잃고 이야기는 끝이 납니다. 인도를 그가 아무렇게나 비틀거리며 이동한다고 합시다. 단 이 남자는 술집 벽 쪽이나 도랑 쪽으로만 움직일 수 있습니다. 그렇다면 결국 어떤 일이 벌어질까요? 대답은 간단하죠. 도랑에 빠지고 말 것입니다. 그 이유를 생각해 볼까요. 우선, 도랑 쪽이나 술집 벽 쪽으로 비틀거릴 확률은 모두 0.5로 서로 같습니다. 그리고 그 술꾼이 한쪽에 있는 술집 벽에 부딪치면 그냥 거기 있다가 도랑 쪽으로 다시 비틀거리게 될 것입니다. 결국 도랑에 빠지고 마는 것이지요. 그 남자는 그저 아무렇게나 비틀거렸을 뿐인데 외견상으로는 도랑 쪽을 '향한' 이동처럼 보입니다. 왼쪽 벽이 결과적으로 이동의 방향을 정해준 셈이지요. 생명의 진화가 복잡성을 증가시키는 쪽으로 진행된 듯이 보이는 것도 같은 이유에서입니다. 생명도 '가장 간단한 형태'로 왼쪽 벽에서부터 시작했기 때문에 외견상으로만 그렇게 보일 뿐입니다. 여기서 왼쪽 벽은 물리화학적으로 가장 간단한 생명체의 공간이라고 보시면 됩니다. 그렇다면 술꾼이 도랑을 '향해' 이동했다고 말할 수 없는 것과 마찬가지로 생명이 더 높은 복잡성을 '향해' 변화했다고

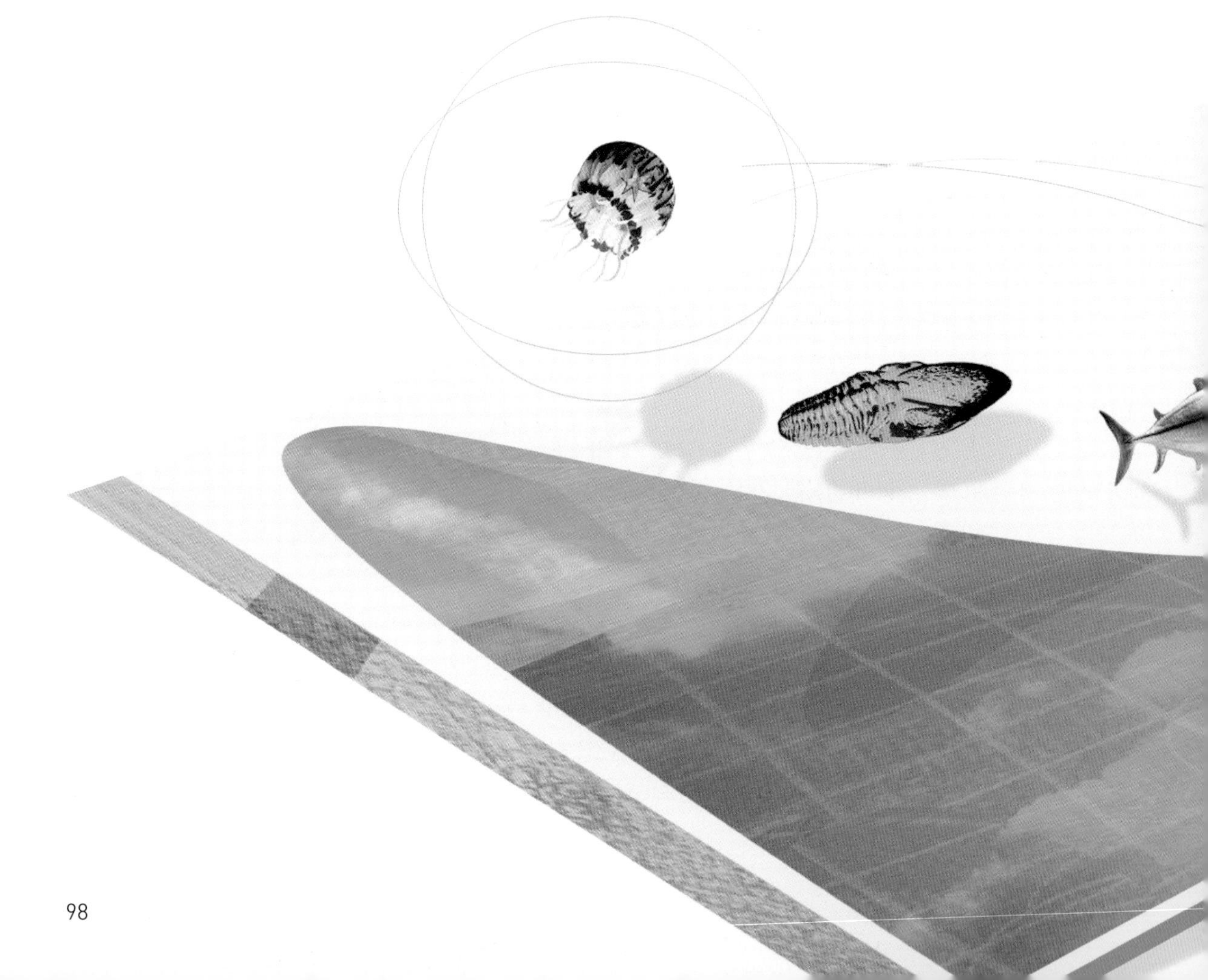

말할 수는 없겠죠.

메이너드 스미스(D팀) : 하지만 35억 년 전 존재했던 가장 복잡한 생명체와 현재 존재하는 가장 복잡한 생명체(인간)를 비교해 봅시다. 후자의 복잡도가 훨씬 높지 않겠습니까?

굴드(G팀) : 물론 그렇습니다. 복잡성에 있어서 '최댓값'은 분명히 증가했습니다. 하지만 저는 지금 최댓값의 증가와 변이 폭의 확대가 곧바로 '추세'로 해석돼서는 곤란하다는 말씀을 드리고 있는 것입니다. 바닥을 친 주가는 상승할 수밖에 없지 않겠습니까.

이런 의미에서 박테리아의 지위에 대해 새로운 조명이 필요하다고 생각합니다. 사실 생명의 역사에서 절반 이상은 박테리아의 독무대였습니다. 화석 기록으로 보존될 수 있었던 형태들만 고려한다면 박테리아는 최소 복잡성의 왼쪽 벽에 해당됩니다. 따라서 생명은 박테리아 형태로 시작됐다고 해도 크게 틀리지 않습니다. 그런데 박테리아는 오늘날에도 여전히 같은 위치를 점하고 있습니다.

즉 박테리아는 태초부터 존재했고 지금도 존재하고 있으며 영원히 존재할 것입니다. 생명의 진화 역사에서 복잡성의 평균값은 증가했을 수 있지만 이처럼 몹시 기울어진 분포에서는 그 값이 중심 경향성을 대변해 주지 못합니다. 이런 경우에는 오히려 최빈값이 더 적합한 척도가 됩니다. 그 값에 해당하는 박테리아는 언제나 생명의 성공을 잘 대변해 주죠. 따라서 진화 역사의 몸통에 해당하는 박테리아를 간과한 채 꼬리 끝에 붙은 한 움큼의 털에 불과한 인간만 보고, 복잡성 증가를 진화의 추세로 삼는 것은 꼬리

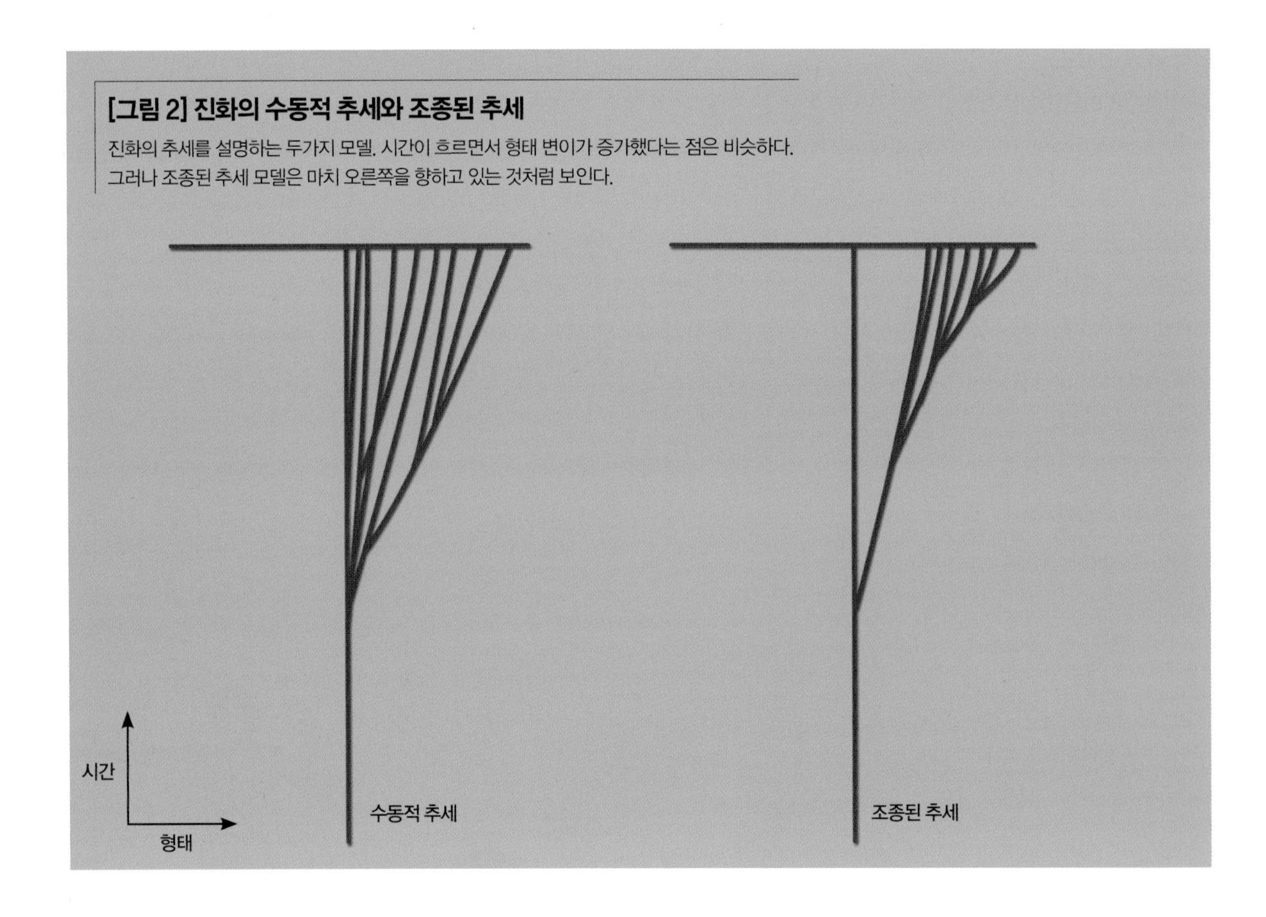

로 몸통을 흔들려는 잘못된 시도입니다. 복잡성이 증가하는 방향으로 진화가 진행됐다는 믿음은 통계적인 환싱일 뿐입니다.

사회자 : 마치 박테리아 찬가를 부르시는 것 같군요. 굴드 교수님은 박테리아의 대변인 같습니다. (모두 웃음)

맥셰이(G팀) : 저는 다른 측면에서 굴드 교수님의 주장에 공감하고 있습니다. 저는 그동안 복잡성이 무엇이며 그것을 어떻게 객관적으로 측정할 수 있는지에 대해 연구해 왔습니다. 제 결론은 진화의 추세를 크게 '(무엇인가에 의해) 조종된 추세'와 '수동적 추세'로 나눌 수 있다는 것입니다. 그리고 생물의 진화 역사에서 나타나는 복잡성의 증가는 수동적 추세일 뿐이라는 결론에 이르게 됐습니다. 다음 화면(그림 2)을 보시죠.

왼쪽 수동적 추세 그래프에서는 시간이 흐름에 따라 전체 변이의 폭이 증가하긴 했지만 변이들이 여전히 가운데 축 주변에 몰려 있습니다. 비록 최댓값이 오른쪽 그래프의 경우와 비슷하긴 하지만 최빈값은 '0'에 가까운 셈입니다. 반면 오른쪽 조종된 추세 그래프에서는 최빈값과 최댓값이 모두 가운데 축에서 멀어져 있습니다. 즉 오른쪽을 향한 추세가 있는 셈이지요. 진화에 정말로 방향이 있다고 한다면 오른쪽 그래프처럼 그려져야 합니다. 이런 의미에서 왼쪽 그래프의 수동적 추세는 방금 전에 굴드 교수님이 비유하신 술꾼 모형과 정확히 일치합니다.

도킨스(D팀) : 당신 모형에서 복잡성은 어떻게 측정됐나요?

맥셰이(G팀) : 저는 복잡성을 형태적 측면에서 정의하고 척추동물의 척추에 붙어 있는 작은 뼈인 추골들이 갖는 복잡성의 정도를 객관적으로 측정 · 비교하려 했습니다. 예컨대 다양한 척추동물들의 추골의 길이, 높이, 폭, 그리고 신경의 높이, 길이, 각도 등을 잰 후에 복잡성의 측면에서 어떤 추세가 있는지를 살펴봤죠. 그런데 흥미롭게도 복잡성은 척추동물마다 다양하게 나타났습니다. 즉 그것이 수동적 추세에 더 가깝다는 사실을 알게 됐습니다. 물론 저는 진화에 방향성이 전혀 없다는 점을 증명하지는 못했습니다. 실제로 무언가가 증가할지도 모를 일이죠. 그러나 그 무언가가 과연 복잡성인지에 대해서는 대단히 회의적입니다.

도킨스(D팀) : 저는 진화의 추세를 강하게 거부하는 두 분이 모두 진보를 복잡성의 측면에서만 바라봄으로써 여전히 인간 중심적 편견에서 갇혀 계신 것은 아닌지 의심스럽습니다. 복잡성을 정의하고 측정하는 문제는 언제나 인간 중심적일 수밖에 없죠. 저는 이런 시각이 탈색된 진보 개념이 될 수 있다고 봅니다.

크게 두 가지입니다. 하나는 진보에 대한 적응주의적 견해인데, 진보를 복잡성이나 지능 등의 증가로 보지 않고 주어진 환경에서의 성공적 적응에 기여하는 특성들이 축적되는 과정으로 이해하는 것이죠. 예컨대 여러 계통들에서 발생한 눈의 진화가 바로 진보적 진화 과정의 명백한 사례입니다. 사람이든 거미든 형태는 다를지라도 빛을 감지할 수 있는 눈을 진화시킨 것은 마찬가지입니다. 그런데 이런 식의 진화가 가능하려면 각 계통들에서 시각 능력을 갖고 있는 것이 생존과 번식에 유리한 조건이 돼야 하죠. 물론 그렇게 되려면 환경이 적어도 상당 기간 동안 일정하게 유지돼야 하구요. 만일 영장류 계통에서 갑자기 작은 두뇌 크기가 유리한 상황으로 환경이 바뀌었다면, 그런 환경 변화에서 진화는 진보적으로 진행될 수 없습니다.

굴드(G팀) : 그거 보십쇼. 교수님도 진화는 장기적인 관점에서 진보일 수 없다는 사실을 인정하고 계시지 않습니까? 만일 공룡이 온 세상을 지배하고 있었던 쥐라기에 소행성 충돌이 없었다면 어떤 일이 벌어졌을까요. 그때 쥐새끼만 했던 우리의 조상들은 어쩌면 아직도 어두운 동굴 속에서 벌레나 잡아먹고 있을지 모릅니다.

도킨스(D팀) : 말을 좀 끝까지 들어보세요. 누가 아니랍니까? 그런 식의 진보가 길어야 수백만 년 정도 지속될 뿐이라는 것은 저도 잘 압니다. 갑자기 멸절이 일어나면 다시 원점으로 돌아가 새로운 내용의 진보가 계속되곤 했을 겁니다. 공룡들의 천국인 쥐라기 공원에 떨어진 거대한 소행성이 바로 그런 계기를 만들었겠죠. 하지만 이것은 진보적 진화의 한 가지 실체일 뿐입니다. 다른 유형의 진보도 가능합니다. 좀 어렵게 들릴 수 있을지 모르지만 진화 능력 자체가 진화함으로써 진보가 가능해지는 경우도 있습니다.

예를 들어 보죠. 최초의 복제자에서 염색체가 생기고, 이어서 원핵세포, 감수 분열과 성, 진핵세포, 그리고 다세포 등이 출현했던 생명의 거대 파노라마를 떠올려 보세요. 지금 열거한 사건들은 진화의 '분수령'에 해당되는 엄청난 대사건들입니다. 이런 대단한 사건들을 통해 진화 능력 자체가 실제로 몇 단계 상승했다고 봐야 합니다. 이런 일련의 사건들에 '진보'라는 꼬리표를 달아 주는 일은 전혀 어색하지 않습니다. 실제로 다세포 생명체 또는 체절을 가진 생명체가 지구상에 처음 등장한 후에, 진화는 그 이전과 똑같은 방식으로 일어나지 않았을 것입니다. 이런 의미에서 몇 차례의 대사건들이 생명의 진화에서 '비가역적인 진보적 혁신'을 몰고 왔다고 봐야 하지 않겠습니까?

메이너드 스미스(D팀) : 도킨스 교수님이 방금 전에 분수령이라는 단어를 사용하셨는데, 저도 생명의 진화에서 그런 분수령이 되는 사건들이 최소한 여덟 차례 발생했다고 주장해 왔습니다. 자세한 것은 저와 헝가리 출신의 고등과학원 이론생물학자인 외르시 서트머리 교수가 쓴 『진화에서의 대전환』에 나와 있는데요, 간단히 열거해 보겠습니다. 첫째, 자기 복제 분자에서 원시 세포 속의 분자군으로, 둘째, 독립적 복제자에서 염색체로, 셋째, 유전자와 효소로서의 RNA에서 DNA와 단백질로, 넷째, 원핵세포에서

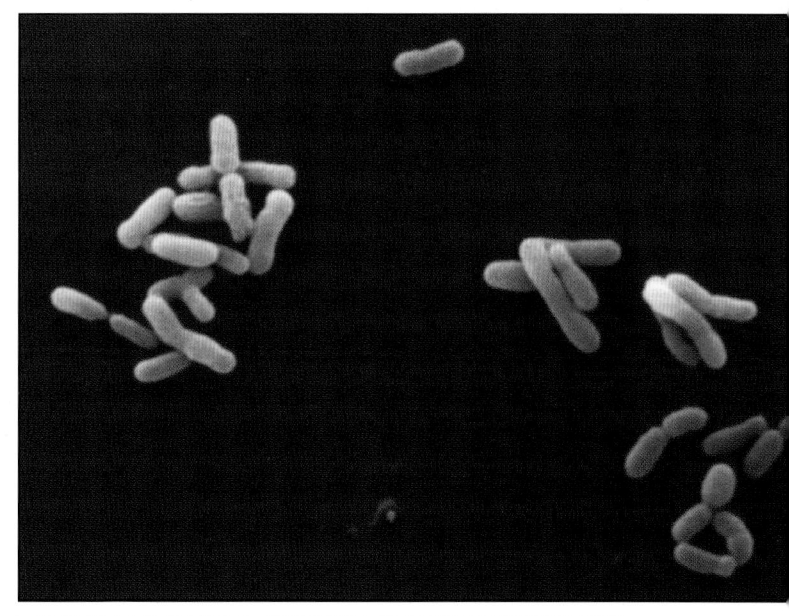

인류가 발견한 최초의 생명체는 박테리아였고, 사실상 생명의 역사 중 절반 이상은 이들의 독무대였다고 해도 과언이 아니다.

진핵세포로, 다섯째, 무성 생식적 클론에서 유생 생식적 개체군으로, 여섯째, 원생생물에서 동식물과 균류로, 일곱째, 고독한 개체에서 군체로, 여덟째, 영장류 사회에서 인간 사회로입니다.

그런데 흥미로운 점은 한번 전환이 일어나면 거의 되돌릴 수 없다는 사실입니다. 예컨대 다세포 생물은 단세포 자손을 가질 수 없으며 진핵생물은 원핵생물 자손을 낳을 수 없는 식이죠. 이런 의미에서 굴드 교수님이 아까 비유하신 술꾼 모형은 생명의 진화 모형으로 적절치 않아 보입니다. 왜냐하면 생명체가 전환 문턱을 넘기까지는 무작위적으로 비틀거릴 수 있다 하더라도 일단 그 문턱을 넘어서서 생명의 새로운 전기를 맡게 되면 그 이전 과정으로 되돌아가기가 쉽지 않기 때문입니다.

사회자 : 마치 왼쪽 벽에 해당하는 술집이 몇 번의 전환기를 넘을 때마다 점점 오른쪽으로 이동한다는 주장처럼 들리는데요, 그런 말씀입니까?

도킨스와 메이너드 스미스(D팀) : 예, 바로 그것입니다!

사회자 : 이거 어쩌죠. 이제 시간이 채 2분밖에 남지 않았습니다. 굴드 교수님과 도킨스 교수님께 짧게 한마디씩만 부탁드리겠습니다. 그리고 오늘은 루즈 교수님께서 마무리를 해 주셨으면 좋겠습니다.

도킨스(D팀) : 진화의 역사에서 생명의 무한한 변이 공간이 점점 채워지고 있다는 사실을 간과해서는 곤란합니다.

굴드(G팀) : 아직도 지구는 박테리아의 세상일뿐입니다.

루즈(특별 손님) : 우리는 오늘 '생명이 특정한 추세를 보이며 진화해 왔는가?'라는 물음을 둘러싼 논쟁을 대략적으로 살펴봤습니다. 다윈 자신은 이 문제에 대해서 다소 애매한 입장을 취했었고 다윈의 후예들은 주로 복잡성의 증가로 이 문제를 환원해 설명하려 했습니다. 그러나 제가 보기에는 아직 이 문제에 대한 합의된 견해는 없는 것 같습니다. 오늘 토론회에 참석하신 굴드 교수는 복잡성의 증가가 통계적 환상에 불과하다는 입장을 취하고 계신 반면, 생명 진화의 분수령들에 주목하는 도킨스 교수는 어떤 의미에서 진화가 진보임을 받아들이고 계신 것 같습니다.

그런데 오랫동안 진보적 진화를 열렬히 옹호해온 하버드 대학의 윌슨 교수는 최근에 한 가지 흥미로운 제안을 하더군요. 그것은 '성공'과 '지배'를 구분해서 보자는 것입니다.

그에 따르면 성공은 어떤 종의 계통이 얼마나 오랫동안 유지돼 왔는가로 정의되는 반면, 지배는 다른 계통들에 미치는 생태 · 진화적인 영향력으로 정의됩니다. 이런 기준으로 보면 호모 사피엔스가 성공한 종이라고 보긴 아직 이르지만, 적어도 지배의 측면에서는 인간까지의 진화가 진보적인 형태를 띠고 있다고 해야 할지 모르겠습니다. 어찌됐든 진화와 진보의 관계는 그렇게 간단하지 않습니다. 무엇을 진보의 기준으로 삼을 것인지, 복잡성의 증가인지, 아니면 적응성의 증가인지, 그것도 아니면 또 무엇인지…….

사회자 : 예, 잘 정리를 해 주셔서 감사합니다. 이것으로 다윈의 식탁을 마무리하겠습니다. 두 분 교수님을 비롯해 토론자로 참여해 주신 여러 교수님들께 감사의 말씀을 진합니다.

(어어어……. 안 돼!)

"그런데 여기가 어디야? 왜 내가 침대에 누워 있지? 20년 전 꿈이었잖아, 이런……."

X

IV 인류의 진화

현재 고인류학계에서는 아프리카에서 탄생한 현생 인류가 아라비아 반도에 진출한 뒤, 일부가 동쪽으로 이동해 인도, 동남아시아를 거쳐 아시아로 왔다고 본다. 따라서 아시아로 퍼지기 직전 중동 지역에서 네안데르탈인과 호모 사피엔스 사이에 '혼혈'이 일어났고, 이후 네안데르탈인이 멸종했다고 본다. 그렇다면 한국인의 유전자에서 네안데르탈인의 유전자를 발견할 수 있지 않을까?

인류의 진화

1. 인류의 기원

침팬지는 진화해도 인간이 될 수 없다

1859년 우스터 주교 부인은 찰스 다윈의 『종의 기원』이 출판됐다는 소식을 듣자 "맙소사, 인간이 원숭이의 자손이라니. 사실이 아니길 바랄 수밖에……. 그러나 사실이라면 사람들이 알지 못하도록 기도를 드리자."라고 외쳤다고 한다. 이 귀부인이 당황하는 모습은 당시의 신문과 잡지에서 부풀려 소개됐다.

그녀가 걱정했던 대로 '인간이 원숭이의 자손'이란 말은 널리 사람들 입에 오르내렸다. 그런데 놀랍게도 한 세기가 넘었음에도 불구하고 빅토리아 시대에 있었던 오해가 아직도 판치고 있다. 오늘날 유인원 중에서, 특히 침팬지가 우리 조상의 '원시적인' 모습으로 종종 인식되고 있음이 바로 그것이다. 물론 원숭이나 침팬지가 인간의 조상이라는 생각은 틀렸다. 약 500~800만 년 전에 인류와 침팬지는 그들의 공통 조상으로부터 갈라져 나온 이후 각각 독자적인 방향으로 진화해 왔기 때문이다.

유인원은 생화학상, 해부학상 인류와 가장 가깝게 닮았다. 이들은 두드러지게 영장류의 특징을 가지고 있다. 그럼 유인원과 인류는 영장류 중에서 어떤 자리를 차지하고 있는지 살펴보자.

영장류는 16목의 다른 포유류와 어떻게 다를까? 영장류는 몸의 크기, 모습, 행위 등에서 많은 다양성을 보여 주고 있기 때문에 '영장류'라고 규정하기는 쉽지 않다. 그럼에도 불구하고 영장류로 규정할 수 있는 몇 개의 해부학 · 생리학상의 특징이 찾아진다. 이런 특징들은 스미스의 '나무 위 생활 이론'(영장류의 해부학상 특징은 이들의 조상이 나무 위에서 살았기 때문이라는 가설)과, 카트밀의 '사냥을 위한 시각 발달 이론'(영장류의 조상은 땅 위에서 살던 식충류(곤충을 잡아먹고 사는 동물)로 나무 위로 올라가 먹잇감을 사냥하기에 유리한 해부학상 특징을 발전시켰다는 가설)로 설명된다.

오늘날 지구상에는 180종류의 영장류가 산다. 대부분은 북위 25도와 남위 30도 사이의 열대 지방에 있다. 이들 중 약 80%는 남아메리카와 마다가스카르, 아프리카와 유라시아의 열대 삼림 지대에, 그리고 일부는 사바나와 준사막 지대에서 살고 있다. 그런데 오스트레일리아에서는 보이지 않는다.

영장류는 몸집이 작은 프로시미안(prosimian: 마다가스카르 섬에 사는 여우원숭이와 쥐원숭

고릴라는 생김새와 달리 매우 온순하다.

영장류는 나무 위에서 생활하고 먹잇감을 사냥하기에 유리한 해부학상 특징을 지니고 있다.

이가 여기에 속함)과 몸집이 큰 앤스로포이드(anthropoids)로 크게 나누어진다. 영장류의 몸집은 나무 위에서 네발걷기로 이동하거나, 땅 위를 깡충깡충 뛴다거나, 팔을 사용해 움직이는 방법 등 걷는 방법과 관계가 있다.

두 팔을 사용해 빨리 움직이는 긴팔원숭이 같은 영장류는 '나무가지타기'(brachiator)라고 부른다. 영장류 중 가장 몸집이 큰 고릴라는 땅 위에서 네발로 돌아다니며, 침팬지는 나무 위에서는 두 팔을 사용하고 땅 위를 돌아다닐 때는 네발을 사용한다. 이때 침팬지는 고릴라처럼 손마디 바깥면으로 땅을 짚고 걷는다. 땅 위를 두발로 걸어 다니는 영장류로는 사람이 유일하다. 이처럼 각기 다른 '걷기 방법'은 사람과 사람 이외의 영장류를 구분하는 중요한 특징이다.

앤스로포이드 영장류는 해부학상 납작코 원숭이와 좁은코 원숭이로 구분된다. 유인원과 인류는 좁은코로 분류되며, 앤스로포이드 중 초과(superfamily)인 호미노이대(hominoidea, 일반으로 호미노이드라고 부름)에 속한다. 전통적으로 호미노이대는 인류과(hominidae)와 유인원과(pongidae)로 나누어진다. 그런데 문제는 발견되는 화석 영장류들이 유인원과에 속하지 않으므로 지금은 절멸된 독자적인 과로 분류되어야 한다는 점이다.

분자생물학의 연구에 따르면 살아 있는 아프리카 유인원인 침팬지와 고릴라는 아시아에서 살고 있는 유인원인 오랑우탄보다 인류에 더 가깝다(침팬지는 DNA의 98.6%가 사람과 닮았음). 이는 침팬지와 고릴라는 인류와 함께 인류과로 분류되어야 함을 의미한다. 그러나 많은 학자들은 절멸됐거나 살아 있는 인류만을 인류과로 분류하는 전통을 따르고 있다.

유인원과에 속하는 영장류는 각각 작은 유인원과 큰 유인원으로 구분된다. 유인원 중 인류와 가장 가까운 영장류는 큰 유인원으로, 침팬지와 피그미침팬지, 오랑우탄, 그리고 고릴라가 여기에 속한다.

오랑우탄 · 고릴라 · 침팬지

오랑우탄은 아시아 보르네오와 수마트라 지역의 숲속에 살고 있는 큰 유인원이다. 빙하기에는 지금 살고 있는 지역보다 더 널리 퍼져 있었으며, 중국 지역에서도 살았다. 몸집은 성인 남자만큼이나 크다.

오랑우탄은 팔이 길어, 두 팔을 쳐들면 키가 약 2.5m 정도가 된다. 손가락과 발가락은 아주 휘어져 있다. 나무를 천천히 기어오르며 과일과 열매 그리고 잎사귀들을 주식으로 한다. 오랑우탄의 수놈들은 암놈에 비해 몸집이 아주 크며 몸무게가 135kg을 넘는다. 수놈들은 대부분의 시간을 땅 위에서 보내며 항상 혼자 있다. 짝을 이루고 사는 경우는 아주 드물며 새끼들과 같이 사는 암놈들이 모여 있는 영역을 어슬렁거릴 때는 교미할 상대를 찾거나 음식을 구하기 위해서다. 수놈들은 서로 소리를 통해서, 또는 냄새로써 자기의 영역을 지킨다.

새끼를 돌보고 있는 오랑우탄 암컷.

영장류 중에서 몸집이 가장 큰 고릴라는 1800년대 중반까지 유럽 사람들은 그 존재를 알지 못했다. 아프리카 콩고의 우기 삼림 지대와 중앙아프리카의 산악 기슭에서 사는 고릴라는 주로 땅 위에서 생활한다. 성인 수놈은 몸무게가 230kg 정도 나가며, 암놈의 몸무게는 수놈의 절반가량 된다. 고릴라는 두 발로 서 있는 시간이 많으며, 긴 팔을 이용해 손마디 바깥 면으로 땅을 짚으며 걷는다. 늙은 수놈은 등의 털이 갈색과 흰색으로 변해 '은빛등고릴라(silverbacks)'라고 불린다.

고릴라는 야채만 먹으며, 특히 대나무 잎을 좋아한다. 가족은 환경에 따라 그 크기가 달라지지만, 가장 대표되는 구성은 한 마리 또는 그 이상의 은빛등을 가진 수놈, 이보다 젊은 검은등의 수놈 2~3마리, 최고 6마리 정도의 암놈들과 새끼들로 이루어져 있다. 자기 영역을 고집하지 않아 다른 그룹과 다투지 않는다. 고릴라는 밀림 속에서 살기 때문에 연구가 이뤄지지 않아 오랫동안 난폭

평생 침팬지를 연구했던
영국의 동물행동학자
제인 구달.

한 맹수로서 인식돼 왔다. 하지만 아주 얌전한 동물임이 최근에 밝혀졌다.

침팬지는 보통 침팬지와 피그미침팬지의 두 종이 있으며, 숲 속이나 숲 가장자리에서 산다. 몸의 크기는 긴팔원숭이와 고릴라의 중간에 속한다. 암놈은 수놈보다 10% 정도가 작아 암 · 수 사이의 몸 크기 차이는 그리 크지 않다. 땅 위를 다닐 때는 손마디 바깥 면으로 땅을 짚고 걸으며, 숲 속의 나무에서는 팔을 이용해서 움직인다. 때로는 두 방법을 모두 쓴다. 대개 과일을 주식으로 하나 가끔 작은 동물과 원숭이, 작은 비비를 잡아먹기도 한다.

영국의 여성 동물행동학자 제인 구달은 침팬지의 사회 행위를 20년 이상 연구한 것으로 유명하다. 침팬지는 40년 정도 살기 때문에 구달 여사처럼 오랫동안 연구하는 것이 중요하다. 처음 침팬지는 평화로운 동물로 인식됐으나, 오늘날 사실이 아님이 밝혀졌다. 침팬지는 50~100마리가 15~20km^2 정도의 지역에서 모여 살며, 만일 다른 침팬지가 그들의 영역에 들어오면 이를 잡아서 때리고 물고 때로는 죽여 버리기조차 한다.

사람과 비슷하다는 침팬지와 고릴라는 사람과 해부학적으로 어떤 차이가 있을까. 먼저 머리뼈를 보면, 유인원의 두뇌 크기는 사람의 3분의 1 정도. 사람의 얼굴은 유인원에 비해 편평하고 몸 전체에서 볼 때 아주 작다. 사람의 잇몸과 입천장은 넓은 포물선형인 반면, 유인원은 길고 좁은 사각형(U형)으로 앞쪽 두 귀퉁이에 커다란 송곳니가 튀어나와 있다. 중추신경굼(척추신경 안에 있는 구멍)은 유인원의 경우 머리 뒤쪽으로 나 있지만, 사람은 머리 밑에 위치하고 있다.

사지 뼈에서는 더욱 뚜렷한 차이가 보인다. 사람은 걸을 때 발뒤꿈치가 땅에서 받는 충격을 막아 주며, 발바닥 가운데가 움푹 파여 충격을 줄여 준다. 유인원은 사람과 달리 옆으로 비켜나간 엄지발가락을 가지고 있다.

무릎 관절을 보면 사람은 무릎뼈의 가장자리가 허벅지뼈 끝의 파여진 부분 안에 자리하고 있고, 허벅지뼈는 몸 중앙선으로 향해 각이 져 있다. 이에 반해 유인원의 허벅지뼈는 납작하고 무릎뼈가 닿는 부분이 얇게 파여 있고, 다리는 밖으로 향해 굽어 있다.

사람의 엉덩뼈는 접시 모양으로 둥글고 짧은데, 유인원은 길고 좁은 엉덩뼈를 지니고 있다. 사람의 등뼈는 S자 모양인데, 유인원은 등이 굽어져 마치 둥근 교각을 가진 다리와 같은 모양이다.

사람은 긴 엄지손가락과 짧은 손가락을 가지고 있지만, 유인원은 긴 손가락에 짧은 엄지손가락을 가지고 있다. 사람은 위팔뼈와 허벅지뼈 길이가 거의 같은데 비해, 유인원은 위팔뼈가 더 길다. 유인원의 빗장뼈는 사람에 비해 더 크며 어깨쪽이 사람보다 올라가 있다.

사람과 유인원은 엉덩이힘살에서도 큰 차이가 있다. 사람은 넙적하고 휘어져 있는 엉덩뼈에 두 개의 힘살이 붙어 있다. 이 힘살들은 다리를 밖에서 안으로(옆에서 옆으로) 잡아당긴다. 결국 이 힘살들은 사람이 걸을 때 한발이 땅에 닿기 전 중력의 중심을 잡아당겨 몸의 균형을 유지시키는 구실을 한다. 유인원에게는 이와 같은 엉덩뼈와 힘살이 없어서 두발로 걸을 때 온몸이 좌우로 움직인다.

물론 몸집의 크기로 사람과 유인원을 구분할 수도 있다. 침팬지는 암 · 수의 차이가 별로 없으나, 고릴라와 오랑우탄은 그 차이가 크다. 사람은 성에 따른 남녀의 차이가 크지 않다. 사람은 가슴과 음경이 다른 유인원과 비해 매우 큰 편이다.

유인원이 인간이 될 수 없는 이유

유인원은 사람처럼 '말'을 할 수 있을까. 말이란 단어들을 써서 문장을 만들고 이를 가지고 시공을 초월해 의사를 서로 소통하게 하는 것.

1970년대에 침팬지에게 몸짓 언어나 컴퓨디를 이용해 말하는 법을 가르치려는 노력들이 있었다. 미국 매사추세츠 공과대학교(MIT)의 언어학자인 놈 촘스키는 "말이란 사람에게만 있다."고 결론을 내렸다. 이에 대해 테라스라는 학자는 촘스키의 주장이 일부 틀렸다며 '님 침스키'란 침팬지가 사인(신호)으로 의사를 표현했다고 주장했다. 침스키는 사인으로 의사를 전달하고, 함께 일하면 할수록 더욱 더 많은 신호를 익힌다고 테라스는 보고했다. 그런데 침팬지는 이미 알고 있는 단어들로 생각을 표현하는 문법의 법칙들을 사용할 수 있을까. 그러나 그는 연구 결과 "침팬지는 사람처럼 문법을 사용해 생각을 표현할 수 없으며, 또한 동물들은 대사를 가르쳐 준 후에야 단지 가끔 신호를 보낸다."고 결론지었다.

한편 미국 스탠퍼드 대학교의 패터슨은 '코코'라는 고릴라를 연구해 테라스와는 반대의 결론에 도달했다. 그는 말이란 더 이상 인간의 전유물이 아니라고 주장한다. 또 미국 조지아 주의 요크 영장류 센터에 있는 '라나'라는 침팬지는 펀칭 버튼을 이용해 문장을 만들고 서로 의사를 교환하는 방법을 배웠다고 한다.

유인원이 사람의 말을 배울 수 있는지에 대해서는 많은 논란이 있다. 그러나 오늘날 연구자들은 1970년대의 연구 결과와 달리 유인원이 말을 배운다는 것에 대해 회의를 갖고 있다. 왜냐하면 침팬지와 고릴라의 발성 구조는 사람의 발성 구조와 다르기 때문이다. 결국 말을 가르치는 것은 별로 소득이 없다는 것이다. 유인원의 의사 전달에 대한 연구는 유인원이 자신들 그대로이기보다 좀 더 사람처럼 보인다는 점을 강조하기 위한 생각에서 기인하지 않았나 본다. 실례로 침팬지의 경우 사냥할 때 이들이 연모를 사용하는 것은, 갈라파고스 섬에 사는 핀치들이 주둥이를 사용하는 것과 비슷하다는 것. 다시 말해 사람이 연모를 사용하는 것과는 근본적으로 다르다고 할 수 있다.

사람들은 묻는다. 만일 진화가 사실이라면 우리는 유인원으로부터 진화됐음에 틀림없는데, 왜 아직도 사람으로 진화하지 않은 유인원이 살고 있느냐고, 또 유인원이 언제 사람으로 진화할 것인지. 이런 의문은 조상에 속하는 집단이 모두 후손 집단으로 진화했다는 가정과, 유인원이 사람으로 변했다고 믿고 있기 때문에 생긴다. 진화를 나무에 비교한다면 유인원에서 인류가 출현했다는 생각은 유인원이라는 관목에서 줄기 하나가 갈라져 마침내 호모 사피엔스가 됐다는 것을 의미한다.

그러나 유인원과 인간은 같은 관목(공통조상)에서 갈라져 나와 각각 침팬지, 고릴라, 사람으로 발전했다고 보는 것이 타당하다. 따라서 오늘날의 인류와 유인원들은 각자 다른 길을 따라 진화해 온 마지막 산물이기 때문에 어떤 유인원도 인류로 진화해 갈 수는 없다.

인류 진화의 가계도는 오스트랄로피테쿠스속

침팬지는 평화로운 동물처럼 보이지만
사실은 매우 포악하다.

으로부터 우리 자신인 호모 사피엔스까지 진화해 온 과정을 보여 준다. 그렇다면 미래에 우리는 어떻게 분화해 갈까. 현재 인류가 살고 있는 환경은 진화상 분화를 일으킬 조건이 아니기 때문에 새로운 종으로 진화할 가능성은 거의 없다. 왜냐하면 분화를 일으킬 만큼 고립되지 않았으며 집단 내에서 분화를 일으킬 만한 요인도 없기 때문이다. 대신 인류는 교통수단의 발달로 지구촌에서의 교류가 아주 활발해 한 종으로 동일화되어가고 있다. 인류에게 분화가 일어나기 위해서는 고립된 집단이 요구되는데 아마도 우주로 나가 정착한 인류가 아주 오랫동안 고립된다면 가능한 이야기다.

유인원이 중요한 연구 대상인 것은 우리와 매우 가까운 관계에 있기 때문이나 지난 반세기 동안 유인원에 관한 우리의 지식은 부정확했다. 가장 극적인 예가 거대한 고릴라인 킹콩의 출현이다.

킹콩은 지난 40년간 유인원을 극도로 상징화했다. 재미있는 사실은 실제의 고릴라는 킹콩을 닮지 않았다는 점이다. 오랑우탄과 침팬지 또한 영화에서 그려지는 이미지와 다르다. 우리는 지금까지 유인원에 대해 많은 연구를 했지만 아직도 모르는 것투성이다.

현재 지구상에 살고 있는 유인원은 3만 5000~10만 5000마리의 오랑우탄, 5000~9000마리의 삼림 고릴라, 1000마리가 채 되지 못하는 산악 고릴라, 그리고 적은 수의 침팬지들뿐이다. 그런데 이들은 생태계가 파괴되면서 멸종 위기에 처해 있다. 큰 유인원들이 살고 있는 열대 우림 지대는 점차 황폐해지고 있으며, 벌목 때문에 점차 유인원의 삶의 터전이 없어지고 있다. 열대 우림 지대는 지구에서 생물들이 가장 다양하게 살 수 있는 곳이다. 그러나 개발이란 명목으로 삼림이 파괴됨으로써 지금까지 알려지지 않은 많은 생물들이 매일 지구에서 사라져가고 있다.

대부분의 생태학자들은 중생대 말에 일어났던 생물의 대절멸 사건과 같은 일이 앞으로 생길 것이라고 예견하고 있다. 그것은 소행성이나 혜성의 충돌 같은 자연 재난이 아닌 사람에 의한 파괴 행위 때문일 것이다. 오늘날 지구에 살고 있는 영장류의 3분의 1 이상이 멸종이라는 위험한 상태에 직면해 있다. 대부분의 영장류는 대개 식량을 필요로 하는, 그리고 삼림지대를 그대로 보존할 수 없는 개발도상국가들에 살고 있다. 따라서 이들의 보존 문제는 국제적으로 해결해야 한다.

유인원들은 아직도 먹기 위해, 또 스포츠라는 취미를 위해 사냥되고 있다. 침팬지의 경우 사람과 생화학적 구조가 비슷하기 때문에 여러 연구와 의학 실험용으로 희생된다. 때로 이들은 사람에게 치명적인 후천성면역결핍증(AIDS)을 연구하기 위해 인위적으로 균에 감염되기도 한다. 멸종되어 가는 동물들을 희생시켜 가뜩이나 많은 사람이란 '종'을 더욱 더 포화상태로 이끌어가는 것은 합리적인 일일까.

동물원에서 야생 동물을 잡아가는 것도 또 하나의 위협이다. 미국의 샌디에이고 동물원 등에서는 야생 동물 공원을 만들어 많은 수의 고릴라를 키우고 보호하고 있다. 이런 노력에도 불구하고 고릴라와 오랑우탄은 지구상에서 거의 멸종 상태이며, 번식이 빠른 편인 침팬지도 위험한 상태다. 유인원은 어느 곳에서나 살 수 있는 사람과 달리 숲에서 살아야 한다. 그리고 그곳에서 그들의 사회에 적응하며, 그들 사회의 기술과 살아남을 수 있는 기술들도 배워야 한다.

1. 인류의 기원

인류는 어디서 발생했는가

우리의 가장 앞선 조상은 황인종이었을까, 아니면 흑인종이었을까. 당연히 황인종이라고 생각하기 쉽지만 '인류의 기원'에 관한 최근의 논쟁을 보면 상황이 달라진다. 현생 인류가 세계 각시에서 등장했다는 다지역 기원설에 비해 아프리카에서 그 시조가 발견된다는 단일지역 기원설이 점차 우세를 떨치고 있다. 두 가지 가설이 치열하게 벌이고 있는 접전은 제1라운드 무승부, 제2라운드 아프리카설 우세에 이어 마침내 제3라운드에 들어서며 새로운 국면을 맞고 있다.

오늘날 세계 고인류학계에 닥친 중요한 연구 과제의 하나는 현생 인류인 호모 사피엔스의 기원과 진화에 관한 것이다. 호모 사피엔스가 한 지역에서 발생해 여러 지역으로 퍼져나간 것인지, 아니면 여러 지역에서 동시다발적으로 발생했는지의 문제다. 다시 말해 현재의 황인종, 백인종, 흑인종의 뿌리는 하나일까, 아니면 여러 뿌리에서 제각기 발달해 오늘에 이른 것일까. 만일 뿌리가 하나라면 그야말로 요즘 유행하는 '세계는 하나' 라는 구호가 학문적으로 인정되는 셈이다. 과연 현생 인류의 조상은 누구이며 어디서 시작됐을까.

호모 사피엔스의 기원에 관한 논쟁의 흐름은 크게 두 가지로 진행돼 왔다. 바로 다지역 기원설과 단일지역 기원설이다.

다지역 기원설은 흔히 촛대형 모델(candelabra model)로 불린다. 끝이 여러 갈래로 나눠진 촛대를 떠올려보자. 아득한 옛날 인류는 한 뿌리에서 자라났지만, 호모 에렉투스 이전에 여러 갈래로 나눠져 세계 곳곳에서 발달했다는 설명이다. 그리고 호모 사피엔스는 여러 지역에서 살던 호모 에렉투스에서 진화해 유전자 교환 등을 거쳐 탄

생했다.

다지역 기원설에 따르면 현재 인류가 지니고 있는 인종적 특징은 이미 그들이 오늘날 발견되는 지역에서 오랜 세월 동안 진화해 온 결과다. 특히 유럽인과 아프리카인은 2만 년 전부터 그들만이 지닌 해부학적 특징을 지녀오고 있다는 것이 다지역 기원설의 주장이다.

다지역 기원설은 여러 해 동안 미국 미시건 대학교의 월포프(M. H. Wolpoff)를 위시한 고인류학자들에 의해 지지를 받고 있다. 만일 이들의 가설이 옳다면 오늘날 인종적 차이는 아주 오래 전에 형성됐음에 틀림없다. 예를 들어 유럽 사람들의 커다란 코, 오스트레일리아 원주민들이 지닌 굳세 보이는 광대뼈는 20만 년 전~3만 년 전 유럽에 살던 네안데르탈인과 중기 플라이스토세 인도네시아에서 살던 호모 에렉투스들로부터 이어받았다.

다지역 기원설이 약간 변형된 설명도 있다. 이른바 '다지역 기원 유전자 교환설'이다. 옛사람 계통이 (지역에 따라 다르긴 하지만) 호모 사피엔스로 진화해 오는 과정에서 유전자 교환 비율이 점차적으로 증가했다는 설명이다. 이 설은 미국 뉴멕시코 대학교의 트링카우스(E. Trinkaus)와 북일리노이 대학교의 스미스(F. H. Smith)에 의해 지지를 받고 있다.

단일지역 기원설(아프리카설)은 호모 사피엔스가 10만~15만 년 전 지구의 한 지역인 아프리카에서 살던 호모 하이델베르겐시스로부터 진화해 왔다고 주장한다. 이 가운데 인종적으로 별 차이가 없는 일단의 호모 사피엔스의 조상이 전 세계로 퍼져 나갔으며, 이 과정에서 먼저 살던 호모 하이델베르겐시스를 몰아내고 그 자리를 대신했다고 설명한다.

인종적인 특징은 이후 호모 사피엔스가 새로운 환경에 적응하는 과정에서 발생했다. 이 설에 따라 인류의 가계도를 그리면 모양이 마치 노아의 방주 앞부분을 닮았다고 해서 아프리카설은 일명 '노아의 방주 모델'(noah's ark model)로 불린다.

최근 아프리카설은 미국 캘리포니아 버클리 대학교의 윌슨(A. Wilson)과 영국 자연사박물관의 스트링거(C. Stringer)가 이끄는 유전학자들에 의해 확고한 지지를 받고 있다. 이들의 연구에 따르면 유럽에 살던 네안데르탈인과 인도네시아에 살던 솔로인(solo man) 같은 호모 사피엔스는 이른 시기 호모 사피엔스와 유전자 교환이 없었으며, 이른 시기 호모 사피엔스가 호모 하이델베르겐시스를 몰아내고 지구를 지배했다고 한다.

아프리카설의 변형으로 호모 사피엔스가 진화해 오는 도중 특히 아시아의 경우 그 지역에 살던 선주민들과 유전자 교환이 있었다는 설명도 있다. 그 결과 호모 사피엔스의 해부학적 특징이 그 지역에 전해졌으리라는 추측이다.

아프리카설과 다지역 기원설은 모두 오늘날 호모 사피엔스가 지닌 체질적 특징은 뒤늦게 진화된 결과이며, 인종적 특징은 지역에 따라 진화한 결과라는 점에 의견의 일치를 보인다. 하지만 인종적 차이가 언제 시작됐는지에 대해서는 근본으로 차이가 있다. 다지역 기원설은 인종적 특징이 호모 사피엔스가 나타나기 이전에 형성됐다고 주장한다. 아프리카설은 그 반대의 입장을 취하고 있다. 이 팽팽히 맞서는 두 가지 입장은 도대체 어떤 근거를 통해 제기되고 있는 것일까.

한때 유럽이 호모 사피엔스의 기원지로 인식된 적이 있었다. 그 이유는 의외로 단순했다. 선사 인류의 화석이 유럽 국가에서 보존 상태가 아주 좋은 채로 발견됐기 때문이다. 당연히 연구도 유럽에서 활발하게 이뤄졌다. 그러나 1970년대부터 상황이 달라졌다. 아프리카와 아시아에서 화석이 발견되기 시작한 것이다.

네안데르탈인에서 호모 사피엔스로 진화

뼈화석은 현생 인류의 기원을 추적하는 데 필요한 1차 자료다. 최근 활용되는 연대 측정법을 이용하면 수십만 년 전의 연대를 알아낼 수 있다.

1970년대~1990년대에 동아프리카 케냐 투르카나 호수 주변의 쿠비포라에서 발견된 호모 하빌리스와 호모 에렉투스의 화석, 탄자니아의 라에톨리에서 발견된 370만 년 전의 호미니드(화석인류와 현생 인류의 총칭) 발자국, 그리고 에티오피아에서 발견된 루시, 오스트랄로피테쿠스 아파렌시스(Australopithecus afarensis) 오스트랄로피테쿠스 아나멘시스(A. anamensis)의 화석은 인류 기원과 진화에 관한 많은 논란을 불러일으켰다. 현생 인류가 세계 각 지역에서 독자적으로 나타난 것이 아니냐는 '다지역 기원설'이 부각된 것은 물론이다.

학자들이 일차적으로 관심을 모은 것은 호모 사피엔스가 처음 등장한 시기였다. 호모 사피엔스가 지니고 있는 해부학적 특징은 '눈두덩이가 밋밋하고 머리뼈가 얇다'는 점이다. 하지만 이 정도 정보로는 부족한 점이 많았다. 운 좋게 머리뼈 화석이(그것도 온전하게 보존된) 발견되면 몰라도 팔뼈나 다리뼈 화석을 통해서는 머리의 모양을 추측하기가 어렵기 때문이다.

그래서 등장한 방법이 연대 측정법이다. 초기에 선보인 방사성 탄소 연대 측정법으로는 과거 3만~4만 년까지의 연대만 파악할 수 있었다. 다행히도 최근에는 우라늄 원소 측정법, 가열 발광, 그리고 전자 회전 반응 등의 방법으로 그보다 훨씬 이전의 연대도 측정할 수 있게 됐다.

이 첨단 기법을 활용한 결과 호모 사피엔스는 호모 하이델베르겐시스와 같은 시대에 다른 지역에서 살았다는 사실이 밝혀졌다. 즉 네안데르탈인이 유럽과 중동아시아에서, 그리고 솔로인이 인도네시아에서 살고 있을 당시, 호모 사피엔스가 중동아시아와 아프리카에서 살고 있었던 것이다.

1974년 에티오피아에서 발견된 루시의 화석.
320만 년 전 생존한 것으로 알려졌다.

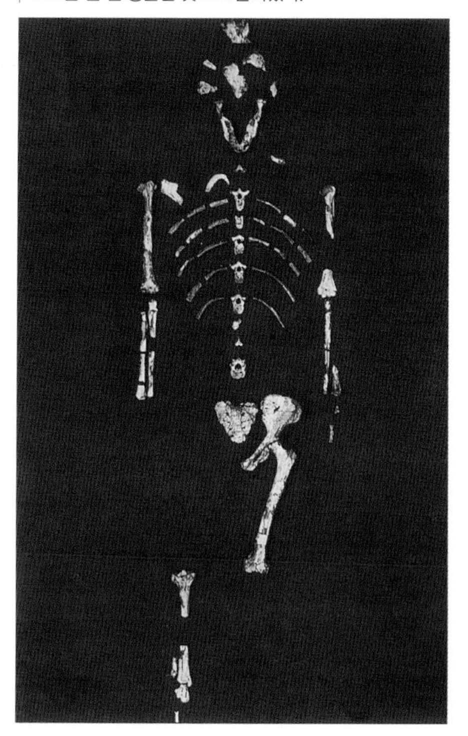

한 예로 남아프리카의 클라시에스 동굴과 보더 동굴에서 발견된 머리뼈와 턱, 그리고 사지 뼈를 들 수 있다. 조사결과 대략 6만 년 전~9만 년 전에 생존했던 사람들의 화석이었다. 또 남아프리카의 플로리스베드와 동아프리카의 아이시 호수, 오모, 라에톨리, 싱가, 간제라 등에서 해부학상 호모 사피엔스의 뼈 화석이 발견됐는데, 일부 학자들은 그 연대가 9만 년보다 더 오래됐을지도 모른다고 설명했다.

그렇다면 호모 사피엔스는 누구로부터 진화한 것일까. 다지역 기원설의 주장대로 각 지역에 살던 호모 하이델베르겐시스로부터 발생했을까. 그 단서가 이스라엘의 동굴에서 발견됐다.

1930년대 이스라엘 레반트 지역 카멜 산의 스쿨과 타분 동굴에서 인류 화석 뼈대의 일부가 발견됐다. 당시 학자들은 타분 동굴에서 네안데르탈인이, 스쿨 동굴에서 원시적인 모습의 호모 사피엔스가 살았다고 결론 내렸다. 또 1935년~1975년 카멜 산의 케바라 동굴과 갈릴리 호수 근처의 아무드 동굴에서 네안데르탈인의 화석이 발굴됐다. 카프체 동굴에서도 많은 호모 사피엔스 화석이 발견됐다. 이들은 모두 대략 4만 년 전~6만 년 전의 화석으로 추측됐다. 이런 사실을 종합한 결과 '현생 인류는 유럽처럼 중동아시아에도 존재했다.' 그리고 '현생 인류는 네안데르탈인으로부터 시작됐다.'는 가설이 우세해졌다. 진화 순서를 유적지별로 살펴보면 케바라→타분→아무드→카프체→스쿨 순이었다.

하지만 이 견해는 1980년대 말에 이르러 무너지기 시작했다. 첨단 연대 측정법을 이용한 결과 화석의 정확한 연대가 제시됐기 때문이다.

우선 케바라 동굴의 네안데르탈인의 연대가 6만 년 전이었다. 그런데 호모 사피엔스 화석이 발견된 카프체 유적의 연대는 이보다 4만 년이 더 이른 10만 년 이전이었다. 따라서 중동아시아에서 두 개의 다른 갈래를 타고 인류가 진화했을 가능성이 크다.

아프리카설을 주장하는 학자들은 이 증거를 통해 흥미로운 가설을 제시했다. 즉 두 갈래의 하나는 카프체 주민의 조상으로, 아프리카 또는 알려지지 않은 지역에서 발생이 시작돼 현생 인류로 진화해 왔다. 또 다른 하나는 7만 년 전에 나타나기 시작한 네안데르탈인의 갈래로, 아마도 빙하가 발달한 유럽에서 중동아시아로 이주했으리라고 짐작된다.

스쿨과 타분 유적의 연대도 수정됐다. 호모 사피엔스가 이곳에서 10만 년~12만 년 전에 살았다는 점이 밝혀진 것이다. 그렇다면 호모 사피엔스는 네안데르탈인과 같은 시기에 살았다는 설명이 가능하다.

이스라엘 유적에 대한 새로운 연대 측정은 다지역 기원설의 주장을 무너뜨리기에 충분했다. 하지만 그렇다고 해서 아프리카설이 승리했다고 판정내릴 수는 없었다. 단지 다지역 기원설의 허점이 드러난 것일 뿐이지 아프리카설이 옳다고 확정지을 만한 화석의 증거가 발견된 것은 아니기 때문이다.

미토콘드리아 유전자의 비밀

최근 아프리카설은 유전학 분야의 연구에 힘입어 우세를 떨치기 시작했다. 미국 캘리포니아 버클리 대학교의 윌슨 교수와 그의 동료인 레베카 칸(R. Kahn)은 현생 인류의 기원을 찾을 수 있는 '정밀한 시계'를 찾았다. 세포 안에 있는 미토콘드리아 유전자(DNA)다.

흔히 얘기하는 '유전자'는 핵 속에 존재한다. 하지만 1% 정도의 유전 정보는 핵 바깥의 미토콘드리아에 있다. 미토콘드리아는 세포의 활동에 필요한 에너지를 생산하는 장소다.

미토콘드리아가 지니고 있는 특징은 여성을 통해서만 전달된다는 점이다. 여성의 난자가 남성의 정자와 결합해 태아가 형성될 때 정자는 난자 속으로 자신의 유전자를 주입한다. 그런데 어떤 이유에서인지 정자의 미토콘드리아는 난자 속에 남지 않는다.

따라서 아이가 만들어질 때 언제나 어머니의 미토콘드리아만이 전달된다. 즉 우리가 지니고 있는 미토콘드리아의 유전자는 오직 여성 쪽에서 전해 받은 물질이다.

그런데 미토콘드리아 유전자의 경우 돌연변이가 비교적 짧은 시간 안에 발생한다(핵의 유전자보다 10배 빠르다). 현재 과학자들은 돌연변이가 일어난 정도를 보고 '얼마나 오래전부터 돌연변이가 시작됐는지' 즉 '원본'이 언제 제작됐는지를 알아낼 수 있다. 그렇다면 미토콘드리아 유전자를 잘 분석하면 인류의 기원에 대한 중요한 단서를 얻을 수 있다.

윌슨은 세계를 아프리카, 아시아, 유럽, 오스트레일리아 및 뉴기니 등으로 나누어 이 지역들에서 온 150명의 여성들로부터 미토콘드리아 유전자를 추출했다. 1987년 윌슨은 매우 흥미로운 내용을 발표했다. 조사 결과 아프리카 사하라 이남 지역 여성으로부터 얻은 미토콘드리아 유전자가 가장 돌연변이가 심한, 즉 가장 오래된 것으로 밝혀진 것이다. 시기는 대략 20만 년 전으로 추정됐다. 아프리카설이 다지역 기원설을 누르고 강세에 접어들기 시작한 순간이다.

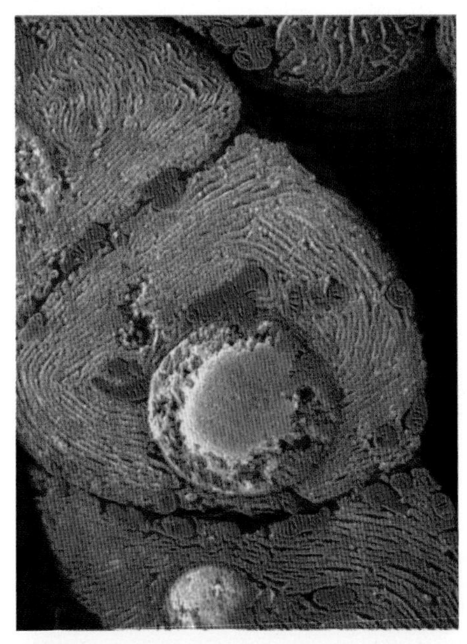

세포의 내부 구조. 핵(노란색) 주변에 짚신 모양의 미토콘드리아(빨간색)가 있다.

이후 미토콘드리아 유전학을 이용한 '현생 인류 조상 찾기'는 계속 진행됐다. 흥미롭게도 현재 유럽인과 아시아인, 그리고 오스트레일리아 원주민이 사하라 이남의 아프리카인들에 비해 유전적으로 매우 가깝다는 점이 밝혀졌다.

이 사실은 화석상의 증거와 일치하지 않는다. 고고학계에 따르면 30만 년 전부터 유럽과 아프리카 집단, 그리고 중국과 인도네시아 집단이 서로 가깝다고 한다. 더욱이 10만 년 전까지 그 차이는 더욱 증가해 각 지역에서 호미니드 집단들이 전혀 다른 모습을 갖추게 됐다. 즉 유럽과 서아시아에는 네안데르탈인, 아프리카에는 현생 인류, 그리고 중국과 인도네시아에는 호모 에렉투스 중 늦은 시기의 호모 하이델베르겐시스가 존재했다.

미토콘드리아 유전학과 고고학의 이러한 불일치를 어떻게 해석할 것인지는 앞으로의 연구 과제다. 다만 2만~3만 년 전 유럽과 아시아, 그리고 오스트레일리아에 살던 사람들이 유전적으로 아주 가까웠다는 점을 볼 때 미토콘드리아 유전학의 연구 결과에 좀 더 신뢰감이 간다.

미토콘드리아 유전자는 오직 여성으로만 온전히 전달된다. 이 사실을 바탕으로 여성의 시조가 아프리카에서 발생했다는 주장이 나왔다.

인류의 진화

1. 인류의 기원

아프리카설은 완벽한가

아프리카설이 더 큰 설득력을 얻으려면
현생 인류가 다른 지역이 아닌
아프리카에서 시작된 이유를 제시해야 한다.
사진은 아프리카에서 발견된
35세 가량의 호미니드 화석.

아프리카설을 둘러싼 가장 큰 논란의 하나는 호모 사피엔스와 그 이전 인류 사이에서 유전자 교환이 어떻게 이뤄졌는가에 맞춰져 있다.

최근 발견된 화석 인류와 유전학적 증거들 때문에 대부분의 학자들은 호모 사피엔스의 아프리카 단일 기원설을 지지하고 있다. 비록 기원 연대가 언제인지에 대해 여전히 논쟁이 벌어지고 있지만 호모 사피엔스가 아프리카에서 기원해 중동아시아와 유럽, 그리고 오스트레일리아로 전파됐다는 점에는 점차 동의하는 학자들이 늘고 있다. 그러나 다지역 기원설 주창자들의 반격이 만만치 않다. 이들은 아프리카설로는 충분히 설명되지 못하는 점들을 집중적으로 공략하고 있다. 쉽게 떠올릴 수 있는 상식적인 해답은 '당시 생태계가 호모 사피엔스의 탄생에 적합했을 것'이라는 추측이다. 하지만 사실 우리는 이 시기에 아프리카 대륙의 생태 조건에 대해 별로 알지 못한다.

또 다른 문제는 호모 사피엔스가 왜 이동했는지에 관한 것이다. 즉 아프리카 대륙으로부터 서아시아로, 그리고 지구상의 기타 지역으로 왜 이른 시기 현생 인류가 확산됐는지를 설명해야 한다.

추측하건데 이른 시기 호모 사피엔스의 이주는 기후의 변화와 인구 증가, 그리고 점차 새로운 환경에 대한 인류의 적응 능력이 향상됐기 때문이라고 여겨진다. 물론 인류를 확산시킨 중요한 '선택적 요인'이 무엇이었는지는 아직 밝혀지지 않았다. 다만 이 요인이 15만 년 전부터 5만 년 전 사이에 작용하기 시작했으며, 호모 사피엔스가 약 1만 년 전까지 계속 이주하도록 영향을 미쳤을 것으로 보인다. 하지만 무엇보다 중요한 점은 늦은 시기 호모 에렉투스와 이른 시기 호모 사피엔스 사이의 '유전자 교환' 문제가 해결돼야 한다. 미토콘드리아 유전자 연구에 바탕을 둔 아프리카설은 호모 사피엔스가 먼저 살던 호미니드를 완전히 대체했다고 주장한다. 전혀 새로운 유전자형을 가진 사람이 등장했다는 말이다.

그러나 어떤 집단이 지구 도처에서 조금의 유전자 교환도 없이 다른 호미니드를 대신할 수 있겠는가? 현실적으로 상상하기 어려운 일이다. 실제로 일부 학자들은 동유럽 지역에서 늦은 시기 호모 에렉투스와 가장 이른 시기 호모 사피엔스 사이에 유전자가 교환된 흔적이 있다고 주장한다.

설사 호모 사피엔스와 호모 에렉투스 간에 유전자 교환이 일어났다 쳐도 문제가 남아 있다. 아프리카설의 입장에서 볼 때 유전자 교환은 아마도 특정 지역에 한정돼 발생했을 것이다. 그렇다면 호모 사피엔스와 호모 에렉투스 사이, 즉 이종(異種) 간에 태어난 자손에게 호모 사피엔스의 유전자가 얼마나 전달될까. 매우 적은 양일 것이다. 즉 지극히 고립된 지역에서 소량의 호모 사피엔스 유전자가 포함된 '잡종'의 경우 그 화석을 발견했다 해도 어디에서 기원한 것인지, 그리고 어디로 흘러갔는지 감을 잡기 어렵다.

멀지 않은 장래에 새로운 화석 인류와 돌연모의 발견, 그리고 유전학 연구를 통해 인류의 탄생과 이동에 관한 대서사시가 쓰일 것으로 전망된다. 그때까지 현재 아프리카설이 해결하지 못한 문제점들을 둘러싸고 현생 인류의 기원에 관한 논쟁은 지속될 것이다.

2. 인류 진화의 발자취

아프리카를 떠난 최초 인류의 화석 발견

그루지야, 독일, 프랑스, 미국 공동 발굴팀이 동유럽 그루지야공화국 드마니시에서 약 170만 년 전에 살았던 것으로 추정되는 인류의 두개골 화석을 거의 완벽한 상태로 발굴했다는 소식이 2000년 5월 12일자 《사이언스》를 통해 전해졌다. 이것은 아프리카 밖에서 발견된 인류 화석 중에서는 가장 오래된 화석이다.

그동안 학자들은 기후나 식량 면에서 상대적으로 열악한 유럽으로 이주하는 일은 손도끼와 같은 세련된 석기를 사용할 수 있을 때나 가능하다고 믿어왔다. 유럽의 호모 하이델베르겐시스, 네안데르탈인, 아시아의 자바인, 베이징인 등은 다양한 석기를 사용했을 것으로 추정된다. 그래서 이들의 조상인 호모 에렉투스(Homo erectus)종이 약 100만 년 전 처음으로 아프리카를 떠나온 인류라는 것이 정설이었다.

하지만 이번에 두개골과 함께 발견된 석기는 돌을 아무렇게나 깨서 만든 가장 초보적인 형태였다. 게다가 분석 결과 이 화석은 호모 에렉투스보다 앞선 시기에 아프리카에 출현한 호모 에르가스터(Homo ergaster)로 밝혀졌다. 이들은 왜 유럽으로 이주했을까. 또 어떻게 초보적인 석기로 생존할 수 있었을까.

공동 발굴단의 일원인 플로리다 대학교의 수잔 안톤 박사는 '식량을 찾아서 이동한 것'으로 설명했다. 호모 에르가스터는 이전 인류보다 20~30% 정도 큰 몸을 유지하기 위해 동물성 단백질이 필요했는데, 동물들이 점점 넓어지던 사바나 지대를 따라 유럽으로 이동해서 이들을 따라갈 수밖에 없었다는 것이다. 또 같은 발굴단원인 노스텍사드 대학교의 리드 페링 교수는 "석기 기술은 뒤떨어졌지만, 나무를 사용하거나 사회적 행동을 발달시켜 충분히 난관을 극복했을 것"이라고 말했다.

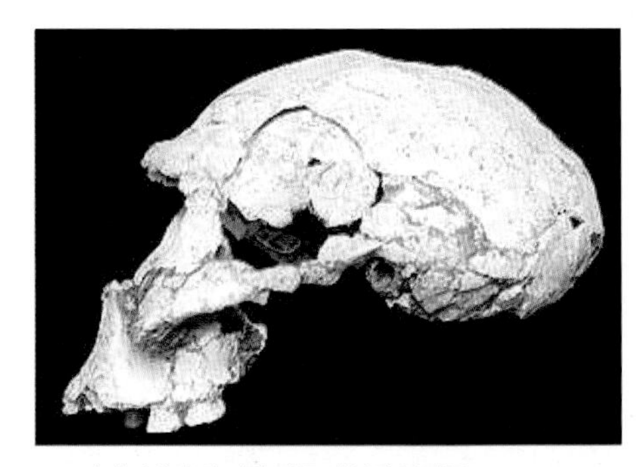

드마니시에서 발견된 젊은 여성의 두개골.

하지만 이번 발굴에 대해 영국 자연사박물관의 크리스 스트링거 박사는 "드마니시에서 발견된 두개골 화석은 우리의 직계 조상이 아니다."라고 BBC 방송과의 인터뷰에서 주장했다. 그는 "오늘날 인류의 직계 조상은 아프리카에서 약 20만 년 전 이주해 온 호모 사피엔스이다. 호모 에르가스터나 호모 에렉투스도 마찬가지로 아프리카에서 이주한 종이지만 그 사이에 멸종해 오늘날로 이어지지 못했다."라고 말했다. 이 설명은 1856년 발굴된 네안데르탈인 화석과 2천 명의 현생 인류의 미토콘드리아 DNA를 비교한 결과 서로 다른 종으로 볼 수밖에 없다는 1997년의 연구와도 일치한다.

2010년 5월 독일 막스플랑크연구소 진화인류학부 연구팀이 네안데르탈인과 현대인의 게놈을 비교한 결과를 《사이언스》에 발표했다. 연구팀은 1980년 지중해 동쪽 크로아티아의 빈디야 동굴에서 발굴한 네안데르탈인의 뼈 화석 세 개에 드릴로 구멍을 뚫은 뒤 약 400mg의 뼛가루를 분리했다.

뼛가루에서 추출한 유전자는 대부분 50~60개의 염기로 이루어져 있는 파편이었다. 여기에서 미생물이나 현대인의 유전자를 분리한 뒤, 나머지를 현대인과 침팬지의 게놈과 비교해서 순서를 맞춰나갔다. 이를 통해 40억 개에 달하는 네안데르탈인의 게놈 전체를 밝혀냈다.

연구팀은 이 분석 결과를 현대인의 유전자와 비교했다. 결과는 충격적이었다. 현생 인류와 네안데르탈인 사이에 유전자 교류가 일부 있다는 결과가 나왔기 때문이다. 유전자 교류가 일어나는 경우는 단 하나, 짝짓기다. 따라서 유전자 교류를 통해 탄생한 현대인은 현생 인류와 네안데르탈인의 혼혈인 셈이다. 그 동안 연구자들 사이에서는 네안데르탈인은 현재의 인류, 즉 현생 인류(호모 사피엔스)와는 다른 종이기 때문에 혼혈이 불가능하다는 주장이 대세였다. 생물학에서는 짝짓기를 해서 2세가 태어날 수 있어야 같은 종으로 보기 때문이다. 오늘날의 모든 인류는 아프리카에서 나온 하나의 종(현생 인류)에서 유래해 전 세계에 퍼졌다는 것이 정설이었다.

연구팀은 네안데르탈인의 게놈을 유럽, 아시아, 아프리카, 멜라네시아 등 4개 지역 5명의 현대인의 게놈과 비교해 봤다. 그 결과 아프리카인을 제외한 나머지 현대인의 게놈에서 네안데르탈인 고유의 유전자가 1~4% 정도 발견됐다.

분자유전학을 이용한 고인류학에서는 약 20년 전부터 미토콘드리아나 성염색체의 특정 유전자(이를 '마커 유전자'라고 부른다)가 지역별로 어떻게 변하는지를 추적해 종의 이동이나 확산 경로를 밝히는 연구를 진행해 왔다. 이번 연구를 이끈 스반테 패보 막스플랑크연구소 진화인류학부장은 "같은 원리를 이용해 네안데르탈인과 유라시아인의 이동 경로를 추적한 결과, 약 8만~5만 년 전 중동 지역에서 혼혈이 일어났다고 보는 것이 가장 합리적이라는 결론을 내렸다."고 밝혔다.

패보 박사팀이 네안데르탈인의 게놈 초안을 밝히는 데 사용한 유골 화석.

3만 8000년 전부터 4만 4000년 전 사이에 살았던 네안데르탈인 여성 3명의 뼛조각이다. 이 뼈에서 뼛가루를 채취해 고유전자(ancient DNA) 분석을 했다.

진화유전학 연구에서도 현장 연구는 중요하다. 네안데르탈인의 화석 발굴지인 스페인 엘 시드론 동굴을 찾은 스반테 패보 박사(오른쪽)와 마르코 라실라 박사.

인류의 진화

2. 인류 진화의 발자취

의심 받는 완전대체론

앞에서 설명한 대로, 지금까지 모든 인류는 아프리카에서 나온 하나의 종(호모 사피엔스)이 다른 종(네안데르탈인이나 호모 에렉투스 등)을 대체했다는 이론이 많은 학자들의 지지를 받았다. 이를 '완전대체론'이라고 한다(다음 장 그림 참조).

하지만 인류 진화를 설명하는 이론에는 완전대체론만 있는 것이 아니다. 이미 180만 년 전부터 아시아에 퍼져 있는 호모 에렉투스와 유럽의 호모 에르가스테르, 호모 하이델베르겐시스 등 인류의 조상들과 이후의 현생 인류가 모두 뒤섞여 세계 곳곳에서 각기 진화했다고 보는 '다지역연계론'을 주장하는 사람들이 있다.

다지역연계론은 인류의 조상들이 서로 혼혈이 가능한 사실상 같은 종이라고 본다. 따라서 네안데르탈인과 현생 인류는 생물학적으로 구분되는 서로 다른 종이 아니므로 이들 사이의 유전적 교류도 자연스럽다.

그렇다면 네안데르탈인과 호모 사피엔스가 유전적으로 섞였다는 이번 연구 결과가 다지역 연계론을 증명하는 것일까. 그렇지는 않다. 네안데르탈인과 호모 사피엔스의 유전자 교류가 있다는 결론이 사실이라 하더라도 그 비중이 크지 않기 때문이다. 패보 박사는 "전체 게놈 가운데 1~4% 정도가 네안데르탈인에게서 온 것"이라고 밝혔다. 따라서 완전한 혼혈이라고 보기에는 큰 무리가 있다. 일각에서는 이를 완전대체론에 빗대어 '부분대체(leaky replacement)'라는 말로 표현하기도 했다. 이에 따르면 네안데르탈인과 호모 사피엔스는 약 50만 년 전에 살았던 공통 조상에서 서로 갈라져 나온 사촌지간이 맞다. 하지만 아주 일부 인구가 (어떤 이유에서인지) 유전적으로 교류했고, 그 후 네안데르탈인은 멸종해 호모 사피엔스만이 살아남았다. 이때 일부 섞여 든 네안데르탈인의 유전자가 지금까지 이어져 온 것이다.

당신은 호모 사피엔스 100%인가?

이번 연구가 네안데르탈인과 호모 사피엔스 사이의 관계를 최종적으로 밝힌 걸까. 아직 좀 더 시간을 두고 검증해야 한다는 의견도 만만치 않다. 패보 박사팀은 2006년에도 약 100만 개의 네안데르탈인 유전자를 분석한 사전 실험 결과를 《네이처》에 발표한 적이 있다. 하지만 이 연구 결과는 이듬해 제프리 월 샌프란시스코 캘리포니아 대학교 인간유전학연구소 교수팀에 의해 현대인의 유전자가 섞여 든 것으로 밝혀졌다.

패보 박사는 또 2007년에 《사이언스》와의 인터뷰에서 "네안데르탈인과 호모 사피엔스 사이에 유전자의 흐름(gene flow)을 발견하지 못했다"라고 말하기도 했다. 하지만 정확히 3년 만인 2010년 5월에는 정반대의 연구 결과를 발표했다.

자료의 신뢰성에 대한 논란도 그치지 않는다. 게놈을 분석할 때는 오류를 줄이기 위해 보통 전체 게놈의 수의 10배 정도의 염기서열 자료를 확보한 뒤 반복적으로 분석해 결과를 낸다. 하지만 이번 연구에는 네안데르탈인 게놈의 1.3배 정도의 염기서열만으로 분석했다(비교 대상이 된 현대인 5명의 게놈은 4~6배 정도의 염기서열을 확보해 신뢰성을 높였다). 이런 비판에 대해 연구팀은 새로운 기술로 오류를 없앴다고 밝혔다. 하지만 얼마나 신뢰할 수 있을지는 미지수다.

네안데르탈인 게놈 프로젝트를 수행한 막스플랑크연구소 진화인류학부 연구원들. 이들은 이전 연구보다 많은 네안데르탈인 게놈을 확보해 실험의 정확도를 높일 계획이다.

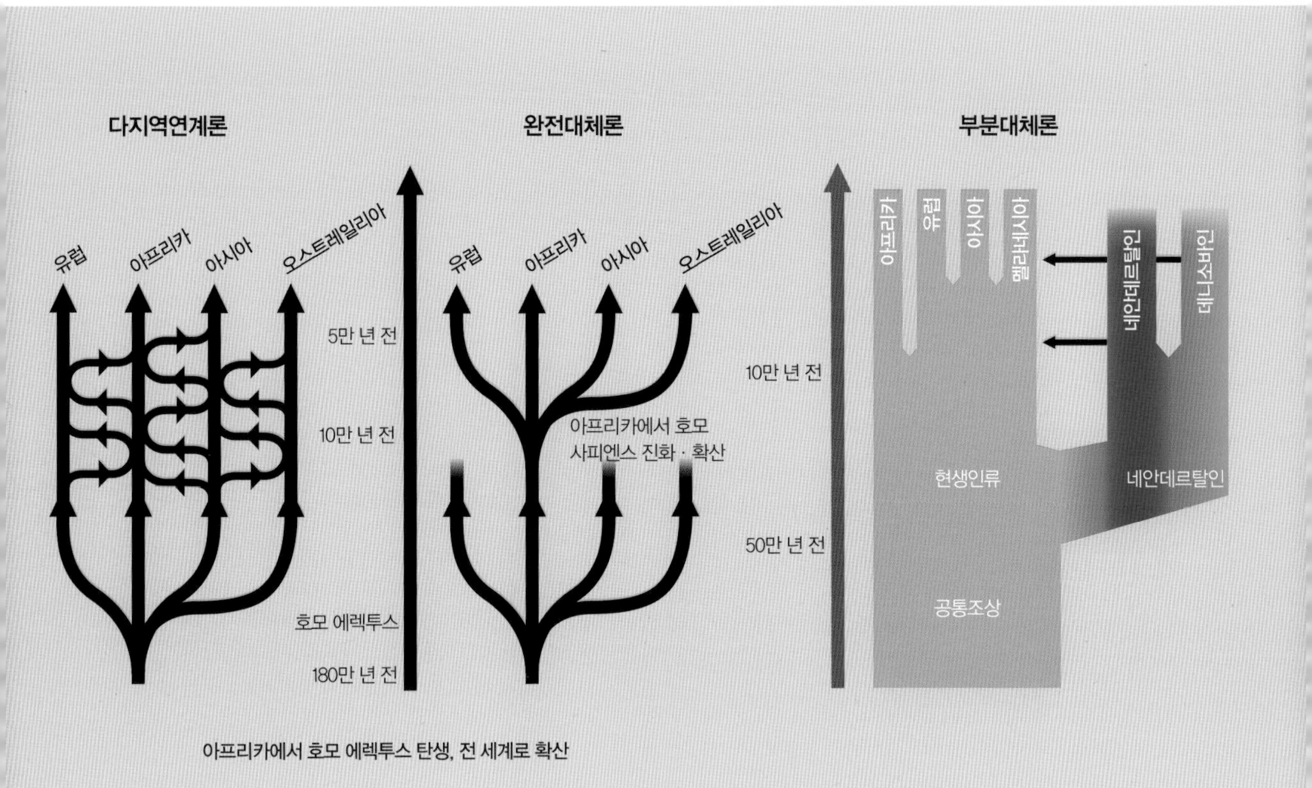

한국인도 네안데르탈인의 유전자를 가지고 있을까. 네안데르탈인은 유럽과 서아시아 등 비교적 좁은 지역에서만 살았던 인류다. 따라서 아시아 대륙의 동쪽 끝에 위치한 한반도는 네안데르탈인의 활동 지역이 아니었다. 하지만 다른 아시아, 유럽 지역과 마찬가지로 현생 인류가 진출해 이동한 경로에 위치해 있다.

완전대체론에 따르면 현생 인류는 인도와 동남아시아를 통과한 뒤 남쪽 해안선을 따라 계속 동쪽으로 나아가 약 3만~1만 2000년 사이에 황해(당시는 육지였다)를 건너 한반도와 일본까지 간 것으로 알려져 있다. 오늘날의 한국인이 이시기에 건너온 현생 인류의 후손이라면 네안데르탈인의 유전자를 지니고 있을 것이다.

물론 한반도에는 현생 인류가 도착하기 이전에도 구석기 문명이 존재했다. 구석기 유적 중 하나인 경기도 연천군 전곡리 유적의 경우 학자들에 따라 3만~4만 년 전부터 20만~30만 년 전까지 연대가 나뉜다. 이때의 인류는 호모 에렉투스로 추정된다.

그러나 완전대체론에서는 호모 사피엔스가 다른 인류의 조상들을 밀어낸 뒤 그 지역을 차지했다고 보기 때문에 네안데르탈인의 유전자를 지니고 있지 않은 이 인류는 현재 남아 있지 않다. 다지역연계론의 설명에 따르면, 모든 호모 속 인류는 유전자 교류를 했으므로 현생 인류 안에 네안데르탈인 유전자도 들어 있다. 따라서 어느 이론을 따르더라도 현재의 한국인에게도 중동에서 현생 인류에 섞여든 네안데르탈인의 유전자가 나올 가능성이 높다.

물론 가장 확실한 방법은 이번 네안데르탈인 게놈 프로젝트에서처럼 한국인의 게놈을 직접 비교하는 방법이다. 언젠가는 이 방법을 이용해 직접 한국인 안에 네안데르탈인의 유전자가 있는지 확인하는 날도 올 것이다.

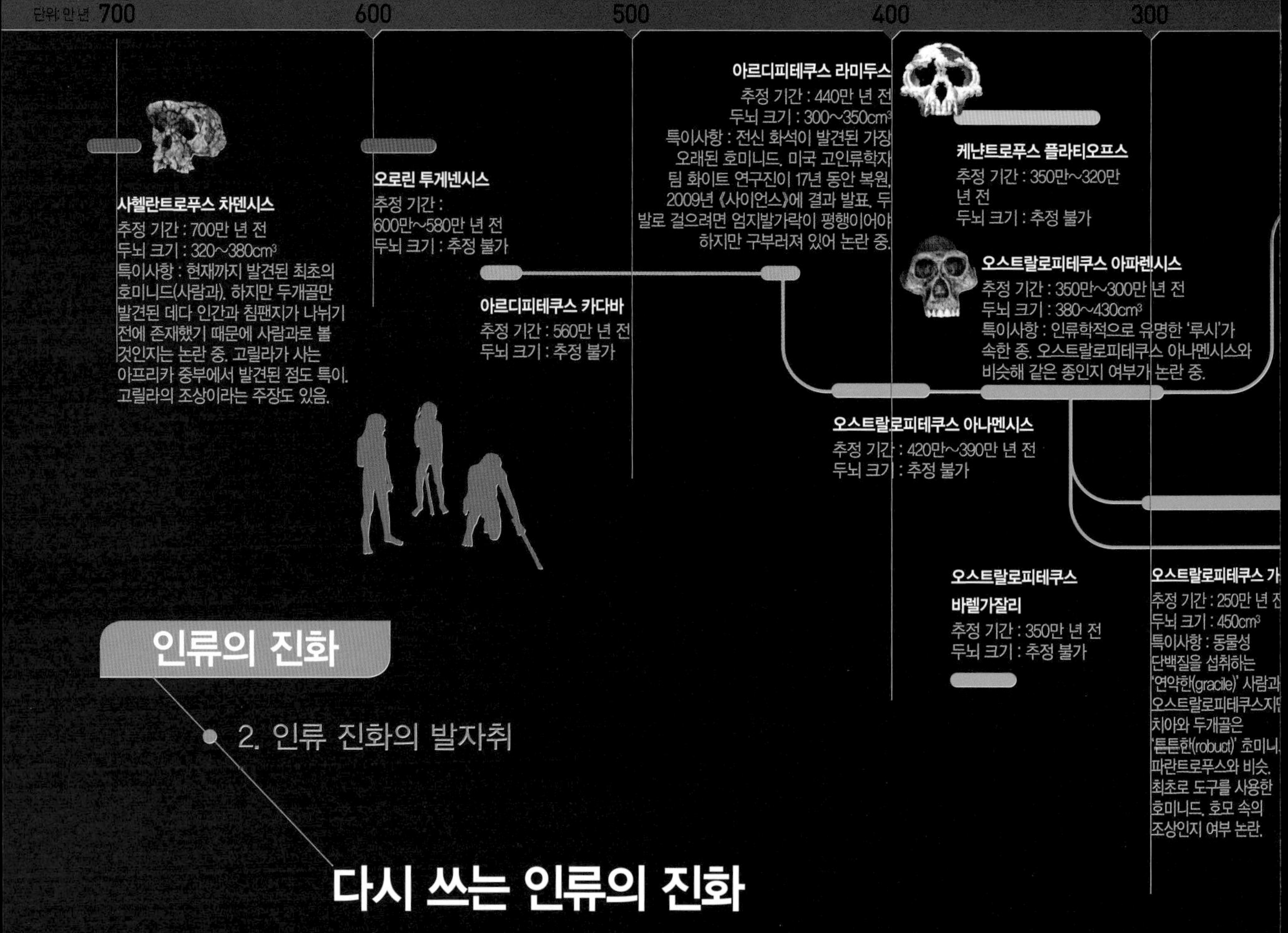

다시 쓰는 인류의 진화

네안데르탈인과 호모 사피엔스 사이에 유전자 교류가 있었다는 연구 결과는 현생 인류가 속한 '호모'속의 가계도를 다시 써야 함을 의미한다. 최신 연구 성과를 바탕으로 호모속과 그 이전 인류의 가계도를 새로 그려보자.

분자생물학 연구에 따르면, 500만 년 전에서 800만 년 전 사이에 아프리카에서 현생 인류의 조상과 침팬지의 조상이 갈라졌다. 그러나 갈라진 시점이나 생물학적 배경이 정확하게 알려지지는 않았는데, 이 시기의 화석 자료가 거의 전무하기 때문이다.

지난 10여 년 사이 발견돼 최초의 조상이라고 제기된 오로린 투게넨시스, 사헬란트로푸스 차덴시스, 아르디피테쿠스 카다바, 그리고 심지어 비교적 확실한 조상이라고 이야기하는 아르디피테쿠스 라미두스는 모두 최초의 인류 조상인지, 인류 조상과 침팬지 조상이 갈라지기 이전의 계통, 즉 인류와 침팬지의 공통 조상에 속한 화석인지 아직 분명하지 않다.

분기점 이후의 초기 인류로 확실한 화석은 플라이오세인 약 400만 년 전에 아프리카에서 살았던 오스트랄로피테쿠스 속으로, 동아프리카의 아나멘시스, 아파렌시스, 보이지아이, 아이티오피쿠스, 그리고 남아프리카의 아프리카누스와 로부스투스 등이 잘 알려졌다. 그 외에 오스트랄로피테쿠스 가르히, 바렐가잘리, 세디바 등 오스트랄로피테쿠스 속에 속한 '종'과 케냔트로푸스 플라티오프스 등이 1990년대 이후에 발표됐다. 한 유적에서 출토된 소수의 화석에 붙은 이름이기 때문에 생물학적으로 정당한 종으로 인정받을지는 지켜봐야 한다.

오스트랄로피테쿠스 아나멘시스와 아파렌시스로 대표되는 초기 인류는 직립 보행을 했다는 점 외에는 침팬지나 고릴라 등의 유인원과 두뇌 용량, 두개골 및 치아 형질이 비슷하다. 또 나무 위에서도 활동할 수 있었던 것으로 추정된다. 아파렌시스 이후 남아프리카와 동아프리카에 넓게 퍼진 인류 조상은 기후 환경이 점차 차고 건조해지면서 살아남기 위해 다양한 적응 양식을 보인다.

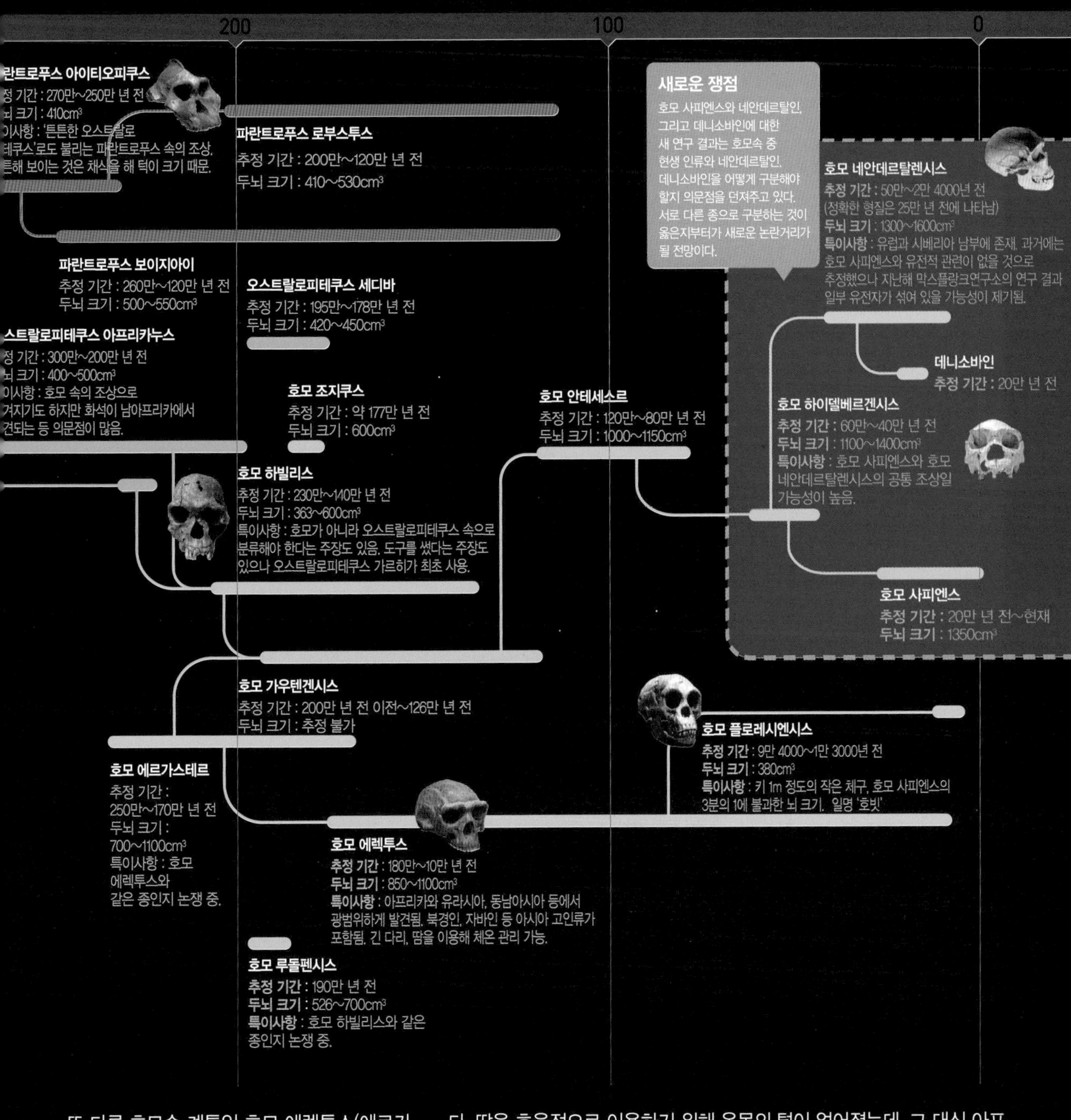

또 다른 호모속 계통인 호모 에렉투스(에르가스테르로 부르기도 한다)는 현생 인류와 계통적으로 가깝다. 이들은 살아 있는 동물을 음식으로 얻었다. 즉 사냥을 했다. 이를 위해 필요한 도구를 만들어 사용하기도 했다. 살아 있는 동물을 잡기 위해 다른 맹수와 경쟁을 피할 수 있는 대낮에 활동을 했으며, 그것은 땀을 이용해 체온 조절을 하는 새로운 생리적 적응을 통해 가능했다. 땀을 효율적으로 이용하기 위해 온몸의 털이 없어졌는데, 그 대신 아프리카 대낮의 강한 일사광선의 피해를 막기 위해 멜라닌이 생겼다. 정리하면, 인류의 조상은 두뇌와 몸집이 커지고, 몸의 털이 없어졌으며 검은 피부를 갖게 됐다.

호모 속은 인류의 진화 역사상 처음으로 아프리카 밖으로 진출했다. 70만~80만 년 전쯤에 기후변화로 많은 사냥감들이 아프리카를 떠나자 호모 속은 그 뒤를 쫓아 유럽과 아시아로 퍼져나갔다는 가설이 그 동안 정설로 인정받았다.

현생 인류 탄생 둘러싼 10가지 쟁점

현생 인류의 탄생을 둘러싸고 완전대체론과 다지역연계론이 팽팽히 맞서고 있다. 분자유전학 증거는 완전대체론을, 고고학 증거는 다지역 연계론을 뒷받침하고 있다. 최근까지 완전대체론이 정설이었다. 하지만 네안데르탈인과 호모 사피엔스 사이의 혼혈을 암시하는 연구 결과가 나와 작은 변화가 생겼다. 한편 현생 인류가 전 세계로 확산되는 경로 역시 완전대체론과 다지역연계론, 고인류학과 고고학계 사이에서 논란이 많다.

호모 사피엔스는 언제 어떻게 태어났을까. 이 문제는 단순하지 않다. 기원을 어떻게 보느냐에 따라 두 가지 대답을 할 수 있기 때문이다. 하나는 '아프리카 기원–완전대체론'으로, 호모 사피엔스가 비교적 최근인 10만~6만 년 전 정도에 아프리카에서 발생한 새로운 종이라는 관점이다. 이 이론에 따르면 새로운 종인 호모 사피엔스가 아프리카에서 유라시아로 확산하면서 이미 각 지역에서 살고 있던 '원주 집단(호모 에렉투스나 호모 네안데르탈렌시스 등 이미 그 지역에 살던 호모속)'과는 종이 달라 하나도 섞이지 않았다. 또 우월한 문화와 언어를 갖추고 있었으므로 원주 집단과의 경쟁에서 이겼고, 원주 집단은 멸종했다.

또 하나는 '다지역연계론'이다. 다지역연계론은 현생 인류가 한 곳에서 기원한 새로운 종이라고 보지 않는다. 현생 인류의 조상이 하나(아프리카 태생의 호모 사피엔스)가 아니라는 입장이다. 이미 곳곳에 퍼져 있던 인류가 각지에서 수시로 문화와 유전자를 교환하면서 200만 년 동안 계속돼 왔다는 관점이다. 그 동안 멸종하거나 새로 발생한 집단들은 하나의 종 아래에 있는 명목상의 집단일 뿐이지, 새로운 종이 발생한 것은 아니라는 입장이다.

이러한 다지역연계론에는 큰 문제가 있다. 200만 년에 걸친 호모속의 역

사가 모두 호모 사피엔스의 역사가 되기 때문이다. 모든 집단이 시공간을 아우르면서 끊임없이 유전자를 교환했다면, 생물학의 '종'의 정의에 따라 유전자를 교환할 수 있는 모든 집단은 하나의 종에 속하게 된다. 즉 호모 에렉투스와 호모 사피엔스는 결국 같은 종이 된다.

실제로 다지역연계론의 주창자 밀포드 월포프 미국 미시건 대학교 인류학과 교수는 1994년에 호모 에렉투스 종명을 없애자는 논문을 내고 그 이후 논문에서 모든 호모속의 집단들을 호모 사피엔스로 불렀다. 1999년에는 호모 하빌리스와

호모 루돌펜시스마저 오스트랄로피테쿠스속으로 분류하자는 주장도 나왔다. 이 주장대로 하면 정말 호모 속에는 사피엔스라는 하나의 종만 200만 년 동안 존재하는 셈이 된다.

현재 분자유전학을 이용한 연구는 완전대체론을 지지하고 있으며, 주류 학자들도 이쪽 입장이 많다. 하지만 지난 2~3년 사이에 나온 집단 유전학의 연구 결과와 2010년 막스플랑 크연구소의 연구 결과를 보면 네안데르탈인이 현생 인류의 유전자에 어느 정도 기여한 것이 사실이다. 따라서 완전 대체론도 100% 옳다고만은 말할 수 없는 처지가 됐다.

호모속이 유라시아로 확산되면서 중기 플라이스토세(약70만~12만 년 전)에 각 지역별 특징이 지속되는 인류 조상 집단이 나타나기 시작했다. 이 집단들은 '종'의 이름이 붙은 경우가 많으나, 과연 생물학적인 '종'인지는 의견이 분분하다. 현재 어느 정도 인정되는 종으로는 유럽에서는 호모 하이델베르겐시스, 호모 네안데르탈렌시스가 있으며, 호모속의 종주국인 아프리카에서는 호모 에렉투스 혹은 에르가스테르, 호모 하이델베르겐시스(유럽에서 다시 아프리카로 왔다고 여겨짐), 그리고 아시아의 호모 에렉투스가 있다. 중기 플라이스토세(수십만 년 전)에는 호모 체프라넨시스, 호모 안테세소르, 호모 플로레시엔시스, 호모 로디지엔시스, 호모 조지쿠스, 그리고 최근 시베리아에서 발굴된 데니소바인 등도 추가됐다.

그러나 고인류학계에서는 화석이 발견되는 지역마다 새로운 종이라고 발표하는 경향이 있었기 때문에 이들이 실제로 생물학적인 종인지는 의심스럽다. 특히, 그 종이 특정 유적 한 곳에서만 발견되는 경우라면 같은 시기에 좀 더 폭넓은 지역에 분포하는 종으로 편입된다. 유명한 예로는 중국 조우코우디엔의 '북경인'이 '피테칸트로푸스 페키넨시스'라는 종으로 발표되었다가 인도네시아 자바의 '자바인'과 함께 '피테칸트로푸스 에렉투스'로 통합된 뒤, 피테칸트로푸스가 호모속으로 다시 통합되면서 '호모 에렉투스'로 이름이 변한 예가 있다. 이런 예를 보면 앞으로 수많은 호모속 인류가 다른 이름으로 통합될 가능성도 많다.

현생 인류는 인구가 늘어 환경이 비좁아지자 새로운 삶의 터전을 향해 떠났다. 하지만 정착 생활을 하지 않을 경우 인구가 늘기 어렵다. 아이 때문이다. 아이가 어릴 때는 안아야 하기 때문에 두 아이를 동시에 데리고 이동하기는 쉽지 않다. 따라서 인류가 늘기 위해 필요한 나이 차이를 6~7년으로 본다. 현대인의 아이가 독립적으로 움직일 수 있는 나이가 6~7세이기 때문이다. 이동 생활을 하는 아프리카의 쿵족('부시먼')의 경우는 이보다 짧아서 터울이 5년 정도다.

만약 인구 증가와 그에 따른 확산이 출산율의 증가에 의해 이뤄졌다면, 이 터울이 짧아졌기 때문이다. 이는 둘 이상의 아이를 키울 수 있는 사회적인 수단이 생겼다는 뜻으로, 누군가가 가족을 부양했다는 이야기가 된다. 이 '누군가'가 아빠였다는 가설(남자의 가족 부양설)과 할머니였다는 가설(할머니 가설)이 현재 팽팽한 논쟁을 벌이고 있다.

3 유럽 진출 경로는?
고인류학자들은 분자유전학 연구 결과를 근거로 카스피 해 동쪽을 거쳐 북쪽으로 향한 현생인류가 서쪽으로 방향을 바꿔서 유럽에 도착했다고 보고 있다. 하지만 카스피 해 서쪽을 통해 유럽으로 갔다는 의견(빨간 선)도 많다.
2 현생인류는 어느 길로 아시아로 향했나?
고인류학계에서는 아라비아 반도를 넘은 뒤 해안을 따라 동아시아로 향했다고 보고 있다. 한국에 온 현생인류도 이 길을 따랐다. 하지만 배기동 한양대학교 문화인류학과 교수팀은 카스피 해 바로 남쪽을 따라 이동했을 가능성이 있다고 보고 발굴을 계속하고 있다.
4 대륙 확산 경로가 존재했는가?
고인류학계는 아시아로 향하는 인류는 모두 남쪽 해안선을 따라 이동했다고 보고 있다.(이 이동 경로는 호모 에렉투스의 확산 경로와 비슷하다고 추측된다) 하지만 고고학계에서는 현생 인류가 대륙 한가운데를 관통해 동쪽으로 향했을 가능성(빨간 선) 역시 있다고 생각한다.
4만 5000 ~ 4만 년 전
4만 년 전
2만 8000년 전
4만 4000 ~ 3만 8000년 전
10만 ~ 4만 년 전
A
B
6만 ~ 4만 5000년 전
20만 ~ 10만 년 전
D
C
4만 5000 ~ 3만 7000년 전
4만 년 전
10만 ~ 6만 년 전
6 멜라네시아와 애보리진의 탄생 경로는?
동남아시아로 진출한 현생 인류는 말레이반도 남부를 거쳐 멜라네시아 지역에 도착했다. 이후 남쪽으로 이동해 애보리진(오스트레일리아 원주민)이 되었다(C). 하지만 그 이후 빙하기에 해수면이 낮아지자 필리핀-파푸아뉴기니 지역이 습지로 떠올랐고, 이 길로 또 한 차례의 현생 인류가 유입돼 모두 2차례 인류가 찾아왔다는 설도 있다(D).
1 인류 최초의 이동 경로는?
인류가 아라비아 반도로 이동한 경로는 여전히 논쟁 중이다. 수에즈 운하가 있는 곳으로 갔다는 설(A)과 아라비아 반도 남쪽 밥 알-만다브 해협을 통과해 갔다는 설(B)이 있다.

7 아메리카 대륙으로의 이동이 늦은 이유

현생 인류는 유라시아 대륙 구석구석에 자리잡은 뒤 한참 지난 약 1만 9000~1만 8000년 쯤에야 아메리카 대륙으로 진출할 수 있었다. 빙하기가 시작되며 해수면이 낮아지자 이 지역이 대륙으로 떠올랐기 때문이다.

1만 9000 ~ 1만 8000년 전

5 북쪽으로 이동한 방법은?

고인류학계에서는 해안을 따라 아시아로 진출하던 현생 인류가 빙하기에 얼어붙은 강을 따라 북쪽 내륙으로 확산했을 가능성이 높다고 본다. 지금의 메콩강과 양쯔강이 유력한 후보다. 대륙 이동 경로(4)를 인정하지 않는다는 뜻이다. 한국인도 동북아시아가 아니라 동남아시아에서 이동해 왔을 가능성이 높다.

10 아메리카 대륙 확산은 왜 빨랐을까?

아프리카에서 동아시아까지 진출하는 데에는 몇 만 년의 시간이 걸렸던 현생 인류가 아메리카 대륙에 진출한 뒤에는 1000년 만에 남아메리카 끝까지 진출했다. 이미 환경적응력이 크게 발달됐기 때문이라는 설명이 많다.

8 폴리네시아 이주의 비밀?

작은 섬으로 이뤄진 폴리네시아 구석구석에도 현생 인류가 진출해 있다. 눈에 보이지도 않는 이런 섬에 인류가 진출할 수 있었던 것은 바다새 덕분이라는 설명이 있다. 멀리 바다새가 보인다면 사방 100여 킬로미터(바다새의 활동 반경) 안에 다른 육지(섬)가 있다고 추측할 수 있다.

1만 9000 ~ 1만 8000년 전

9 멜라네시아인과 데니소바인

2010년 10월 시베리아 남부에서 발견된 데니소바인의 유전자 분석 결과 멜라네시아인의 유전자와 일부 겹친다는 사실이 발견됐다.

2만 4000년 전, 네안데르탈인

살금살금, 동굴 밖으로 나갑니다. 무서운 검치호랑이가 저를 따라오지는 않을 거예요. 이런 한낮에 동굴 밖을 돌아다니는 짐승은 많지 않거든요.

아, 제 소개부터 할게요. 우리는 언어가 없으니 이름도 당연히 없지만, 편의상 저를 '네안'이라고 불러 주세요. 네, 네안데르탈인의 그 네안이에요. 나이는 8살. 아직 꿈 많은 소년이랍니다. 물론 우리들의 평균 수명이 35년으로 짧기 때문에 이 정도 나이도 아주 어린애는 아니에요. 더구나 2010년 하버드대 연구팀이 치아 화석으로 성장 패턴을 연구한 결과 우리가 호모 사피엔스보다 어릴 적 성장 속도가 더 빨랐다고 해요. 똑같은 어린애 취급은 하지 말아 주세요.

흔히 여러분은 우리가 원시인이라 온몸이 털로 뒤덮여 있을 거라고 생각하는 것 같아요. 하지만 그건 오해예요. 우리는 호모 사피엔스와 거의 비슷하게 몸에 털이 없었거든요. 고인류학자들은 이미 160만 년 전, 그러니까 우리 조상인 호모 하빌리스나 호모 가우텐겐시스 시절부터 몸에 털이 거의 없어졌다고 보고 있어요. 정확히는 대부분의 털이 솜털처럼 작고 가늘어진 것뿐이지만요.

털 말고 사람들이 자주 착각하는 게 우리가 시커먼 피부를 지녔다는 거예요. 이거야말로 적반하장이 아니고 뭐겠어요? 진짜 시커먼 피부는 아프리카에서 진화한 호모 사피엔스 당신들이었거든요. 생각해 보세요. 햇빛 뜨거운 아프리카에서 피부에 해로운 자외선을 피하려면 어떻게 해야 했겠어요? 피부에 멜라닌을 가득 만들어야지요. 몸에 있는 '멜라노코르틴리셉터(MC1R)' 유전자가 그 역할을 하지요. 하지만 우리 네안데르탈인은 유럽에서 진화했기 때문에 MC1R 유전자에 돌연변이가 있었고, 덕분에 일부는 피부가 하얘졌어요. 더구나 이 유전자의 돌연변이는 머리카락까지도 빨갛거나 금발로 만들어요. 흰 피부에 금발! 당신이 생각하는 미남 미녀의 조건 아닌가요. 그게 우리 네안데르탈인이에요.

몸에 털도 없고 얼굴도 희니 당신들과 외모에서 별 차이가 없을 것 같지요? 하지만 그건 아니에요. 만약 우리가 당신들이 입는 옷을 입고 거리를 걸으면 모두가 깜짝 놀라 눈을 비비고 다시 쳐다볼 거예요. 먼저 얼굴을 보세요. 코가 크고 광대뼈도 두툼하게 아래까지 내려와 있어요. 그리고 턱이 없어요. 입술을 잘 보세요. 입술 아래에 움푹 들어간 부분이 없이 입술 아래가 둥글게 이어져 있어요. 눈두덩이 위는 약간 두드러져 보이는데, 그렇다고 눈에 띄게 굵지는 않아요. 가느다란 반달 모양을 하고 있어서 눈이 깊어 보이죠. 마지막으로 머리를 봐 주세요. 이마가 높고 곧은 호모 사피엔스와 달리 낮고 뒤로 젖혀져 있어요. 그리고 뒤통수가 크죠. 실제로 뇌 용량도 무척 컸어요. 1350㎤ 정도인 호모 사피엔스보다 커서 남자는 무려 1600㎤에 이른답니다. 하지만 뇌가 크다고 다 머리가 좋은 건 아니에요. 동물의 뇌가 몸집에서 예측되는 수준보다 얼마나 더 큰지를 나타내

호모 네안데르탈렌시스 vs 호모 사피엔스

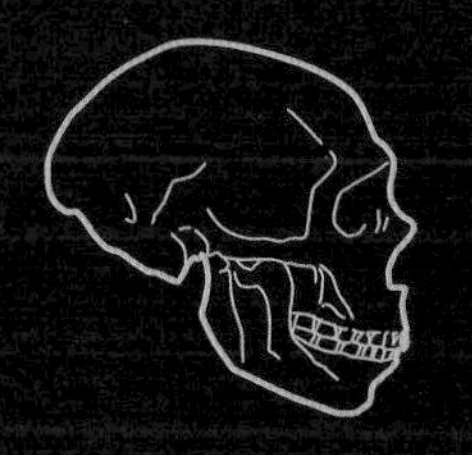

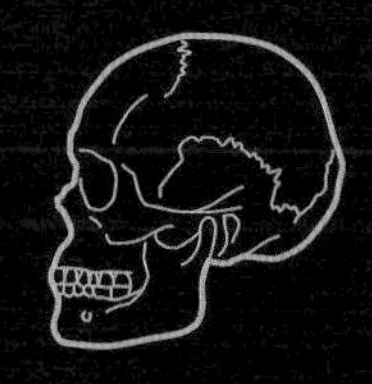

네안데르탈인(왼쪽)과 호모 사피엔스(오른쪽)의 두개골. 네안데르탈인의 두뇌가 훨씬 크다. 이마가 낮고 납작하며 뒤통수가 발달해 있다. 입술 아래 턱이 없다. 어금니 뒤에 이가 없는 빈 공간도 있다.

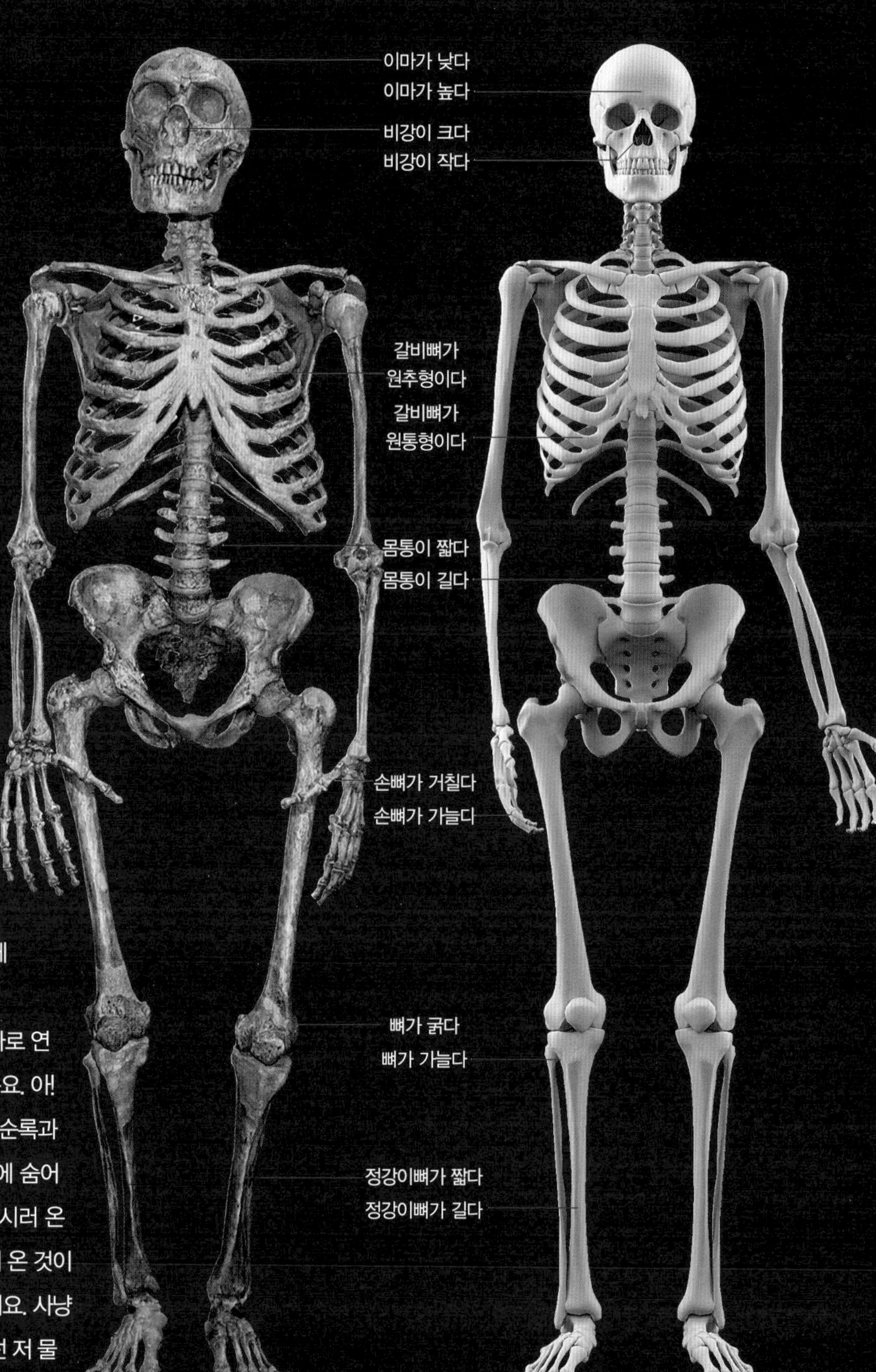

호모 네안데르탈렌시스와 호모 사피엔스의 골격을 비교했다. 키는 영양 상태에 따라 달라질 수 있기 때문에 비교 대상이 아니다.

는 수치를 '대뇌 비율 지수(EQ)'라고 해요. 네안데르탈인의 EQ는 4.8로 5.3인 호모 사피엔스보다 작답니다.

우리 네안데르탈인의 EQ가 호모 사피엔스보다 작은 것은 몸집이 크기 때문이에요. 팔다리는 짧지만 굵고 몸통은 드럼통처럼 크고 튼튼했거든요. 호모 사피엔스 중 추운 북쪽 지방에 사는 이누이트를 떠올려 보면 조금 비슷해요. 둘 다 추운 곳에서 살기 위해 적응한 결과거든요.

자, 이제 목적지에 도착했어요. 바로 연못이에요. 맑고 시원한 물이 있거든요. 아! 기척을 지우려 조심했지만 멀리서 순록과 소(바이슨)가 달아나네요. 나무 뒤에 숨어 있었나 봐요. 지금은 그냥 물을 마시러 온 것이니 괜찮지만, 만약 사냥을 하러 온 것이었다면 엄마 아빠한테 혼날 뻔 했어요. 사냥 얘기는 좀 나중에 하기로 하고, 우선 저 물 좀 마실게요.

인류의 진화

3. 네안데르탈인의 일기

석기를 이용한 사냥

꿀꺽꿀꺽.

아, 시원하다! 근데 물을 마시고 났더니 물에 비친 제 모습이 보이네요. 오른손을 드니 물에 비친 제 모습은 왼손을 들어요. 왼손을 드니 반대로 오른손을 들고요. 그런 것도 이해하냐고요? 제가 생각보다 지능이 높아요. 적어도 좌우가 대칭이라는 사실 정도는 이해하고 있다고요. 어떻게 알 수 있냐고요? 우리 네안데르탈인이 만든 도구를 보세요. 앞에서 봐도, 옆에서 봐도, 심지어 위에서 봐도 대칭을 이루고 있잖아요? 정교한 대칭을 이해하고 있다는 증거지요.

물론, 우리 네안데르탈인만의 특징은 아니에요. 주먹도끼는 이미 약 140만 년 전 호모 가우텐겐시스나 하빌리스 시절의 유적에서도 발견되고, 50만 년 전 호모 하이델베르겐시스 유적에서도 아주 예쁜 눈물방울 모양의 대칭형 주먹도끼가 나오니까요.

우리는 25만 년 전부터 주먹도끼와는 다른 우리만의 석기를 만들어 썼답니다. 후세의 호모 사피엔스는 우리가 발전시킨 석기 기술을 '르발루아 기술'이라고 불렀어요. 이전과는 비교가 안 되는 복잡한 석기 문화였지요. 제가 설명을 한번 해 볼게요. 우선 거북의 등처럼 생긴 넓적한 돌을 하나 구해 보세요. 그런 다음 끝이 날카로운 돌멩이로 가장자리를 톡톡 쳐 손톱처럼 생긴 얇은 돌들을 떼어 내세요. 떼어낸 돌 조각을 '격지'라고 부르는데, 날카로운 도구로 이용할 수 있어요. 하지

르발루아 기법으로 만든 네안데르탈인 시대의 격지. 대단히 날카롭다.

만 격지가 목표는 아니에요. 옆면과 윗면에서 격지를 다 떼어낸 뒤, 남아 있는 부분에서 가운데 부분만 조심스럽게 떼어내면 크고 날카로운 돌촉이 만들어지거든요. 이 돌촉을 고기 심줄로 나무 막대기 끝에 둘둘 감아 붙이면 훌륭한 창이 되죠. 우리는 이 도구로 사냥을 한답니다.

자, 그럼 본격적으로 사냥 이야기를 해 볼게요. 사람들은 우리 네안데르탈인이 사냥의 명수였다고 생각하는 것 같아요. 맨손으로 매머드라도 때려잡았다고 생각하는 거지요. 실상은 그렇지 않아요. 물론 우리도 사냥을 할 땐 아주 용감하고 적극적이에요. 하지만 일부러 어려운 사냥을 하지는 않았답니다. 제래드 다이아몬드의 『제3의 침팬지』에는 호모 사피엔스 중 뉴질랜드 원주민의 사냥 모습이 묘사돼 있어요. 무장한 전사들이 밀림에서 호전적인 소리를 지르며 달려가 사냥한 것은 한 주먹거리밖에 안 돼 보이는 작은 새나 초식 들짐승이었다고 하죠. 저희도 마찬가지였어요. 일부러 먼 곳에서 큰 동물을 잡기보다는 가까운 곳에서 볼 수 있는 순한 동물을 사냥했지요. 먹을 만큼만 잡으면 되니까 그걸로도 충분했어요.

우리가 사는 동굴 유적에는 식량이 된 동물들의 뼈가 쌓여 있는데 순록과 사슴, 말, 그리고 소가 대부분이에요. 크긴 하지만 모두 순하디 순한 동물들이죠. 그나마 사냥으로 잡은 동물은 사슴과 순록이었어요. 소와 말은 머리뼈와 턱뼈만 볼 수 있는데, 다른 육식 동물이 먹고 남긴 것을 가져왔기 때문이에요. 이 말은 우리가 사냥도 했지만 하이에나처럼 죽은 동물의 시체도 먹었다는 뜻이랍니다. 기분 나쁘게 생각하지 마세요. 손쉽게 먹을 수 있는 시체가 있는데 가져오지 않을 이유가 없잖아요? 아무리 순한 초식 동물이라도 사냥하기가 얼마나 힘들고 위험한데요.

우리의 사냥이 얼마나 힘들고 위험한지 들려줄게요. 우리는 당신들 호모 사피엔스처럼 던지거나 쏘는 무기가 없었어요. 가장 발달한 무기는 바로 르발루아 기술로 만든 돌촉을 단 창이었지요. 창이라지만 길이가 별로 길지 않아서 우리는 덩치가 커다란 짐승들과 거의 육탄전을 벌여야 했답니다. 실제로 학자들이 화석으로 나온 우리 뼈를 연구해 보니 몸이 투우나 로데오(카우보이 말타기 경기)를 한 것처럼 큰 충격을 받은 상태였다고 해요. 그러니 사냥 한번 하려면 얼마나 힘들었겠어요. 실제로 우리는 단백질의 70~80%를 사냥이 아닌 죽은 동물을 통해 얻었어요.

다행히 우리는 집단생활을 하고, 사냥도 함께했기 때문에 동물과 1대 1로 싸울 필요는 없었어요. 더구나 성별로 역할 구분이 없었기 때문에 남자든 여자든 한꺼번에 사냥을 했다는 연구 결과도 최근에 나왔지요. 동물은 지나가다 우연히 만나는 것을 주로 사냥했어요. 하지만 가끔은 대규모 인원이 계획을 세워서 사냥을 하기도 했어요. 또 소떼를 우르르 몰아서 절벽에서 떨어뜨려 죽이기도 했죠. 우리가 호모 사피엔스보다 지능이 낮다고 하지만 이 정도 능력은 있었다는 걸 알아줬으면 해요.

5개 정도 모음의 정교한 발음 구사

새로운 구석기 문화

'후기 구석기 문화'로 부르며 호모 사피엔스가 만든 구석기 문화를 의미한다. 네안데르탈인의 문화는 '중기 구석기 문화', 그 이전의 구석기 문화는 전기 구석기 문화로 부른다. 하지만 이 구분은 네안데르탈인이 있고 뚜렷한 양식 차이가 있는 유럽의 구석기 문화에만 적용할 수 있다.

이렇게 발달된 도구를 쓰고 사냥을 했지만, 사람들은 우리의 지적 능력이 호모 사피엔스보다 한 수 아래라고 여기는 것 같아요. 분하지만 맞아요. 우리의 문화는 수십만 년 동안 정체됐고 그 동안 기술적인 발전이라고 할 만한 것이 전혀 없었어요.

호모 사피엔스가 20만 년이 채 안 되는 기간에 우주까지 간 것과 비교하면 정말 변화가 없었지요. 우리의 기술은 호모 사피엔스가 가지고 들어온 새로운 구석기 문화를 일부 배우면서 조금 변했지만, 그건 거의 마지막 순간에야 일어난 일이지요.

이렇게 문화나 기술이 정체된 것을 언어가 없었기 때문이라고 보는 학자들이 많아요. 언어는 지적 교류를 가능하게 하는 수단이에요. 그런데 언어가 없으면 교류는 확실히 줄어들고 문화나 기술의 획기적인 발전도 줄어들 수밖에 없어요.

그럼 우리는 말을 아예 하지 못했던 걸까요? 그건 아니에요. 고인류학자들은 아, 에, 이, 오, 우처럼 대략 5개 정도의 모음을 발음할 수 있었다고 보고 있어요. 화석을 살펴봐도 후두의 위치를 알 수 있는데, 호모 사피엔스와 비슷하게 후두의 위치가 낮았다고 해요. 후두가 낮으면 기도와 식도가 교차해 질식사의 위험이 있는 대신 발음이 다양해져요.

우리는 그저 짐승 같은 괴성을 지르는 수준보다는 훨씬 정교한 발음을 했어요. 하지만 발음을 몇 개 할 수 있다고 그게 곧 언어가 되는 것은 아니지요. 문법을 이루거나, 최소한 단어를 나열해서 의미를 전달할 수 있어야 하는데 언어학자와 고인류학자들은 우리에게 그런 능력이 없다고 추정하고 있어요.

동굴 속 네안데르탈인의 생활 모습을 묘사한 모형. 어른과 아이 25~30명이 집단생활을 했다.

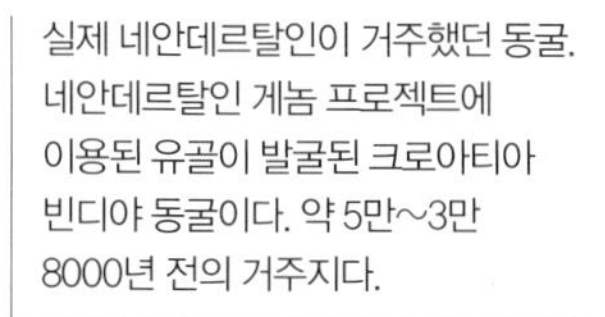

실제 네안데르탈인이 거주했던 동굴. 네안데르탈인 게놈 프로젝트에 이용된 유골이 발굴된 크로아티아 빈디야 동굴이다. 약 5만~3만 8000년 전의 거주지다.

빙하기 피해 동굴 속 집단생활

자, 이제 우리 집으로 함께 가요. 바로 저기 보이는 야트막한 동굴이 제가 사는 곳이랍니다. 우리 네안데르탈인은 주로 동굴에서 생활했어요. 그래서 '혈거인(穴居人)'이라는 말로도 불리고 있죠. 동굴에서 산 것은 일단 빙하기의 추위를 피하기 위해서였어요.

또 위험한 동물을 피할 수도 있었지요. 깜깜하니까 그 속에서 불도 피웠답니다. 캠프파이어 하듯 그럴듯한 화덕을 만들고 피운 것은 아니고 그냥 불 피울 자리를 정해 모닥불을 피운 정도예요. 일부 학자들은 우리가 불 피우고 동굴 안에서 노래하고 춤을 췄다고도 주장하는데, 정확한 건 연구를 더 기다려 봐야 알겠지요.

사실은 우리가 동굴에서 생활한 것도 우리의 지능이 호모 사피엔스보다 낮다는 증거래요. 호모 사피엔스는 주의력이 뛰어나고 환경 적응력이 우리보다 높기 때문에 허허벌판에서 움막을 짓고 살 수 있다는 거죠. 하지만 우리는 그렇지 못했어요. 어떻게 매머드와 검치호랑이가 뛰어 노는 벌판에서 살 수 있는지 저는 도통 모르겠어요. 호모 사피엔스도 검치호랑이 못지않게 무서운 것 같아요. 만약 나타나기라도 한다면 얼른 동굴로 가서 숨어야겠어요.

죽은 동물의 시체를 확인하는 네안데르탈인의 모형.

우리는 동굴 하나에 25~30명 정도가 집단을 이뤄서 살았어요. 여기에는 남자와 여자 어른, 아이들이 모두 포함되지요. 남녀가 일부일처를 이루지 않고 뒤섞여 살았다는 주장도 있지만, 한편으로는 호모 사피엔스와 비슷하게 가족을 이뤘다는 연구 결과도 있어요. 2011년 1월 《미국립과학원회보(PNAS)》에 실린 연구는 심지어 며느리가 남편 집으로 시집을 온 게 아닌가 추측하게도 하는 유전자 분석 결과가 나오기도 했어요.

아, 저기 우리 할머니가 보이네요. 저를 키워주셨어요. 별로 놀라지 않네요? 호모 사피엔스에게는 흔한 일이라고요? 그렇군요. 우리 네안데르탈인에게는 꽤 드문 일이거든요. 가임 기간이 끝난 여성이 직접 자손을 낳지 못하게 되자 손자

를 돌봐서 종족의 생존률을 높이는 데 도움이 준다는 인류학 가설이 있어요. 이것을 '할머니 가설'이라고 부르는데, 여성이 다른 동물의 암컷과 달리 폐경기 이후에도 오래 사는 이유를 설명해 준답니다. 그런데 이상희 미국 리버사이드 캘리포니아대 교수와 라파엘 카스파리 미시건대 교수가 2004년 연구한 결과에 따르면, 우리 네안데르탈인은 수명이 짧아서 30세 이상의 인구(우리의 평균 수명이 35살이니 30세면 할머니예요!)가 이보다 젊은 층의 39%에 불과했다고 해요.

반면 3만~1만 8000년 전 살던 호모 사피엔스는 30세 이상 인구가 젊은 층보다 두 배 이상(208%) 됐지요. 할머니가 많아야 손자도 많이 키울 텐데 아쉬운 일이지요. 그나마 저는 할머니가 있으니 행운아인 셈이에요.

스페인 지브롤터 고람동굴, 마지막 네안데르탈인

자, 여기 모닥불 근처로 와 주세요. 식사라도 대접해 드리겠습니다.

그런데 놀라는 눈치네요. 먹는 음식 때문에 그러세요? 아까 사냥 이야기를 했는데 고기가 없다고요? 물론 우리는 고기를 많이 먹습니다. 호모 에렉투스 때부터의 식성이지요. 내장의 길이가 상대적으로 짧아지고 몸통이 작아진 것이 바로 육식을 했기 때문이에요. 하지만 우리는 고기 말고 곡식과 채소도 많이 먹었다는 사실이 2010년 미국 스미소니언박물관 연구팀에 의해 밝혀졌답니다.

우리는 채소와 곡식을 먹을 수 있었고, 실제로 먹었습니다. 특히 대추야자나 콩과 식물, 그리고 목초 씨앗을 좋아했지요. 때로는 불로 익혀먹기도 했어요. 저기 흩어져 있는 곡식 낱알을 잘 보면 불에 그을린 흔적이 보일 거예요.

영국 브리스톨 대학교 연구팀이 2010년 1월 스페인 남부 해안에서 발견한 네안데르탈인의 목걸이. 색이 칠해져 있어 이들이 치장을 했다는 증거로 제시된다. 하지만 대부분의 고인류학자들은 네안데르탈인은 치장을 하거나 그림을 그리지 못했다고 본다.

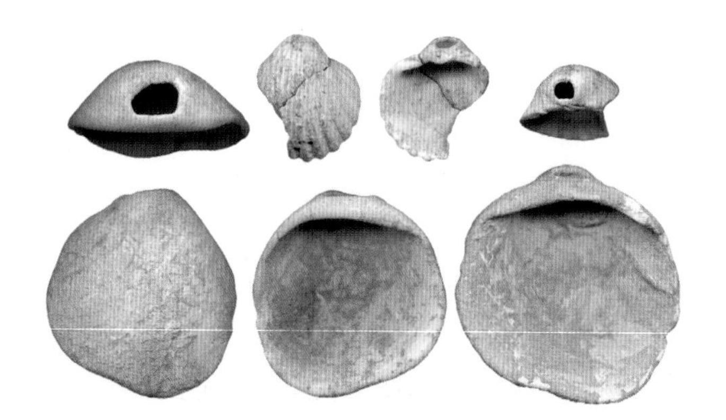

비록 뻥튀기는 못 만들었지만 구워는 먹을 수 있었어요.

예전에는 저희가 대부분의 음식을 동물을 통해 섭취했다고 봤어요. 그래서 기후 변화나 호모 사피엔스와의 경쟁이 일어나면서 식량이 부족해졌고, 결국 멸종의 원인이 됐다는 추측이 있었어요. 하지만 식물을 조리해 먹었다는 이번 결과 때문에 이 추측도 약간 의문에 휩싸이게 됐답니다.

그럼 우리가 점점 줄어든 까닭은 무엇일까요. 5만 년 전까지 유럽 전역과 멀리 시베리아 남부에까지 퍼져서 잘 살던 우리는 3만 년 전부터 급격히 줄기 시작해 2만 6000년쯤에는 거의 멸종했어요. 이곳 이베리아 반도 끝 지브롤터에만 2만 4000년 정도까지 아주 일부가 살아남았지요. 바로 우리요.

전반적인 환경 변화가 우리의 멸종 원인이라는 게 학자들의 공통적인 주장입니다. 1만 8000년부터 시작되는 빙하기가 다가오고 있었어요. 그것도 전에 없이 강력한 추위를 동반한 빙하기였죠. 우리는 호모 사피엔스에 비해 추운 지역에서 살기 좋은 체형을 지니고 있어요. 하지만 아무리 추워도 항상 잘 적응한다는 뜻은 아니에요. 게다 네안데르탈인이 멸종해 가던 5만~1만 2000년 전 사이 유럽의 생태를 지도에 표시했다. 빨간색으로 표시한 곳이 네안데르탈인의 유적이 발견된 곳이다. 주로 스텝(온대 초원 지형)과 사바나, 습지 지역에 많고 툰드라가 일부 포함돼 있다. 이 시기에는 이미 산림이 많이 사라졌다.

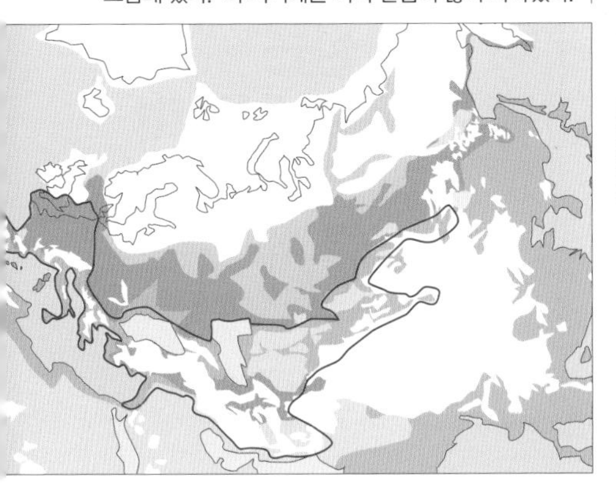

호모 사피엔스와 네안데르탈인의 만남. 둘의 만남이 어떤 식이었을까.

호모 사피엔스는 네안데르탈인과 달리 상징을 해독하는 능력이 있어서 장신구를 착용했다.

호모 사피엔스는 육체적으로 네안데르탈인보다 강하지는 못했지만 환경적응력이 뛰어났다.

활과 같은 던지는 무기는 네안데르탈인에게 없었다.

가 날씨가 추워지면서 주변 산림은 점차 목초지로, 황무지로 변해갔어요. 사냥할 동물도 사라져 갔지요.

우리 신체가 추위에 강하다는 것도 사실이 아니라는 연구가 있어요. 우리의 큰 코가 추운 공기를 데워서 추위를 이기게 해 준다는 기존 학설이 잘못됐다는 연구 결과가 2010년 2월 《인간진화저널》에 발표되기도 했죠. 우리의 출산율이 낮다는 연구가 2007년에, 호모 사피엔스에 비해 하루 100~350㎉ 에너지를 더 많이 소모한다는 연구 결과와 이 시기 우리의 숫자가 수천 명에 불과해 더 이상 인구가 늘 여력이 없었다는 연구 결과가 2009년 각각 나왔어요. 모두 우리가 호모 사피엔스에 비해 생존 능력이 떨어진다는 내용뿐이었죠. 실제로 호모 사피엔스는 우리 네안데르탈인이 멸종한 지역에서도 잘만 살고 있었어요. 아프리카에서 태어났지만 가장 추운 지역까지 진출해 살다니 정말 신기하죠.

아! 저기 멀리 검은 피부를 한 사람들이 보이는군요! 말로만 듣던 호모 사피엔스가 드디어 이곳 이베리아 반도 끝까지 찾아왔어요. 바느질을 해서 만든 정교하고 따뜻해 보이는 옷을 입고, 우리는 상상도 해 본 적 없는 무기인 활과 길고 긴 창을 둘러매고 있습니다. 목에는 색칠한 조개껍데기를 달고 있군요. 우리 네안데르탈인은 색을 칠하거나 무늬를 만드는 일이 없습니다.

호모 사피엔스는 우리를 공격할까요? 저들은 사냥꾼 종족이고 우리도 사냥꾼이니까 그럴지도 몰라요. 아니면 혹시 친구가 될 수 있을까요. 일부 네안데르탈인들은 호모 사피엔스의 발달한 후기 구석기 기술을 배웠잖아요. 어쩌면 우리가 서로 결혼하는 일도 가능할지도 모르겠어요.

이제 우리 사이가 아주 가까워졌습니다. 우리는 알고 있습니다. 2만 4000년 전 이베리아 반도 서쪽 끝에 살던 우리가 바로 역사 속 마지막 네안데르탈인이라는걸. 우리의 시대는 끝났고 호모 사피엔스의 시대가 열린다는걸. 우리의 마지막 모습이 어땠을지 당신이 밝혀 주세요. 2만 4000년 뒤의 호모 사피엔스, 아시아 대륙의 가장 동쪽 끝에 사는 당신의 몸속에도 우리 네안데르탈인의 피가 아주 조금이지만 섞여 있을 가능성이 있으니까요.

손의 비대칭은 인류 진화의 원동력

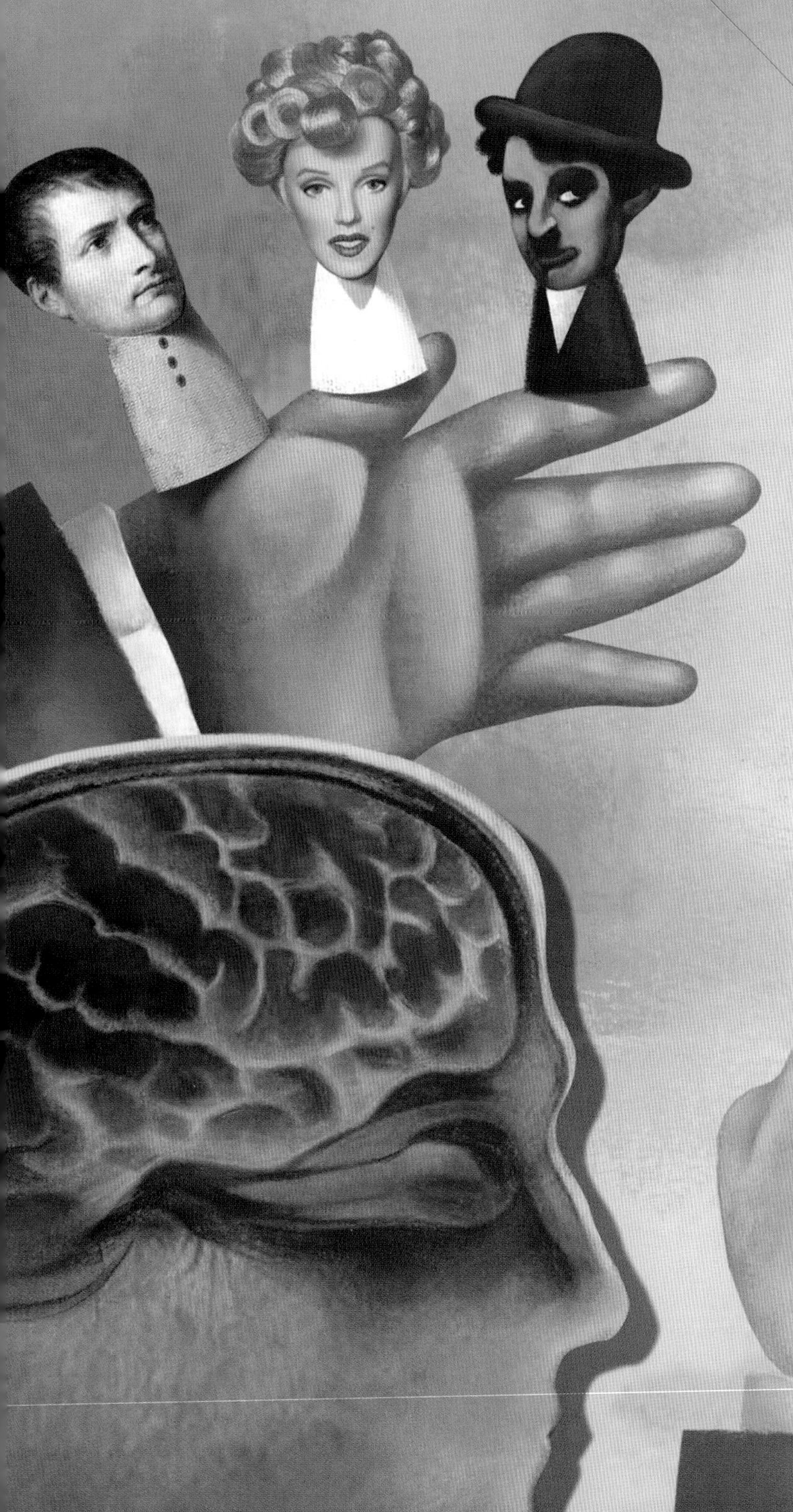

'인체는 좌우대칭이다. 그런데 왜 우리는 한 쪽 손으로는 능숙하게 글씨를 쓰면서 다른 쪽으로는 연필을 쥐는 것도 어색할까. 그리고 능숙한 쪽이 대부분 오른손인 이유는 무엇일까.'

대부분의 사람들은 살면서 가끔씩 이런 의문을 갖게 된다. 지난 수천 년 동안 많은 사람들이 이에 대해 생각해 왔고 나름대로 일리가 있는 여러 가지 답을 제시해 왔다. 오른쪽은 신성하고 왼쪽은 불경하다는 믿음도 그중 하나다. 성서에도 축복받은 양은 하나님의 오른쪽 천국으로 가고 저주받은 염소는 왼쪽의 영원한 불구덩이에 떨어질 운명이라고 쓰여 있다.

19세기 영국의 의사인 필립 헨리 파이-스미스는 오른손잡이가 많은 것은 전쟁의 결과라고 해석했다. 즉 인류는 원래 오른손잡이와 왼손잡이가 반반이었는데 어느 날 방패를 발명했다. 그런데 심장은 왼쪽에 있으므로 왼손에 방패를 쥐는 오른손잡이가 싸움에서 살아남을 확률이 높았다는 일종의 자연 선택 이론이다.

그러나 고고학 유물은 다른 이야기를 들려준다. 200만 년 전에 살았던 현생 인류의 먼 조상인 호모 하빌리스도 오른손잡이가 다수였다는 것이다. 물론 이 무렵은 방패가 없었을 때다. 그런데 이들이 오른손잡이라는 것을 어떻게 알 수 있을까.

오른손잡이가 석기를 만들 때는 왼손으로 돌을 고정하고 오른손으로 내려치는데 이때 떨어져 나간 조각에는 뒤틀림이 있다. 고고학자인 니콜라스 토드는 180만 년 전의 돌조각을 면밀히 검토한 결과 이들 대부분이 오른손으로 내려쳤을 때 떨어져 나간 것이라는 결론을 내렸다. 150만 년 전 호모 하빌리스가 썼던 이쑤시개의 마모된 패턴을 분석한 결과에서도 대부분 오른손으로 이쑤시개를 잡은 것으로 나타났다.

캐나다의 심리학자인 스탠 코렌과 클레어 포락은 인류가 남긴 벽화와 조각품에 나오는 인물에 대한 광범위한 조사를 실시했다. 기원전 3000년 이전 것을 비롯해 1000점이 넘는 작품을 분석한 결과 창던지기 등 기술이 필요한 동작을 하는 사람들 대부분이 오른손을 사용했다. 한편 왼손을 사용한 경우는 약 8%로 오늘날 왼손잡이 비율인 10%와 비슷했다.

결국 인류는 200만 년 전 이미 대부분이 오른손잡이였고 최소한 지난 5000년 동안 그 비율이 거의 바뀌지 않은 것이다. 그렇다면 무엇이 인류를 오른손잡이로 만들었을까. 오른손잡이가 유리하다면 왜 이토록 오랜 시간이 지나는 동안 왼손잡이는 도태되지 않고 일정한 비율로 살아남았을까.

오른손잡이와 왼손잡이의 가계를 조사해 보면 여기에 유전적 요소가 있다는 사실을 부인하기 어렵다. 그런데 통계를 자세히 보면 오른손잡이는 우성, 왼손잡이는 열성이라는 단순한 유전 이론만으로는 설명이 안 된다.

7만 명 이상의 아이를 대상으로 행한 영국의 한 조사를 보면 부모가 모두 오른손잡이일 경우에도 자녀의 9.5%는 왼손잡이다. 한쪽만 왼손잡이일 경우는 19.5%가, 둘 다 왼손잡이일 때는 26.1%가 왼손잡이였다. 분명히 관계는 있는데 설명이 안 된다.

왼손잡이가 열성이라면 부모가 둘 다 왼손잡이일 때는 자녀도 모두 왼손잡이여야 하기 때문이다. 부모가 O형 혈액형일 경우 자녀도 O형인 것처럼 말이다. 일란성 쌍둥이 가운데 20% 정도는 우세한 손이 서로 다르다는 사실도 해석이 난감한 문제다. 유전자가 동일한데 어떻게 서로 다를 수 있을까.

물론 손의 선호도가 후천적 요인에 의해 결정된다고 주장하는 사람들은 이 결과를 나름대로 해석한다. 우리는 양쪽 손을 다 능숙하게 쓸 잠재력이 있는데 이미 오른손잡이에 맞춰져 있는 사회에 적응하면서 대다수가 오른손잡이가 된다. 다만 아이들은 부모의 행동을 모방하므로 부모 중 왼손잡이가 있을 경우 자녀가 왼손잡이일 확률이 약간 더 높다는 것이다. 그러나 이런 해석은 점차 설득력을 잃고 있다.

영국 퀸즈 대학교 피터 헤퍼 박사는 초음파 검사를 통해 15주된 태아 1000명을 조사한 결과 10명 중 9명꼴로 오른손 엄지손가락을 더 자주 빤다는 사실을 발견했다. 이는 현재 오른손잡이 비율과 일치하는 수치다. 이들 중 75명에 대해 조사한 결과 오른손을 빠는 태아 60명 모두 태어난 뒤에도 오른손잡이가 됐고 왼손을 빠는 태아 15명 가운데 10명이 왼손잡이가 됐다. 이 결과는 우세한 손을 결정하는 데 유전자가 어떤 식으로든 관여함을 시사한다.

영국 런던 대학교 심리학과의 크리스 맥마누스 교수는 유전자의 영향력을 새롭게 해석해 이 딜레마를 풀었다. 그에 따르면 오른손잡이, 왼손잡이 유전자가 있는 게 아니라 오른손잡이를 결정하는 D유전자와 그 돌연변이로 좌우를 선택하는데 아무런 역할을 하지 못하는 C유전자가 있다는 것이다.

따라서 부모로부터 각각 D유전자를 받을 경우, 즉 DD형은 오른손잡이가 되는 반면 각각 C유전자를 받은 CC형은 오른손잡이나 왼손잡이가 될 확률이 반반이다. 왼손잡이 부모에서 오른손잡이 자녀가 나오는 이유다.

그러면 부모로부터 D와 C를 하나씩 받은 DC형은 어떻게 될까. D가 우성으로 생각해 오른손잡이라고 계산하면 데이터를 설명할 수 없다. 반면 둘이 반반씩 기여해서 오른손잡이가 될 확률이 75%(100×0.5(D)+50×0.5(C))이고 왼손잡이가 될 확률이 25%(50×0.5(C))라고 가정하면 문제가 해결된다. 이화여대 생물학과 여창열 교수는 "유전자가 하나만 있으면 충분히 영향을 발휘하지 못하는 경우가 있다."며 "따라서 이와 같은 가정이 유전 법칙을 벗어나는 것은 아니다."라고 말했다.

맥마누스 교수는 현재 왼손잡이가 10% 내외인 것으로부터 D유전자와 C유전자의 분포비가 8:2라고 계산했다. 이 가정을 적용하면 부모 모두 오른손잡이일 때 자녀의 8%, 한쪽이 왼손잡이일 때는 19%, 둘 다 왼손잡이일 때는 30%가 왼손잡이인 것으로 계산돼 위의 통계와 잘 들어맞는다.

인류의 진화

4. 비대칭의 진화

손의 비대칭 뇌의 비대칭

아직 유전자를 찾지는 못했기 때문에 확신할 수 없지만 D유전자 가설은 우세 손에 대한 현상을 잘 설명한다. 그럼에도 궁금증은 여전히 남아 있다. 왜 우리는 양손 무두를 능숙하게 쓰지 못하나. 그리고 왜 대체로 오른손을 잘 쓰게 됐을까.

많은 과학자들이 뇌의 진화에서 해답을 찾고 있다. 즉 200만~300만 년 전에 인류의 뇌가 급팽창하면서 기능의 비대칭이 진전되고 그 결과 손의 비대칭이 나왔다는 주장이다. 인간의 뇌 가운데 다른 유인원과 특히 다른 부분은 좌뇌에 존재하는 언어 영역과 운동 영역이다. 그 결과 인간은 말을 하게 됐고 손, 특히 오른손을 매우 능숙하게 쓸 수 있게 됐다는 것이다. 뇌와 근육을 연결하는 신경은 좌우가 교차되므로 좌뇌는 몸의 오른쪽에 주로 관여하기 때문이다.

신경학자인 미국 샌프란시스코 소재 캘리포니아 대학교 프랭크 윌슨 교수는 "인간 고유의 특징인 언어와 정교한 손동작이 왜 주로 좌뇌에 의해서 조절되는지는 아직 미스터리"라며 "아마도 우뇌에 이미 시각 정보를 처리하는 영역이 있었기 때문으로 보인다."고 추측했다.

호주 멜버른 대학교의 마이크 니콜스 교수는 좌뇌가 이런 역할을 맡게 된 것은 정보를 처리하는 속도가 우뇌보다 빠르기 때문이라고 주장한다. 그는 두 소리 사이의 간격을 좁혀가며 둘을 구분하는 한계점을 찾는 실험을 통해 오른쪽 귀(좌뇌)가 왼쪽 귀(우뇌)보다 10~15% 정도 더 민감하다는 사실을 발견했다.

좌뇌가 담당하는 언어와 정교한 손동작은 타이밍이 매우 중요하다. 혀와 목의 근육이 움직이는 순서와 간격이 조금만 어긋나도 부정확한 발음이 나오기 때문이다. 3m 떨어진 목표물을 향해 공을 던질 때 공을 놓는 시점이 1000분의 4초만 빠르거나 느려도 위아래로 25cm나 벗어난다.

좌뇌와 우뇌의 신경망을 분석한 결과 좌뇌가 더 복잡한 것으로 나타났다. 침팬지나 다른 원숭이에서는 발견되지 않는 현상이다. 그렇다면 유독 인간의 좌뇌 신경망이 더 발달하게 된 원인은 무엇일까. 크리스 맥마누스 교수는 "심장이 왼쪽에서 발달하는 데 관여하는 유전자 가운데 하나가 약간 돌연변이를 일으켜 뇌의 왼쪽이 좀 더 빨리 자라도록 유도했을 것"이라고 추측했다. 실제로 좌뇌는 우뇌보다 약간 더 크다.

그렇다면 인류는 왜 우뇌도 발달시켜 양쪽 손이 다 능숙하게 하지 않았을까. 프랭크 윌슨 교수는 "사냥감을 향해 돌이나 창을 던질 때 잘 맞추기 위해서는 많은 연습이 필요하다."며 "따라서 한쪽 손에 집중적으로 투자하는 것이 성공 확률이 더 높다."고 설명한다. 어설프게 양쪽에 분산 투자하는 것보다는 한쪽에 집중한 것이 생존에 더 유리했다는 것이다.

프랑스의 심리학자 이브 기아드는 이런 차이가 왼손과 오른손이 분업을 통해 효율적으로 작업을 수행하기 위해서라고 설명한다. 즉 주연과 조연이 있어야 드라마가 완성되듯이 손동작도 마찬가지라는 것이다. 그에 따르면 우세한 손은 미세한 동작에, 나머지는 큰 동작에 적합하게 진화했다. 오른손으로 글씨를 쓸 때도 왼손은 쉬지 않고 종이의 위치를 조절하면서 오른손이 정밀한 작업을 제대로 수행할 수 있도록 '틀'을 잡아 준다.

뜨개질도 양손의 협력 관계를 보여 주는 대표적인 예다. 뜨개질바늘이 들어갈 자리를 왼손으로 계속 조절해 줘야 오른손의 동작이 진행될 수 있다. 기아드 박사는 "한쪽 손이 틀을 잡고 상황을 정돈한 뒤에야 나머지 손이 활동을 시작한다."며 "왼손은 오른손이 할 일을 알고 있고 오른손은 왼손이 방금 한 일을 알고 있다."고 설명한다.

그렇다고 언어 영역과 운동 영역이 100% 좌뇌에만 있는 것은 아니다. 만일 그렇다면 인류는 모두 오른손잡이여야 하기 때문이다. 그렇다면 왼손잡이의 뇌는 좌우가 뒤바뀐 상태일까. 아니면 운동 영역만 우뇌에 자리하고 있을까. 또는 함께 진화해 온 언어 영역과 쌍으로 이동했을까.

중풍으로 좌뇌가 손상된 사람은 대체로 언어 장애가 후유증으로 남는다. 좌뇌에 언어 영역이 있으므로 예상되는 결과다. 그런데 일부는 언어 장애를 겪지 않는다. 또 우뇌가 손상된 사람이 언어 장애를 겪기도 한다. 언어 영역의 위치도 어느 정도 유동적인 것이다. 운동 영역과 쌍으로 움직이기 때문일까.

우세한 손과 언어 영역의 위치를 조사한 결과들은 그렇지 않음을 보여 준다. 한 예를 보면 오른손잡이의 95%가 언어 영역이 좌뇌에 있고 5%는 우뇌에 있다. 왼손잡이의 경우는 70%가 좌뇌에, 30%가 우뇌에 있다. 우세한 손과 언어 영역이 분명 연관돼 있지만 쌍으로는 움직이지 않음을 알 수 있다. 이 결과를 어떻게 해석해야 할까.

크리스 맥마누스 교수는 우세한 손을 결정하는 유전자인 D와 C가 여기에도 관여한다고 주장한다. 즉 DD형은 언어 영역이 전부 좌뇌에 위치하고, DC형은 75%가 좌뇌에, 25%가 우뇌에 놓인다. CC형은 좌우가 반반이다. 한편 언어 영역과 운동 영역의 위치는 각자 독립적으로 정해진다. 즉 DD형은 둘 다 좌뇌에 놓이는 한 가지뿐이지만 CC형은 네 가지 경우가 다 가능하다(둘 다 왼쪽, 둘 다 오른쪽, 한쪽에 하나씩 놓인 두 가지). 왼손잡이가 10%인 경우 이 가정을 적용하면 오른손잡이의 7.8%, 왼손잡이의 30%가 우뇌에 언어 영역이 자리하는 것으로 계산돼 위의 데이터를 잘 설명해 준다.

맥마누스 교수는 "우세한 손을 결정하는, 즉 운동 영역의 위치를 결정하는 데 관여하는 유전자가 언어 영역뿐 아니라 뇌의 비대칭 전반에 관여할 것"이라고 말했다. 예를 들어 뇌의 한쪽에만 놓이는 영역이 12가지 있다고 하자. DD형인 사람은 12가지 모두 교과서에 나오는 표준 자리에 놓여 있을 것이다. 즉 언어 영역과 운동 영역은 좌뇌에, 공간분석 영역과 색채 인식 영역은 우뇌에 자리한다. DC형인 사람은 75%인 9개 정도는 제자리에, 3개는 반대 위치에 놓이게 된다. 뇌 구조가 다소 바뀌는 셈이다. CC형의 경우는 대략 절반이 바뀌게 된다. 표준인 DD형과는 뇌 구조가 많이 다른 것이다.

뇌는 대단히 복잡하고 정교한 기관이다. 그렇다면 뇌 구조가 표준에서 벗어나면 불안정해져 생존에 불리한 것은 아닐까. 실제로 왼손잡이처럼 뇌의 구조가 다른 경우 난독증, 말더듬이, 자폐증, 정신분열증 등 신경계의 문제로 발생하는 질환에 걸릴 확률이 평균값보다 더 높다는 연구 결과가 많이 나와 있다.

그렇다면 이런 구조의 유동성을 일으키는 C유전자는 왜 아직까지 사라지지 않고 있는가. 맥마누스 교수는 "뇌의 구조에 적당한 변동이 생기면 오히려 특정한 기능을 더 잘 수행할 수 있다."며 "따라서 DC형인 사람은 뇌의 구조가 경직된 DD형이나 흐트러진 CC형보다 생존에 유리할 수 있다."고 덧붙였다.

DC형인 사람은 75%가 오른손잡이이고 25%가 왼손잡이다. 왼손잡이의 비율이 평균값인 10%보다 2.5배나 높다. 흥미롭게도 예술가나 천재 가운데 왼손잡이의 비율이 평균값보다 높다는 연구 결과가 많이 나와 있다. 알렉산더 대왕, 미켈란젤로, 나폴레옹, 찰리 채플린, 메릴린 먼로, 클린턴 등 유명한 왼손잡이들도 많다.

오른손잡이의 경우 DC형일 확률은 27%인 반면 왼손잡이는 80%나 된다. 소수라는 이유만으로 가위질에서 전철 개찰구까지 하루에도 수없이 불편함을 감수하고 살아가야 하는 왼손잡이들. 아직까지 완전히 증명되지는 않았지만 뇌와 손에 대한 최근의 연구 결과는 이들이 인류의 소수 정예임을 시사하고 있는 셈이다.

오른손, 왼손잡이 결정의 유전학

오른손잡이를 결정하는 D유전자와 기능하지 못하는 C유전자가 8:2로 존재하고 둘이 대등하게 기여한다고 가정하면 우세한 손과 관련된 통계를 설명할 수 있다. 즉 DD형은 100% 오른손잡이이고 DC형은 75%가 오른손잡이, 25%가 왼손잡이다. 한편 CC형은 각각 50%의 확률을 갖는다.

1. 전체 평균의 경우

D유전자와 C유전자가 8:2로 존재한다. (괄호 안은 확률)

	D(0.8)	C(0.2)
D(0.8)	DD(0.64)	DC(0.16)
C(0.2)	DC(0.16)	CC(0.04)

자녀가 오른손잡이일 확률 : 100×0.64(DD) + 75×0.32(DC) + 50×0.04(CC) = 90%

자녀가 왼손잡이일 확률 : 25×0.32(DC) + 50×0.04(CC) = 10%

2. 부모가 모두 오른손잡이인 경우

오른손잡이에서 D유전자와 C유전자의 비율은 84:16이다.

D유전자의 비율: 100×0.64(DD) + 0.5×75×0.32(DC) = 76 (84%)

C유전자의 비율: 0.5×75×0.32(DC) + 50×0.04(CC) = 14 (16%)

	D(0.84)	C(0.16)
D(0.84)	DD(0.71)	DC(0.13)
C(0.16)	DC(0.13)	CC(0.03)

자녀가 오른손잡이일 확률 : 100×0.71(DD) + 75×0.26(DC) + 50×0.03(CC) = 92%

자녀가 왼손잡이일 확률 : 25×0.26(DC) + 50×0.03(CC) = 8%

3. 부모가 모두 왼손잡이인 경우

왼손잡이에서 D유전자와 C유전자의 비율은 4:6이다.

D유전자의 비율: 0.5×25×0.32(DC) = 4

C유전자의 비율: 0.5×25×0.32(DC) + 50×0.04(CC) = 6

	D(0.4)	C(0.6)
D(0.4)	DD(0.16)	DC(0.24)
C(0.6)	DC(0.24)	CC(0.36)

자녀가 오른손잡이일 확률 : 100×0.16(DD) + 75×0.48(DC) + 50×0.36(CC) = 70%

자녀가 왼손잡이일 확률 : 25×0.48(DC) + 50×0.36(CC) = 30%

4. 부모 한쪽이 오른손잡이, 한쪽은 왼손잡이인 경우

	D(0.84)	C(0.16)
D(0.4)	DD(0.34)	DC(0.06)
C(0.6)	DC(0.50)	CC(0.10)

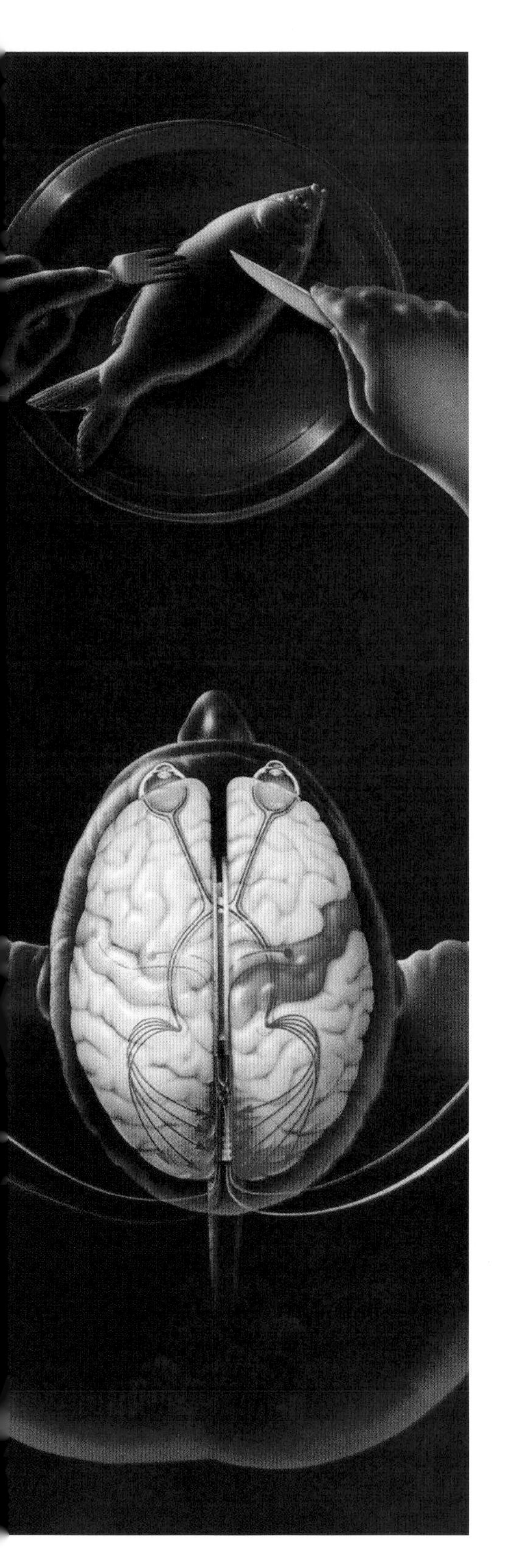

자녀가 오른손잡이일 확률 : 100×0.34(DD) + 75×0.56(DC) + 50×0.10(CC) = 81%

자녀가 왼손잡이일 확률 : 25×0.56(DC) + 50×0.10(CC) = 19%

좌뇌와 우뇌는 영원한 협력자

19세기 프랑스의 의사인 폴 브로카는 좌반구의 특정 영역에 손상을 입은 환자들이 공통적으로 운동성 실어증을 일으킨다는 사실을 발견했다. 오늘날 '브로카 영역'으로 불리는 이 자리는 언어 운동을 관장하는 부위다. 그 뒤 많은 과학자들이 뇌의 특정 부위와 기능을 연구해 '뇌 지도'를 만들었다. 전체적으로 좌뇌는 주로 언어 능력에 우뇌는 시각 능력에 관여한다.

그럼에도 대부분의 정보는 좌뇌와 우뇌의 협력 속에서만 제대로 처리될 수 있다. 예를 들어 좌뇌가 언어를 담당한다고 해서 우뇌의 역할이 전혀 없는 것은 아니다. 좌뇌의 경우 단어와 문법에 관여한다. 반면 우뇌는 발성의 운율에 관여할 뿐 아니라 은유, 풍자, 유머 등도 여기서 나온다.

뇌의 한쪽이 고장나거나 우뇌와 좌뇌의 커뮤니케이션 통로인 뇌량이 절단된 경우 환자는 아주 간단한 과제도 제대로 수행하지 못한다. 간질이 발작할 경우 뇌 전체로 퍼지는 것을 막기 위해 뇌량을 절단한 15세의 소년에게 행한 실험이 그 좋은 예다.

연구자들은 수술 전 환자에게 각각의 손으로 정육면체를 그려보게 했다. 소년은 양손 모두 제대로 그렸는데 다만 왼손의 선(?)이 다소 흔들렸다. 오른손잡이이므로 예상되는 결과다.

뇌량 절제 수술이 끝나고 같은 과제를 줬다. 왼손으로 그린 그림(?)은 육면체임을 알 수 있지만 선이 몹시 흔들리고 길이가 맞지 않는다. 왼손을 조종하는 우뇌는 3차원 공간은 이해하지만 직선을 긋거나 선이 만나는 지점을 정확히 인지하지는 못하기 때문이다.

한편 오른손의 경우는 선은 안정돼 있으나 입방체가 아니었다(?). 오른손을 조종하는 좌뇌는 직선을 서로 만나는 지점까지 정확히 긋게 하지만 3차원 공간을 이해하지 못하기 때문이다.

누구나 쉽게 그릴 것 같은 간단한 그림도 뇌량을 통해 좌뇌와 우뇌가 정보를 교환하고 종합해야만 얻을 수 있는 것이다.

뇌량(corpus callosum)

좌우 대뇌반구가 연접된 부분으로 신경섬유의 큰 집단이다. 좌뇌와 우뇌의 의사소통 통로다. 뇌량이 절단된 사람은 정보를 제대로 처리하지 못해 과제를 수행하는데 어려움을 겪는다.

인류의 진화

4. 비대칭의 진화

우연히 선택된 비대칭

자동차는 도로의 오른편에서 달린다. 오른손잡이에게는 우측통행이 자연스러워서일까. 그러나 자동차 우측통행과 오른손잡이와는 상관이 없다. 가까운 일본을 비롯해 영국과 영연방에 속한 나라의 상당수에서 왼쪽 도로로 차들이 다니기 때문이다. 물론 이런 곳들에서는 운전석이 오른쪽에 있다. 2000년 현재 전 세계 인구의 3분의 2가 자동차 우측통행을, 나머지가 좌측통행을 택하고 있다. 그렇다면 자동차는 원래 어느 방향

으로 달렸을까.

그 기원은 말의 통행으로 거슬러 올라간다. 오른손잡이가 말을 타려면 왼쪽에서 올라타야 하므로 말은 좌측통행을 했다. 이에 따라 마차도 좌측통행이 많았지만 통행량이 많지 않은 곳에서는 제각각이었다. 그런데 나폴레옹이 권좌에 오르면서 우측통행을 선언한다. 주인이 말을 타고 갈 때 오른쪽에서 쫓아가던 하인들의 입장을 배려한 것이라고 한다. 아무튼 20세기 초까지만 해도 나라별로, 심지어 한 나라에서도 지역에 따라 좌측통행과 우측통행이 혼재돼 있었다.

그러나 지역간, 국가간 통행량이 늘어남에 따라 어느 한쪽으로 통일해야 할 필요가 생겼고 그 결과 우측통행으로 바꾸는 나라들이 하나 둘 늘어났다. 스웨덴의 경우 좌측통행을 고집하다가 1967년에야 우측통행으로 바꾸었다. 도로 표지판을 전부 바꿔야하는 등 엄청난 비용이 들었지만 인근 노르웨이와 핀란드를 비롯해 유럽 여러 나라들과 보조를 맞추려면 불가피한 선택이었다.

일본은 1859년 영국의 영향으로 좌측통행을 택한 뒤 지금까지 유지하고 있다. 우리나라의 경우 일제강점기에는 좌측통행을 하다 1946년 미군정 시절 미국을 따라 우측통행으로 바뀌었다. 그러나 철도는 아직 좌측통행이 남아 있다. 철도의 연장선인 지하철 1호선의 통행 방향이 나머지와 반대인 것도 그래서다.

현재 좌측통행인 나라를 보면 대부분 섬나라이거나 험준한 산맥으로 국경이 나뉘어 통행이 어려운 나라들이 많다. 굳이 통행 방향을 바꾸지 않아도 되는 것이다. 그러나 우리나라 사람이 이런 나라에서 운전을 하다가 자칫 큰 사고를 당할 수 있다. 한적한 곳에서 무의식적으로 오른쪽 도로를 타다가 정면충돌할 수 있기 때문이다.

시계 바늘이 시계 방향으로 도는 것도 처음부터 그랬던 것은 아니다. 1271년 경 처음 시계가 나왔을 때만 해도 바늘이 도는 방향이 제각각이었다. 그러다가 1550년 시계가 본격적으로 양산되기 시작했는데 이때 시계 방향으로 결정됐다. 일단 방향이 정해진 뒤 모든 제조업자들이 이 방향을 따르게 된 것이다. 이때 만일 반대 방향을 택했더라면 오늘날 시계 반대 방향이 시계 방향으로 불릴 것이다. 이처럼 반반의 선택 확률에서 한쪽을 택할 경우 모두 그쪽으로 쏠려 원칙처럼 자리 잡는 현상을 '냅킨 딜레마'라고 부른다.

원형 식탁에 둘러앉은 사람들 앞에는 포크와 나이프가 나란히 놓여 있다. 그런데 집주인은 무심코 냅킨을 그 사이에 놓아두었다. 이럴 때 어느 쪽 냅킨을 집어야 하는지 모르는 손님들은 집기를 망설이고 있다. 이때 누군가 한 사람이 왼쪽의 냅킨을 집으면 나머지 손님들도 따라서 왼쪽의 냅킨을 집어 어색한 상황이 종료된다.

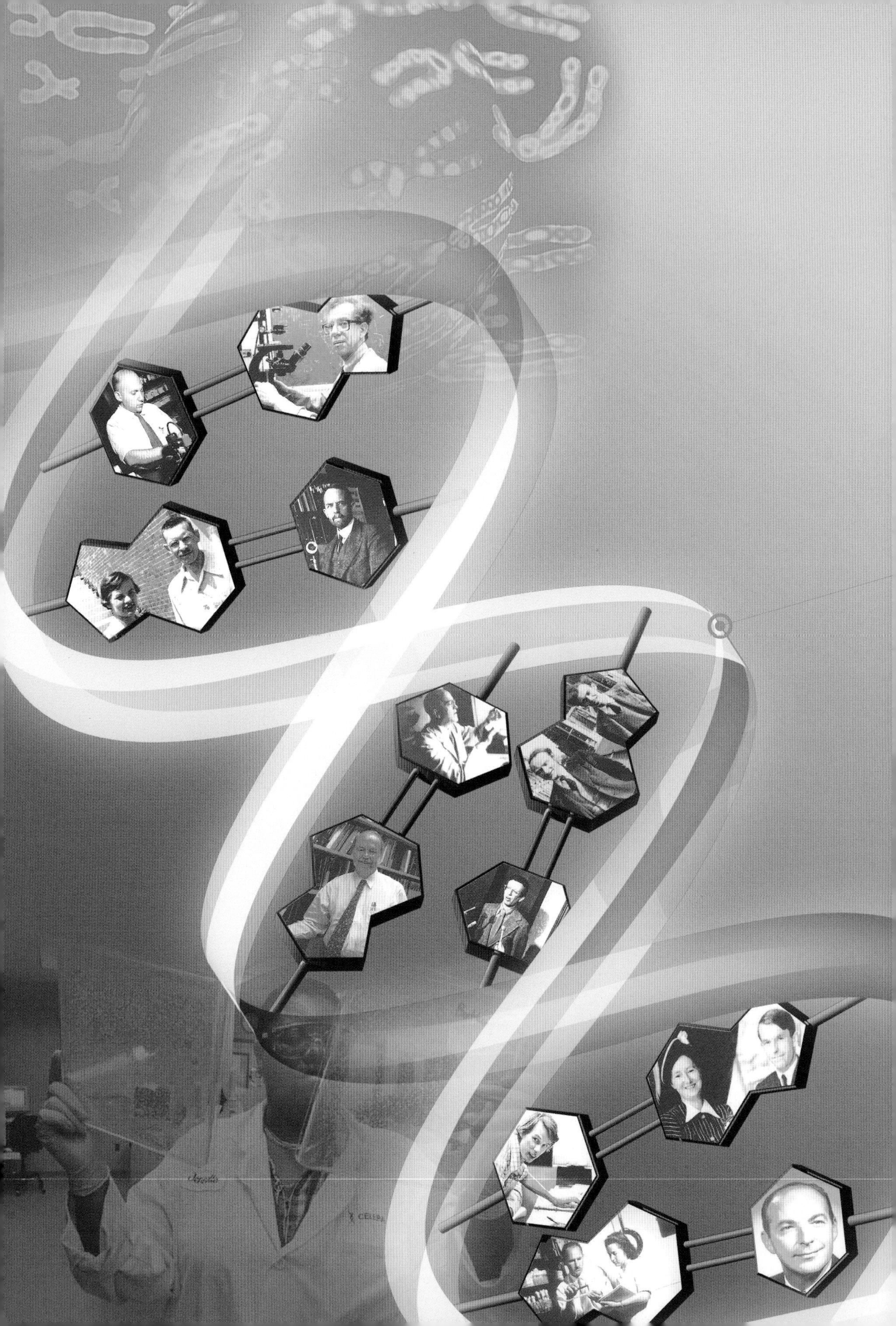

생명과 진화

미래, 인류의 진화

마음도 진화의 산물

DNA와 진화

V 21세기의 진화론

우리 주위를 한번 돌아보자. 식탁에 매일 올라오는 쌀과 보리, 감자, 옥수수, 돼지고기, 소고기. 또는 우리가 입고 있는 면과 모. 아니면 우리를 기쁘게 해주는 예쁜 꽃이나 애완동물들. 이들 대부분은 자신의 오랜 조상과는 크게 다른 모습을 하고 있다. 사실 인간이 자연으로부터 공급받고 있는 많은 것들은 지난 세기 동안 더 나은 수확량과 인간이 원하는 형질을 얻기 위해 생물체를 서로 교배시키는 연속적인 과정을 통해 얻어진 결과물이다.

1. DNA와 진화

시험관에서 이뤄지는 DNA 진화

생명체의 본질이 DNA라고 밝혀진 이후, 인간은 육종 기술을 분자 수준에서 이해하게 됐다. 유성 생식시 생식 세포를 만드는 감수 분열 과정에서 상동 염색체를 구성하는 DNA 사이에 재조합이 일어난다는 사실을 이해하게 된 것이다.

재조합은 자신의 유전체 일부를 다른 유전체에 주고 자신은 다른 유전체의 일부를 받아들여 새로운 유전체를 재구성함을 말한다. 생물체의 교배시 유전체 재조합을 통해 만들어진 유전적 다양성은 이전에 없던 새로운 특성을 갖게 했고, 인간은 원하는 특성의 생물체를 얻기 위해 재조합 기술을 터득했다. 현재는 생물체의 육종 기술을 시험관 내에서 모방함으로써 전체 생물체가 아닌 개개의 유전자나 유전체를 교배시켜 단기간 내에 원하는 방향으로 진화시킬 수 있는 획기적인 기술들이 개발되고 있다. 이제는 생명체의 본질인 DNA를 이해하는 단계를 넘어 인간의 손으로 원하는 방향으로 DNA를 진화시키는 시대를 맞이한 것이다.

DNA 진화 기술의 가장 대표적 예는 '유전자 진화 기술'이다. DNA 혼합 기술이라고도 불리는 이 기법은 서로 다른 돌연변이를 갖고 있는 유전자군을 시험관 내에서 교배시켜 유전자의 일부가 서로 교환된 다양한 재조합 유전자군(라이브러리)을 만들고, 이 라이브러리로부터 유용한 유전자만을 선발하는 기술을 말한다. 이 기술에 '진화'라는 말을 쓰는 이유는 인위적으로 DNA를 교배시켜 원하는 특성의 자손 DNA를 선택하는 과정이 마치 생물이 유성 생식이라는 재조합 과정을 통해 유전적 다양성을 만들고, 자연 환경이라는 선택 과정을 통해 적합한 자손만을 번성시키는 자연계의 진화 과정과 유사하기 때문이다.

식탁에 올라오는 옥수수 등의 음식은 우수한 종끼리 교잡시키는 육종 기술의 결과물이다. 최근에는 시험관 내에서 원하는 방향으로 유전자를 진화시키는 기술이 개발되고 있다.

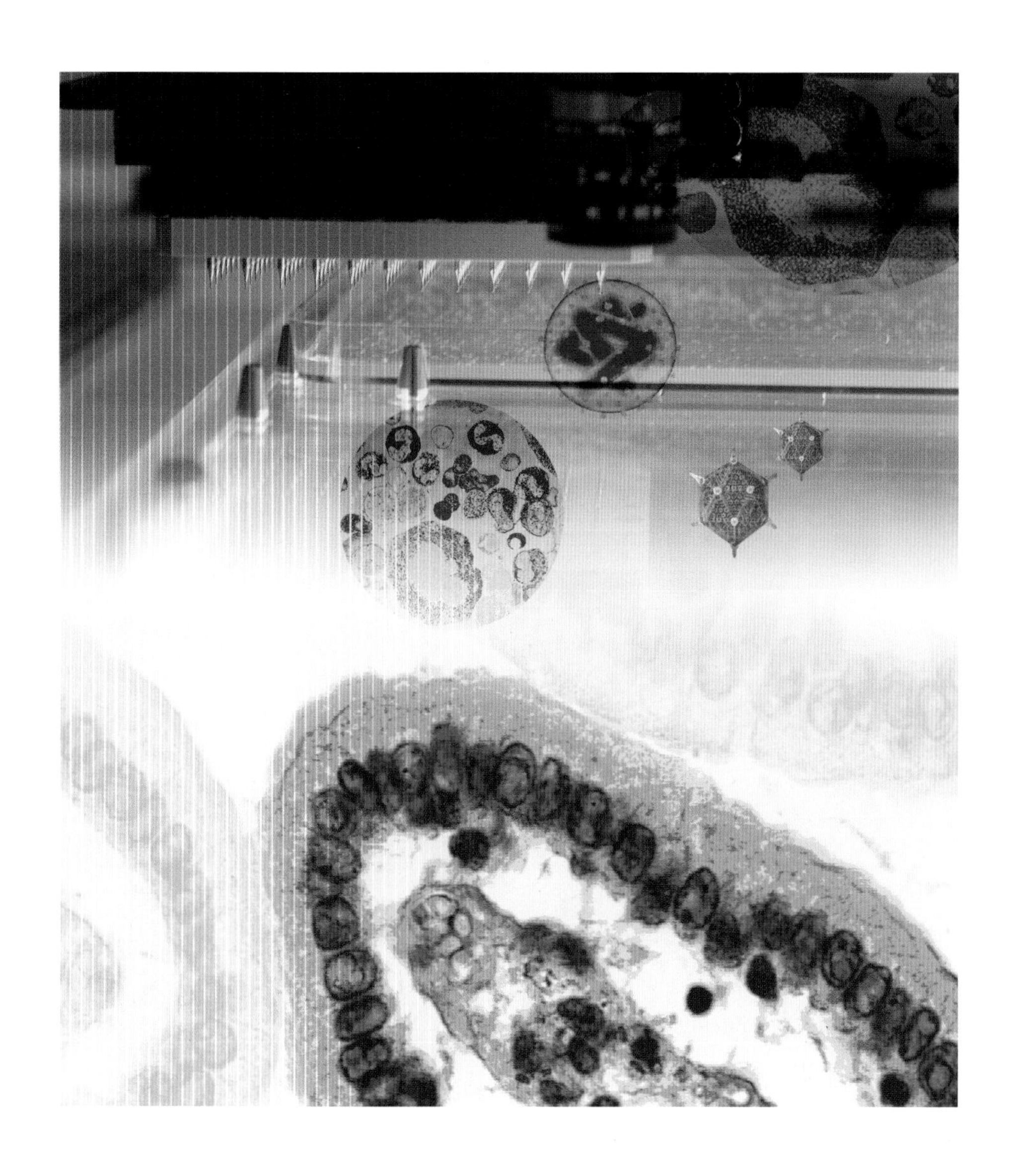

유전자 진화 기술은 1994년 윌리엄 스티머에 의해 처음으로 고안됐다. 스티머는 생물의 유성 생식 과정에서 일어나는 유전체 재조합 원리를 시험관에서 모방하기 위해 다양한 돌연변이를 가진 유전자군의 DNA를 무작위로 조각냈다. 이 조각을 하나의 시험관에 섞은 다음 중합 효소 연쇄 반응(PCR)을 시키면 DNA 조각 사이에 접합과 중합 반응이 일어나 서로 섞이게 된다. 이런 반응을 수십 회 계속함으로써 다양한 종류의 재조합 유전자 라이브러리가 만들어진다. 이와 같은 유전자 라이브러리를 대장균 등의 적당한 숙주에 삽입한 뒤, 숙주에서 발현되는 다양한 유전자 산물을 분석하면 우리가 원하는 특성을 가진 유전자를 선발할 수 있다.

유전자 진화 기술은 '유전자의 무작위 교배'라는 과정을 통해 각각의 유전자가 보유한 유익한 돌연변이를 한 유전자에 모으고, 나쁜 돌연변이는 제거함으로써 유전자 진화의 효율을 극대화시킬 수 있다는 장점이 있다. 이 기술을 이용하면 과거에는 상상할 수 없을 정도로 빠르고 정확하게 인간이 의도한 특성을 갖는 DNA를 얻을 수 있다.

바이러스 감염의 치료제로 흔히 쓰이는 알파-인터페론을 예로 들어보자. 다양한 알파-인터페론의 유전자들을 DNA 혼합기술을 이용해 시험관에서 교배시킨 결과, 무려 28만 5천 배로 그 활성이 증가한 알파-인터페론을 얻을 수 있었다. 이런 활성을 가진 인터페론을 자연계에서 얻으려면 아마 수십만 년 이상의 세월을 기다려야 할지도 모른다.

바이러스보다 앞서가는 치료제

유전자 진화 기술을 이용하면 바이러스가 미래에 어떤 표면 단백질을 발현시킬지 예측할 수 있다. 이를 이용하면 미래의 바이러스에 대한 신약을 미리 개발할 수 있다. 코로나19 사태를 통해 mRNA나 DNA 백신 공급이 더욱 앞당겨지는 효과도 발생했다.

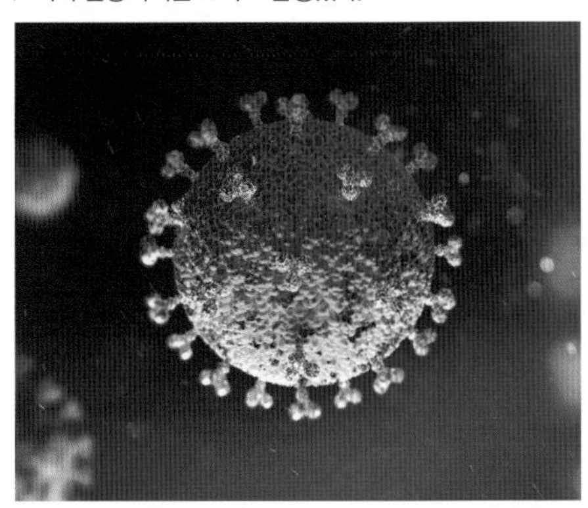

유전자 진화 기술의 또 다른 장점은 수백만 년에 걸쳐 일어나는 자연 진화를 단시간에 가능케 함으로써 자연계에 존재하지 않는 전혀 새로운 특성을 가진 유전자 변이체를 만들어낼 수 있다는 점이다. 특히 최적 효율을 보이는 조건과는 전혀 다른 환경에서도 작용하는 새로운 유전자 변이체를 만들어 낼 수 있다. 예를 들면 자연계에 존재하는 리파아제 효소는 특정 입체구조를 갖는 지방만 분해하는 특성을 갖는데, 유전자 진화 기술을 활용하면 대부분의 지방 분자를 분해하는 고효율의 리파아제를 만들 수 있다. 즉 자연계에서 존재할 때 자신이 갖고 있는 특정 기질에 대한 선택성을 버리고 인위적으로 인간이 선택한 다른 기질에 대해서도 높은 촉매 효율을 보이는, 자연계에 존재했을 때와는 전혀 다른 효소(단백질)로 진화시킬 수 있다는 말이다.

기본적으로 유전자 진화 기술은 인간이 의도한 방향으로 DNA를 진화시킬 수 있기 때문에 화학 공업과 의약용 단백질, 농업, 환경 산업 등 생물 산업 전반에 걸쳐 적용 가능하다. 특히 환경오염의 주범 중 하나였던 화학 공정을 자연친화적인 생물 전환 공정으로 대체하려는 노력에 유전자 진화 기술은 매우 유용하다. 지금까지는 생물 전환 공정에 적합한 효소를 개발하기 위해 자연계에 존재하는 효소를 탐색하고 돌연변이를 통해 개량하려는 시도 등이 이뤄져 왔다. 하지만 이런 방법으로는 기존의 화학 공정을 대체할 수 있을 만큼의 반응 특성이 우수한 효소를 개발하기 매우 힘들다.

그러나 유전자 진화 기술을 이용하면 목적하는 화학 공정에 적합한 맞춤 효소를 단기간 내에 개발할 수 있다. 이 때문에 화학 공정을 생물 공정으로 전환하는 데 있어 획기적인 전환점이 될 것으로 전망된다. 또한 유전자 진화 기술을 통해 의약용 단백질(항체나 성장호르몬, 사이토카인 등)을 개량해 그 기능을 극대화시킴으로써 효능과 안정성이 뛰어난 새로운 의약용 단백질을 개발할 수 있게 됐다. 현재 DNA 백신 개발, 유전자 치료용 벡터 개발 등의 분야에도 그 응용 범위가 점차 넓어지고 있다.

유전자 진화 기술은 유용한 DNA의 진화를 가속화시키는 데 머무르지 않고 인간에게 해로운

유전자 진화 기술
각각 다른 특성의 미생물 유전자를 시험관에 넣고 섞으면 유전자 일부가 서로 교환된 다양한 재조합 유전자 라이브러리가 만들어진다. 이를 대장균 등에 넣고 발현되는 유전자 산물을 분석해 원하는 특성을 갖는 유전자만 선별한다.

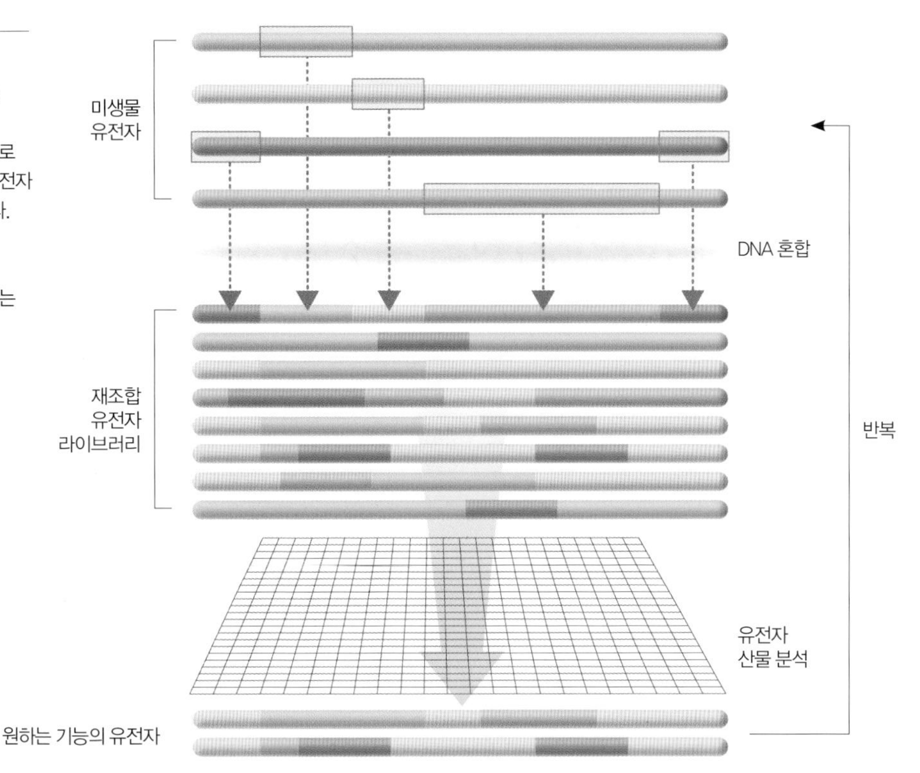

미생물의 미래 진화 과정을 예측하는 데도 유용하게 쓰인다. 예를 들어 바이러스 감염을 예방하는 신약 개발 과정을 생각해 보자. 바이러스에 대한 신약은 바이러스 표면의 특정(표적) 단백질을 타깃으로 하는 경우가 많다. 그러나 바이러스는 표적 단백질을 코딩하는 내부 DNA 서열을 바꿈으로써(돌연변이) 표적 단백질의 특성을 바꾼다. 이렇게 되면 신약은 아무 소용이 없다.

유전자 진화 기술을 이용하면 이들 표적 단백질의 DNA에 돌연변이를 유발하고 시험관에서 서로 교배시켜 다양한 변이체를 만들 수 있다. 그런 다음 이들을 바이러스에 옮기면 변형된 표적 단백질을 만드는 다양한 바이러스를 단기간에 생산할 수 있다. 즉 유전자 진화 기술을 통해 바이러스가 갖고 있는 표적 단백질의 미래 진화 모습을 현시점에서 미리 예측할 수 있는 것이다. 이들 변이 표적 단백질을 갖고 있는 바이러스에 신약을 처리하면 이들이 신약에 어느 정도 내성을 갖는지 효율적으로 테스트할 수 있다. 또 얼마 후 신약에 내성을 보이는 바이러스가 출현하는지도 예측할 수 있다. 미래에 출현할 바이러스에 대한 신약을 현재에 미리 개발할 수 있는 것이다.

DNA 차원에서 이뤄지는 인위적 진화 기법에는 유전자 진화 기술 이외에 '게놈 혼합 기술'이라는 기법도 있다. 이 기술은 주로 동종의 박테리아나 곰팡이로부터 원형질체(세포막과 세포질, DNA가 모두 포함된 한 개체)를 얻은 다음, 복수의 원형질체를 반복해 융합함으로써 전체 게놈들 사이에 재조합을 일으키는 기술을 말한다. 유전자 진화 기술이 개개의 유전자를 대상으로 한다면, 게놈 혼합 기술을 유전자 전체가 포함돼 있는 게놈을 대상으로 한다.

자연계의 유성생식에서는 암수의 게놈이 재조합되고 그 기간도 몇 년이 필요하지만, 게놈 혼합 기술을 이용하면 시험관에서 복수의 게놈을 불과 수 주 만에 교배시킬 수 있다. 게놈 혼합 기술에 의해 만들어진 다양한 재조합 게놈을 함유한 미생물 중에서 인간이 원하는 가장 우수한 형질을 보이는 변이체를 선택하면, 인간이 원하는 인위적 미생물을 단기간에 만들 수 있다. 아직까지 게놈 혼합 기술은 미생물에만 적용되고 있지만, 머지않아 식물이나 동물의 게놈을 시험관에서 교배시키고 이들을 인간의 의도한 방향으로 단기간에 진화시킬 수 있는 기술로 발전할 것이다.

1. DNA와 진화

생명의 기원과 유전자 비밀 밝혀줄 핵심 분자 RNA

해마다 그 해의 획기적인 과학 업적을 발표해온 세계적 과학전문지 《사이언스》는 2002년의 '10대 하이라이트'를 선정, 2002년 12월 20일자 지면에 소개했다. 발표 결과, 최고의 성과는 의외의 후보에게 돌아갔다. 분자 연구에 있어 그동안 DNA에 가려 과소 평가돼 온 RNA 연구가 영예의 1위를 차지한 것이다.

지금까지 사람들은 '유전'하면 DNA를 떠올렸다. DNA는 세포 내에서 단백질의 아미노산 배열을 결정, 유전 형질을 만들어내는 주역으로 알려져 왔기 때문이다. 이 과정에서 RNA는 DNA의 활동을 돕는 '수행비서' 정도로 여겨졌다.

그러나 최근의 생명과학은 RNA가 각종 생명 현상에 직접적으로 관여해 생명을 주관하는 핵심 분자라는 사실을 하나씩 밝히고 있다. RNA가 DNA 못지않게 생명 현상의 여러 단계에서 다양한 역할을 한다는 연구 결과가 속속 발표되고 있으며, RNA가 생명의 기원 물질일 것이라는 이론도 강력히 제시되고 있다. 더 나아가 RNA는 암과 에이즈 등의 난치병 치료제와 진단제 등을 비롯한 다양한 생명공학 산업의 도구로서 급부상하고 있다.

DNA 구조가 밝혀진 직후 과학자들에게 RNA는 단지 DNA가 갖고 있는 유전 정보로부터 실제 생명 현상의 표출에 관여하는 단백질을 만드는 과정에 중간 매개체로 작용하는 정보 전달자로서의 역할로만 인식됐다. 이는 1958년 크릭에 의해 처음 주장됐는데, 그는 세포 안에 핵이라는 세포 소기관을 가진 진핵 세포의 경우 유전 물질인 DNA는 핵 안에 존재하는 반면 단백질은 핵 밖의 세포질에서 만들어진다는 사실에 근거해 이같이 주장했다. 즉 DNA에 내재돼 있는 유전 정보로부터 단백질을 형성하기 위해선 두 분자 사이를 잇는 가교 역할을 하는 다른 분자가 필요하며, 이런 정보 전달체로 작용하는 분자가 바로 RNA일 것이라는 가설을 세웠다.

'사이언스'는 2002년 최고의 과학업적으로 RNA 연구를 선정했다. 각종 생명현상에 직접 관여해 생명을 주관하는 핵심 분자라는 사실이 밝혀지고 있기 때문이다.

이 가설로부터 크릭은 DNA라는 핵산 분자로부터 마치 인쇄물을 만드는 것과 같은 전사 과정에 의해 우선 DNA와 유사한 핵산 분자인 RNA가 합성되며, RNA로부터 흡사 다른 언어로 번역하는 것과 같은 해독 과정에 의해 아미노

산이 중합돼 단백질이 합성된다는 '센트럴 도그마'(Central Dogma) 개념을 정립했다. 이 학설은 HIV(에이즈 바이러스)와 같이 RNA를 유전자로 갖고 있는 바이러스들을 제외하곤 생명체의 유전자 발현 과정의 일반적인 현상을 설명해 줄 수 있다.

일반적으로 세포 내 유전 정보에 관여하는 RNA로는 DNA의 염기 배열을 인쇄된 형태로 갖고 있어 단백질 합성 기질로 작용하는 전령RNA(mRNA)와 이 전령RNA의 염기 순서에 해당하는 아미노산을 데리고 오는 운반RNA(tRNA), 그리고 단백질 생산 공장이라 할 수 있는 리보솜의 구성 성분으로 마치 뼈대와 같은 역할을 하는 리보솜RNA(rRNA) 등이 있다.

그러나 실제 세포 내에 존재하는 RNA의 종류는 좀 더 다양하다. 조그마한 RNA 조각이 DNA 복제가 시작되기 전에 선도 물질로 작용하기도 하며, 텔로머라제의 구성 성분으로서 DNA 복제 후 짧아진 DNA 말단 부위인 텔로미어를 채워 주기 위한 기질로서도 작용한다. 그리고 진핵세포의 경우, DNA로부터 생성된 RNA 중 인트론이라는 단백질로 암호화되지 않는 RNA 부위를 절단하는 '스플라이싱'이라는 가공 과정이 있는데, 이 스플라이싱 과정을 담당하는 '스플라이소좀'의 주요 구성 성분 또한 조그마한 크기의 RNA다. 또한 다양한 RNA 조각들은 단백질과 결합해 세포 내의 RNA와 단백질 등을 운반하는 기능을 담당하기도 한다.

mRNA 백신의 어머니 커털린 커리코(1955~).

mRNA는 화학적으로 암호화된 단백질을 생산할 때 설계도와 같은 역할을 하는 RNA 중 하나인데 이를 이용한 백신은 기존에 비해 개발 기간이 100분의 1로 줄어든다. 급작스런 코로나 팬데믹 사태에서 인류를 구한 공로로 뉴클레오시드 염기 변형에 대해 연구한 커털린 커리코(헝가리, 미국)와 드루 와이스먼(미국)이 2023년 노벨생리의학상을 공동 수상하였다.

RNA와 효소의 합성어 리보자임

1982년과 1983년 미국의 체크 그룹과 알트만 그룹은 기존에 알려져 왔던 RNA의 기능적 개념을 뒤엎는 놀라운 결과를 발표했다. '테트라하이메나'라는 단세포 원생생물의 리보솜RNA의 일부분과 박테리아의 운반 RNA를 가공하는 데 관여하는 'RNase P'라는 효소의 일부분(RNA)이 놀랍게도 기존의 단백질만 갖고 있을 것이라고 믿어 왔던 효소의 특성을 보인다는 사실을 밝힌 것이다.

이와 같이 효소로 작용하는 RNA를 RNA(RiboNucleic Acid)와 효소(enzyme)의 합성어로 '리보자임'(ribozyme)이라 부른다. 이런 획기적인 발견 이후, 식물을 감염시키는 병원체와 인체의 델타 바이러스 등 다양한 생명체에서 리보자임 같은 효소 기능을 가진 RNA들이 속속 발견됐다. 일반적으로 리보자임은 마치 가위와 같이 특정 RNA 염기 서열을 인식해 그 부위를 자르기도 하고 또한 이어 붙일 수 있는 기능을 갖고 있다.

그렇다면 RNA는 어떻게 이런 효소 기능을 할 수 있을까. 효소의 대명사인 단백질은 활성 부위로 작용하는 특정 3차 구조를 갖고 있어 이 부위에 기질을 '끼워 맞추는' 식으로 효소 작용을 한다. RNA도 이처럼 자신이 갖고 있는 염기 간의 결합을 통해 다양하며 복잡한 3차원 구조를 만들며 이 구조를 활성 부위로 이용해 효소 기능을 나타내는 것이다. 그렇다면 자연상의 DNA도 염기 간 결합으로 효소 기능을 나타낼 수 있을까. 그렇지는 않다. DNA는 이중 가닥으로 한쪽 가닥의 염기들이 반대편 가닥의 다른 염기와 결합하고 있어 3차원 구조를 만들 수 없다. 이에 비해 RNA는 단일 가닥으로 여기에 붙어 있는 염기들이 동일 가닥 위에 다른 염기와 수소 결합을 통해 특정 구조를 이룰 수 있다.

1983년 미국의 알트만 박사(오른쪽)는 RNA가 단백질처럼 효소 기능을 갖는다는 사실을 밝혔다. 이에 따라 RNA에 대한 고정관념이 깨지기 시작했다.

이와 같이 RNA가 효소로 작용할 수 있다는 사실은 크게 세 가지 측면에서 RNA에 대한 인식을 새롭게 하는 계기가 됐다. 첫 번째는 생명 현상에 있어 RNA의 기능에 대한 새로운 인식이다. 즉 RNA가 기존에 알려진 유전 정보의 수동적 전달체로서의 역할뿐 아니라 단백질과 같이 효소 기능을 가짐으로써 매우 능동적으로 유전자 정보 발현에 개입할 수 있다는 점을 알게 된 것이다.

이런 추측은 이후에 리보솜RNA의 일부가 단백

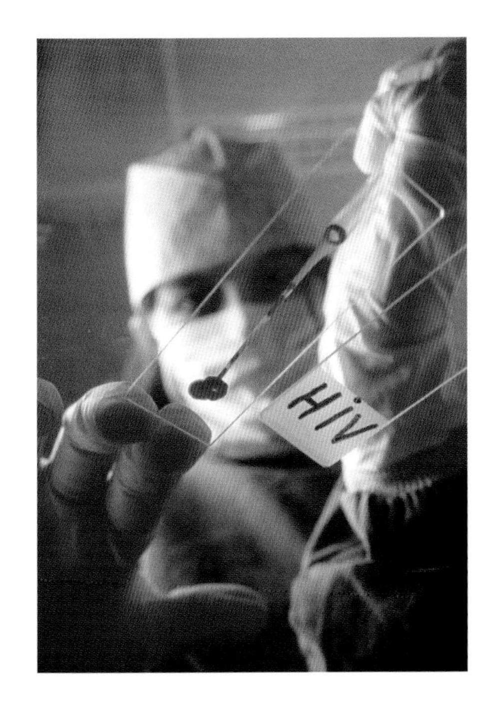

질 생성을 위해 필요한 아미노산 연결 과정에 참여하는 효소 기능을 갖고 있다는 사실로 밝혀졌다. 그리고 최근에는 스플라이소좀을 구성하는 짧은 길이의 RNA 역시 효소 활성을 통해 스플라이싱 과정에 능동적으로 참여한다는 사실이 밝혀졌다. 또한 이런 추측은 유전자 발현 시 RNA의 편집 과정에도 RNA가 관여한다는 보고로부터 사실로 인정받고 있다.

두 번째는 생명의 기원 물질로서 RNA가 강력한 후보가 될 수 있다는 점이다. 유전 정보 저장체인 DNA나 그 발현 산물인 단백질은 마치 누가 먼저냐는 닭과 달걀의 논쟁처럼 생명체의 기원으로서 두 분자 모두 마땅한 후보가 될 수 없다. 왜냐하면 DNA는 유전 정보를 갖고 있는 반면 복제를 위해선 단백질에 의한 촉매 작용이 필요하며, 단백질의 경우 효소 촉매 기능은 갖고 있으나 스스로 복제할 수 있는 방법이 아직 알려져 있지 않기 때문이다.

이에 비해 RNA는 유전 정보를 저장할 수 있으며 동시에 효소 활성을 갖고 있다. 이 때문에 최초의 생명체는 RNA 형태로 자연 합성된 후 자기 복제를 통해 증식하면서 현재의 생명체로 진화가 이뤄졌을 것이라는 가설이 대두됐다. 이런 모습의 초기 RNA는 이후 유전 정보의 저장자로서 좀 더 안정된 형태를 찾았고 아마 DNA가 그 기능을 대체했을 것이다. 그리고 촉매 역할로서는 좀 더 효율적이며 다양한 화학 반응을 매개할 수 있는 단백질이 그 기능을 대체했을 것으로 추정되고 있다.

그러나 이런 가설은 자연계에서 자가 복제 기능을 할 수 있는 리보자임이 아직 발견되지 않아 논란의 여지를 남기고 있었다. 하지만 1990년 미 콜로라도대의 골드 박사가 행한 실험을 통해 상황은 바뀌었다. 그는 '셀렉스'라는 시험관 내 진화 기법을 통해 다양한 기능을 가진 RNA를 실험실 차원에서 합성하는 데 성공했다. 이어 1996년 미국 매사추세츠 공과대학교(MIT)의 바텔 박사는 비록 인위적 진화 기법으로 만든 RNA이지만 놀랍게도 자기 복제 기능을 가진 RNA를 합성하는 데 성공했다.

이 결과는 매우 큰 의미를 지닌다. 시험관 내 진화 기법은 자연계의 진화 과정을 실험실 내에서 단기간에 압축해 보는 것이므로, 기나긴 진화 과정에서 자기 복제 기능을 가진 RNA가 출현했을 가능성이 아주 높다는 점을 시사한다. 이 실험 이후 생명의 기원 물질로서 RNA의 개연성은 한층 높아졌다.

RNA에 대한 새로운 인식의 마지막은 의학 분야를 비롯한 생명공학 분야에서의 RNA의 효용성, 즉 응용성을 생각하게 된 점이다. 자연계에 존재하는 대다수 리보자임의 기능인 특정 표적 RNA의 절단 기능을 이용하면 HIV나 HCV(C형 간염바이러스)와 같이 RNA를 유전자로 갖는 바이러스의 복제를 억제할 수 있는 항바이러스제를 개발할 수 있다. 또한 암세포의 특정 RNA를 잘라 암세포를 죽게 하거나 암 성장에 필요한 영양 공급을 차단할 수 있는 항암제를 개발하려는 연구도 활발히 진행되고 있다.

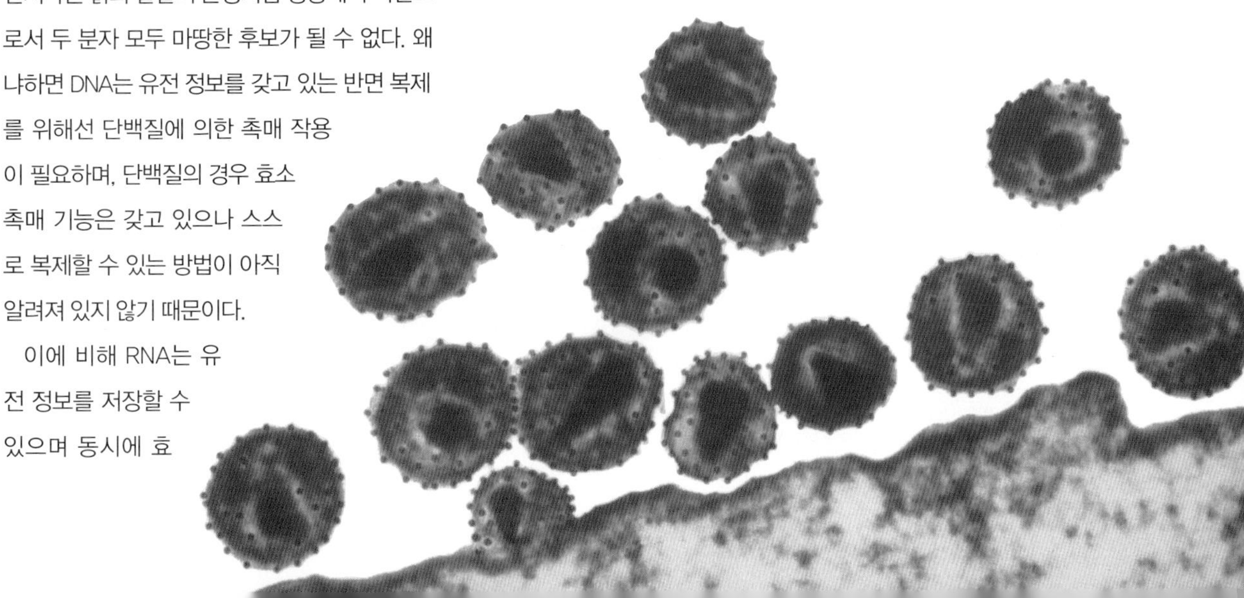

응용 가능성 높은 유전자 억제 기능

최근에는 리보자임 중에 특정 RNA를 잘라낸 후 다른 종류의 RNA를 이어 붙일 수 있는 '트랜스-스플라이싱' 기능을 이용하려는 연구도 진행 중이다. 이 기능을 이용하면 분자 수준에서 유전자를 수술하듯 유전병을 유발하는 돌연변이 유전자를 정상 유전자로 수리하거나 질병 유전자를 정상 유전자로 대체시킴으로써 유전병을 비롯한 여러 질환에 대한 유전자 치료요법이 가능해진다.

이외에도 골드 박사가 개발한 셀렉스 기법을 이용해 다양한 기능의 리보자임이 개발되고 있다. 실험실에서 RNA를 인위적으로 합성할 뿐 아니라 표적으로 삼는 특정 분자의 구조에 꼭 들어맞는 최적 구조체의 RNA를 설계해 합성한 뒤 선별하는 작업도 이뤄지고 있다. 이같이 만들어진 RNA는 여러 질환을 치료할 수 있는 치료제로 응용되고 있으며 나아가 이런 리보자임을 질병 진단제로 응용한 바이오센서의 개발도 한창 진행 중이다.

지난 2001년 99% 완료된 인간 게놈 프로젝트의 발표 결과, 기존의 예상과는 다른 놀라운 사실 몇 가지가 밝혀졌다. 그중에서도 주목할 점은 인체가 갖고 있는 전체 DNA 중에서 실제 단백질로 발현되는 유전자의 숫자가 예상보다 훨씬 적은 3만~3만 5000개라는 사실이다. 물론 이런 추정치는 유전자 예상 프로그램의 한계 등 기술적 이유로 논란의 여지는 남아 있지만, 인간보다 훨씬 하등한 초파리나 선충류의 유전자 수보다 단지 2배가량 높은 수치다. 그렇다면 어떻게 이런 적은 유전자를 갖고 인체의 복잡한 생물학적 현상을 설명할 수 있을까. 이는 다음과 같은 복잡한 조절 기작을 통해 이뤄지고 있다고 예상된다. 즉 DNA의 전사 과정 중 RNA 합성 과정의 조절뿐 아니라 스플라이싱 과정, 전령

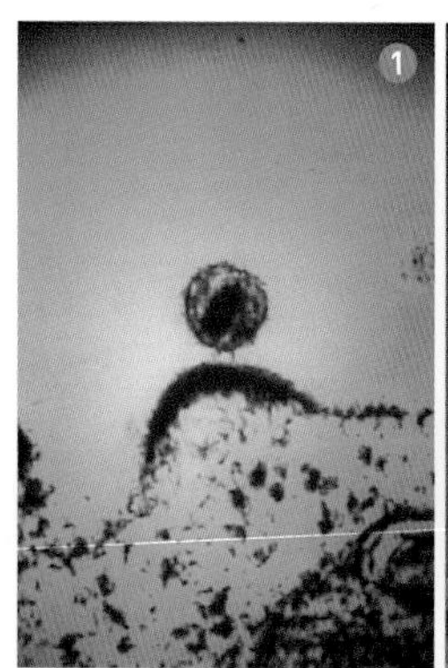

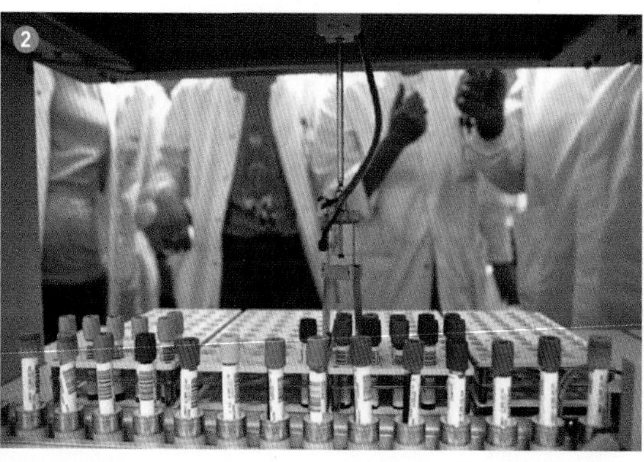

효소로 작용하는 리보자임 RNA를 이용하면 유전자가 RNA로 구성돼 있는 HIV(❶, 에이즈바이러스)나 HCV(C형 간염 바이러스)의 복제를 억제할 수 있다. 최근에는 RNA의 이같은 특성을 이용해 의학 분야에 응용하려는 연구(❷)가 활발히 진행중이다.

RNA의 세포질 이동 과정, 전령RNA의 번역 과정과 번역 후 성숙 과정의 조절 등 유전자 발현 과정에서 좀 더 다양한 유전 인자들이 생성돼 복잡한 조절 과정을 수행하는 것으로 생각된다.

특히 최근에 발견된 마이크로 RNA들은 세포 내에서 mRNA와 결합해 특정 유전자 발현을 능동적으로 제어함으로써 다양한 유전자의 발현을 조절하는 것으로 생각되고 있다. 따라서 이런 RNA들이 어쩌면 생각보다 적은 수의 유전자를 갖고 있는 인체에서 유전자 발현 조절의 다양성을 설명할 수 있는 하나의 키워드가 될 수 있을 것으로 예상된다.

최근 세계적 유수 저널에 경쟁적으로 발표되고 있는 간섭RNA(RNAi)도 많은 주목을 받고 있다. 간섭RNA는 21~25개 정도의 뉴클레오티드(nucleotide) 중합체로 이뤄진 길이가 짧은 RNA다. 단일 가닥의 간섭RNA 염기들이 상호 결합된 두 가닥의 간섭RNA를 꼬마 선충에 주입한 결과, 놀랍게도 특정 유전자의 발현을 매우 효과적으로 억제한다는 보고가 처음 발표된 이후 그 활성 메커니즘과 응용에 관한 연구가 활발히 진행되고 있다. 간섭RNA 현상이라 불리는 이 작용은 이후 초파리와 식물에서도 발견됐다. 최근 과학자들은 간섭RNA 현상이 생명체의 발생 과정과 외부 병원체에 대한 방어 기작에 주요한 역할을 담당할 것이라고 추정하고 있다.

간섭RNA에 대한 산업적 응용 가능성은 2001년 독일의 막스플랑크연구소 투스클 그룹에 의해 최초로 제기됐다. 이 그룹은 간섭RNA 현상이 포유류 세포에서도 일어날 수 있다는 사실을 실험적으로 입증했다. 이 같은 결과가 발표되면서 세계 곳곳에서 간섭RNA를 이용해 인체 세포 및 동물 모델 내에서 특정 유전자의 발현을 억제하는 많은 결과가 발표되고 있다. 이 결과들은 곧 특정 유전자의 세포 내 기능 규명과 바이러스나 종양과 같은 인체 질환의 치료제로서 간섭RNA의 응용 가능성을 내포하고 있다.

유전 물질 DNA 확인

DNA는 1869년 스위스의 프리드리히 미셔가 상처의 고름에서 얻은 백혈구 세포를 화학적으로 처리하다 처음으로 발견했다. 세포는 끈적거렸는데, 미셔는 끈적거림의 원인이 세포질이 아니라 세포핵 내에 존재함을 밝혀냈다. 그는 그 물질을 '뉴클레인'이라 불렀고 그것이 인을 함유하고 있으며 산성인 것까지 알아냈다.

이후 세포핵에 유전 물질이 있다는 것이 명백해지자 19세기 내내 대부분의 과학자들은 DNA보다는 DNA와 결합한 단백질이 유전 정보를 운반한다고 믿었다. 20세기로 접어들면서 DNA는 '디옥시리보오스'라는 당과 인산, 염기의 3가지 물질로 이뤄져 있다는 사실이 알려졌다. 당과 인산은 DNA 분자 어디에서나 똑같지만 염기는 4가지(A, C, G, T) 중 하나가 될 수 있었다. 이런 DNA의 조성은 복잡한 생명 현상을 전달하는 유전 암호로 보기에는 너무 단순해 보였다.

DNA가 유전 물질이라는 것이 밝혀진 것은 유전 물질을 찾던 과학자들이 아니라 폐렴 박테리아를 연구하던 과학자들에 의해서였다. 20세기 초 폐렴은 심각한 보건 문제였다. 이 때문에 폐렴의 발병원인

그리스피의 실험

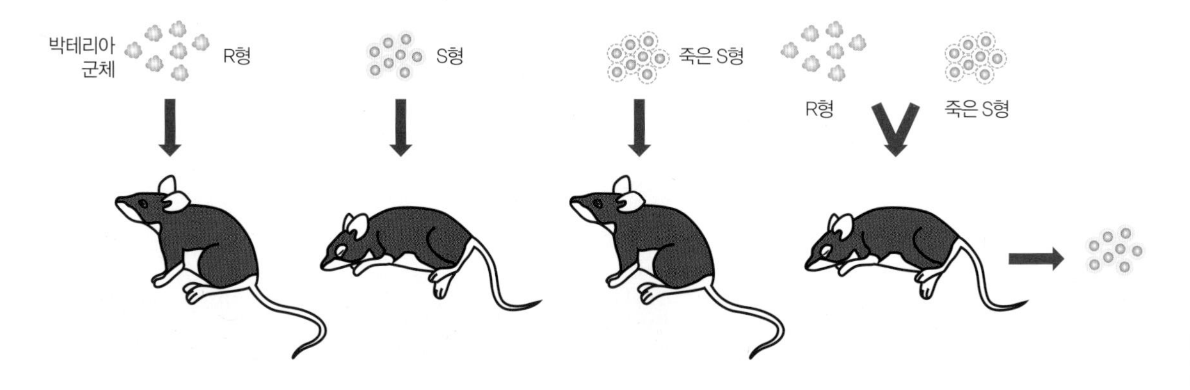

폐렴구균에 대한 연구가 활발했다. 폐렴구균에는 다양한 변이가 존재해 감염성을 갖는 변종과 그렇지 않은 변종이 존재한다는 사실이 밝혀졌다. 전자는 반짝거리고 매끈한 집락을, 후자는 작은 낟알이 모인 거친 모양의 집락을 형성했다. 그래서 전염성 폐렴구균은 S형(smooth), 비전염성은 R형(rough)으로 불렸다.

영국 보건성에서 폐렴을 연구하던 프레드 그리피스는 S형 폐렴구균을 열로 죽여 R형과 혼합해 생쥐에 주입하자 생쥐가 발병하며 생쥐에서 S형 폐렴구균을 추출해낼 수 있다는 것을 발견했다. 이는 S형 폐렴구균에 열로는 변성되지 않는 어떤 물질이 있어서 R형을 S형으로 변환시킬 수 있다는 뜻이었다. 그래서 이 물질은 '변환 원리'로 불리게 됐지만 1928년 그리피스의 논문이 발표될 당시 그리피스조차 이것이 DNA라는 것을 알지 못했다.

오스왈드 에이버리는 1913년 록펠러의학연구소에서 알폰스 도체스와 폐렴구균 박테리아의 면역학적 분류 작업을 시작했다. 그런데 그리피스의 1928년 논문은 에이버리에게 새로운 연구 영역에 대한 관심을 불러일으켰다. 그는 그리피스의 결과에 회의적이었지만 직접 실험한 결과 그리피스와 동일한 결과를 얻었다. 노력 끝에 1931년 에이버리는 시험관에서 R형을 S형으로 변환시키는 데 성공했다. 이는 그리피스가 몇 차례 시도했지만 실패했던 것이었다. 에이버리는 변환 원리의 화학적 본질을 밝혀내는 일에 전력투구하기로 작정했다. 하지만 그때만 하더라도 그것이 생명체가 보편적으로 사용하는 유전 물질일 수 있다는 사실을 인식하지 못했다.

변환 원리는 수수께끼였다. 단순히 일시적으로 R형을 S형으로 변환하는 물질이 아니었다. 변환된 박테리아의 후손과 그 이후 세대에 무한히 유전됐다. 일단 R형 폐렴구균이 S형으로 변환되면 그 후손과 이후 세대는 모두 S형이었다. 유전성은 유전자의 특징이지만 당시 대부분의 과학자들은 변환 원리가 기존 유전자를 작동시키는 물질이 있거나 정상적으로는 S형에만 활동성이 있고 R형에는 활동성이 잠재돼 있다고 믿었다. 변환 원리가 유전자 자체라고는 아무도 진지하게 생각하지 않았던 것이다.

오스왈드 에이버리는 1877년 캐나다 노바스코샤주의 핼리팩스에서 목사의 둘째 아들로 태어났다. 같은 해 뉴욕으로 옮긴 뒤 뉴욕메일 문법학교와 콜게이트아카데미를 거쳐 콜게이트 대학교에 진학했다. 재학 시절 문학과 연설, 논쟁에 뛰어났다. 1900년 학사학위를 받은 뒤 의학을 공부하기 위해 컬럼비아 대학교 의대에 들어갔다. 1904년 졸업한 뒤 잠깐 동안 임상의학분야에서 일하면서 이 일이 적성에 맞지 않는다는 것을 발견한 후 뉴욕 브루클린에 있는 코글랜드연구소에서 세균학과 면역학 연구원과 강사로 일했다. 1914년 록펠러의학연구소의 루퍼스 콜은 에이버리의 연구에 깊은 인상을 받아 자신의 연구소 폐렴연구팀에 초청했다. 이후 록펠러의학연구소 연구실에서 알폰스 도체스, 콜린 매클라우드, 매클린 매카티 등과 협력해 탁월한 연구 성과를 내놓았다. 미국면역학협회, 미국병리학 및 세균학협회, 미국세균학회장을 역임했다. 미국과학아카데미와 런던 왕립학회원으로 선출됐고 여러 대학에서 명예박사 학위를 받았으며 1947년에는 기초의학연구에 공헌한 공로로 래스커 상을 받았다.

STUDIES ON THE CHEMICAL NATURE OF THE SUBSTANCE INDUCING TRANSFORMATION OF PNEUMOCOCCAL TYPES

INDUCTION OF TRANSFORMATION BY A DESOXYRIBONUCLEIC ACID FRACTION ISOLATED FROM PNEUMOCOCCUS TYPE III

BY OSWALD T. AVERY, M.D., COLIN M. MACLEOD, M.D., AND MACLYN MCCARTY,* M.D.

(From the Hospital of The Rockefeller Institute for Medical Research)

PLATE 1

(Received for publication, November 1, 1943)

Biologists have long attempted by chemical means to induce in higher organisms predictable and specific changes which thereafter could be transmitted in series as hereditary characters. Among microörganisms the most striking example of inheritable and specific alterations in cell structure and function that can be experimentally induced and are reproducible under well defined and adequately controlled conditions is the transformation of specific types of Pneumococcus. This phenomenon was first described by Griffith (1) who succeeded in transforming an attenuated and non-encapsulated (R) variant derived from one specific type into fully encapsulated and virulent (S) cells of a heterologous specific type. A typical instance will suffice to illustrate the techniques originally used and serve to indicate the wide variety of transformations that are possible within the limits of this bacterial species.

Griffith found that mice injected subcutaneously with a small amount of a living R culture derived from Pneumococcus Type II together with a large inoculum of heat-killed Type III (S) cells frequently succumbed to infection, and that the heart's blood of these animals yielded Type III pneumococci in pure culture. The fact that the R strain was avirulent and incapable by itself of causing fatal bacteremia and the additional fact that the heated suspension of Type III cells contained no viable organisms brought convincing evidence that the R forms growing under these conditions had newly acquired the capsular structure and biological specificity of Type III pneumococci.

The original observations of Griffith were later confirmed by Neufeld and Levinthal (2), and by Baurhenn (3) abroad, and by Dawson (4) in this laboratory. Subsequently Dawson and Sia (5) succeeded in inducing transformation *in vitro*. This they accomplished by growing R cells in a fluid medium containing anti-R serum and heat-killed encapsulated S cells. They showed that in the test tube as in the animal body transformation can be selectively induced, depending on the type specificity of the S cells used in the reaction system. Later, Alloway (6) was able to cause

* Work done in part as Fellow in the Medical Sciences of the National Research Council.

137

1944년 DNA가 유전 물질이라는 내용을 담은 에이버리의 논문.

에이버리의 변환 원리 연구

에이버리의 연구팀은 열로 죽인 S형 폐렴구균이 정말로 죽었으며 변환 원리는 죽은 S형 박테리아의 성분이라는 것을 밝혀냈다. 연구팀은 온전한 박테리아를 파괴한 것을 체로 걸러 S형 폐렴구균의 추출물을 얻었다. 이 추출물은 온전한 S형 박테리아는 전혀 포함하지 않았지만 여전히 R형을 S형으로 변환할 수 있었다. 1933년까지 에이버리는 계속해서 시험관의 불순물을 줄여나가 변환 원리를 더욱 순수한 형태로 만들었고 R형의 변환 효율을 놀랄 만큼 높였다. 그러나 추출물에는 여전히 불순물이 있었고, 그중 어떤 것이 변환 원리인지 알아내기는 요원했다.

1934년 콜린 매클라우드가 연구팀에 합류했다. 그는 변환 원리 추출률을 크게 향상시키는 새로운 폐렴구균을 분리해내 연구에 많은 진전을 이뤘다. 그러나 그 뒤 2년간 연구팀의 성과는 미미했다. 특정한 단백질을 파괴하는 물질(프로테아제)을 변환 원리와 함께 넣어주더라도 변환 원리는 계속 활동성을 유지한다는 것을 발견해 단백질이 변환 원리가 아닐 수 있다는 힌트를 얻은 것이 고작이었다. 그 후 3년 동안 연구팀의 연구 방향은 다른 쪽으로 치우쳐 이 주제에 대한 별다른 진척이 없이 흘러갔다.

1940년 에이버리는 변환 원리 연구를 재개했다. 그러기 위해서는 수십 리터에 달하는 많은 양의 폐렴구균이 필요했다. 에이버리는 새로운 장치를 고안해 감염의 위험을 줄이면서 대량으로 폐렴구균을 배양할 수 있게 됐다. 그리고 단백질을 전혀 함유하지 않은 고체 형태로 변환 원리를 얻어내는 데 성공함으로써 변환 원리가 단백질이 아님을 보였다.

또 에이버리 연구팀은 변환 원리에서 DNA와 RNA라는 핵산 2가지를 모두 발견했다. 이는 DNA가 최초로 폐렴구균에서 검출된 것이었다. 연구팀은

1944년 DNA가 유전 물질이라는 내용을 담은 논문에 실린 사진. 3.5배율로 찍은 폐렴구균 콜로니다.

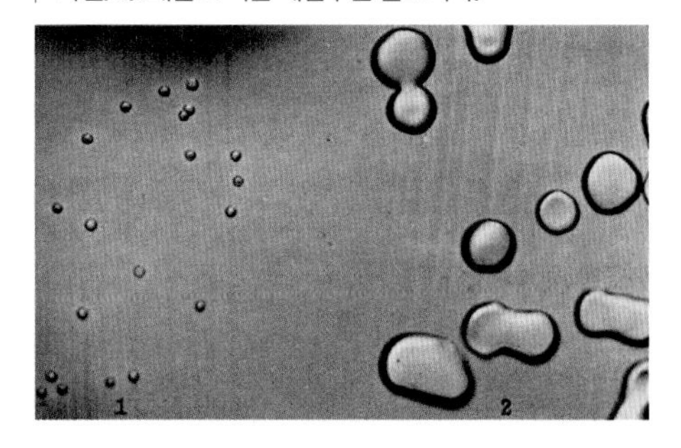

RNA는 파괴하지만 DNA는 파괴하지 않는 물질(RNA 분해효소)을 넣자 변환이 이뤄진다는 것을 발견했다. 변환 원리가 DNA일 가능성이 높아졌다. 하지만 변환 원리가 박테리아 외피를 이루는 다당류일 가능성도 남아 있었다.

1941년 매클라우드가 연구팀을 떠나고 매클린 매카티가 합류했다. 매카티는 다당류를 선택적으로 분해하는 물질(아밀라아제)이 변환 원리를 무력화하지 않는다는 것을 알아냄으로써 다당류는 변환 원리의 후보에서 제외됐다. 이제 남은 후보는 DNA뿐이었다. 이 즈음에서야 에이버리 연구팀은 변환 원리가 유전자와 유사한 행동을 하므로 그들이 유전자의 화학적 본질을 발견했을지도 모른다는 생각을 하기 시작한 것으로 보인다.

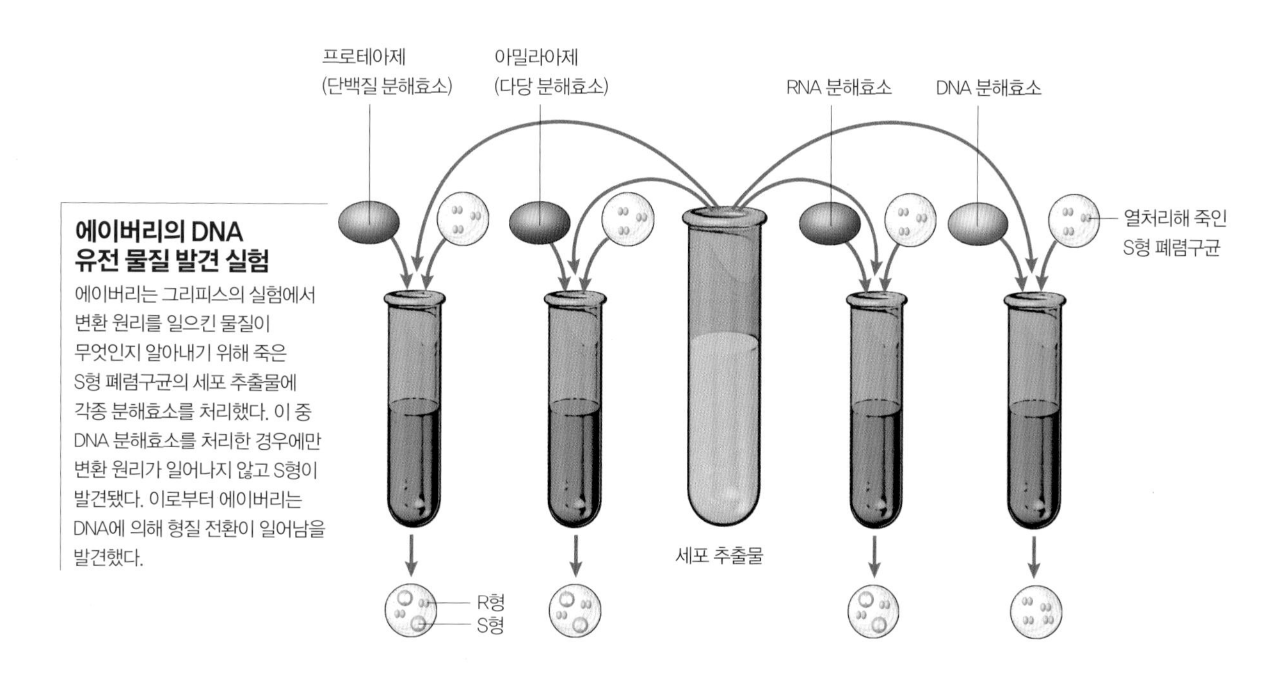

에이버리의 DNA 유전 물질 발견 실험

에이버리는 그리피스의 실험에서 변환 원리를 일으킨 물질이 무엇인지 알아내기 위해 죽은 S형 폐렴구균의 세포 추출물에 각종 분해효소를 처리했다. 이 중 DNA 분해효소를 처리한 경우에만 변환 원리가 일어나지 않고 S형이 발견됐다. 이로부터 에이버리는 DNA에 의해 형질 전환이 일어남을 발견했다.

그 뒤 그들에게는 변환 원리가 DNA라는 것을 입증하는 일이 남아 있었다. 마침내 그들은 DNA 외에 다른 물질이 거의 없는 변환 원리의 조합제를 얻어냈고, 그 화학적 조성이 DNA와 같음을 입증했다. 이 물질의 변환 능력은 대단했고 DNA만을 선택적으로 파괴하는 물질(DNA 분해 효소)을 투여하자 무력해졌다. 이로써 변환 원리가 DNA라는 주장은 더욱 강력하게 지지받았다.

이런 연구 결과는 1944년 발표됐고, 현재 에이버리는 분자생물학 혁명의 초석을 마련한 선구자로 평가받고 있다.

롹펠러의학연구소에서 연구에 몰두한 에이버리. 1920년대 촬영됐다.

재 · 현 · 실 · 험

1944년 에이버리 연구팀의 실험 결과가 발표됐을 때 그 중요성을 이해한 과학자들은 일부에 지나지 않았다. 이들은 DNA가 유전 물질이라는 생각을 인정받기 위해 많은 연구를 했다. DNA가 세포 분열 과정에서 어떻게 배분되고 수정 과정에서 어떻게 합쳐지는지에 대한 연구가 이뤄지면서 DNA는 유전 물질로 합당하다는 결론이 지지받았다. 또 DNA가 생각보다 복잡하다는 것이 알려졌고 유전 암호를 지정해 줄 수 있다는 과학적 주장도 힘을 얻었다.

1952년 알프레스 허시와 마사 체이스는 '박테리오파지'라는 바이러스의 유전 물질이 DNA임을 확증하는 실험을 통해 DNA가 유전 물질이라는 사실을 더욱 확고히 했다. 이듬해 왓슨과 크릭이 DNA 이중나선 구조를 발표하자 모든 것이 선명해졌다. DNA의 구조 자체가 그것이 왜 유전자일 수밖에 없는지를 설명해줬기 때문이다.

에이버리는 노벨상을 받지 못했다. 1955년 그가 사망하기 전까지 그의 발견이 얼마나 중요한지 누구도 제대로 평가하지 못했기 때문이다. 그러나 차츰 에이버리의 연구는 DNA가 유전자 구성 물질이라는 증거를 최초로 제시한 실험으로 인정받게 됐다.

2. 개정판 『종의 기원』

유전자에서 찾는 21세기판 진화 법칙

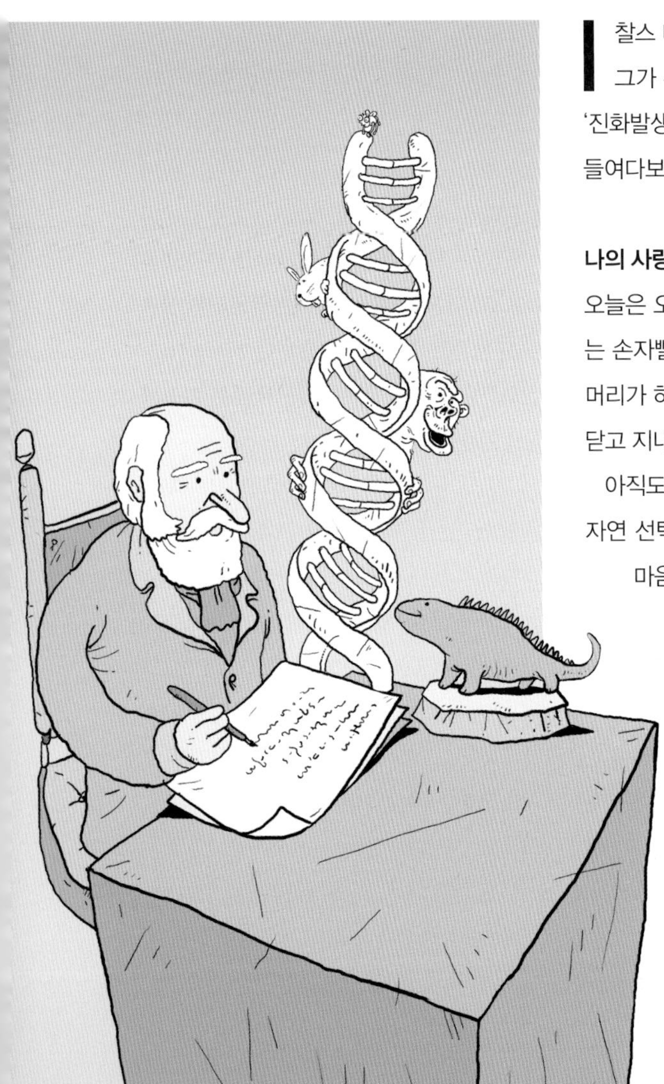

찰스 다윈이 지금 『종의 기원』을 다시 쓴다면 어떤 내용으로 채워질까. 그가 유전자라는 개념을 알았더라면 『종의 기원』 내용은 달라졌을까. '진화발생생물학' 또는 간단히 '이보디보'로 불리는 '21세기판 종의 기원'을 들여다보자.

나의 사랑하는 부인 엠마에게.

오늘은 오랜만에 미국에 있는 친구와 만났다오. 아니, 사실 친구라기보다는 손자뻘쯤 되는 새까맣게 어린 후배라고 해야 할 테지. 물론 그 친구도 머리가 하얗게 샜지만 말이오. 그동안 나를 못살게 굴던 세상에 눈과 귀를 닫고 지내다가 세상 돌아가는 얘길 들으니 참으로 낯설게 느껴졌소.

아직도 살아 있는 내게 세상 사람들이 뭐라고 하는 줄 아오? 내가 몸소 자연 선택과 적자생존을 실천하고 있다며 뒤에서 수군댄다는구려. 너무 마음 아파하지 마오. 나도 곧 당신이 있는 평화로운 곳에 가리다.

아, 당신이 들으면 흥미로울 이야기도 있소. 사실은 이 얘길 하고 싶어 펜을 들었다오. 세상에는 여전히 나를 떠받들며 나의 진화론을 연구하는 학자들이 많소. 오늘 만난 어린 친구도 그중 한 명이오. 내 오랜 벗 헉슬리가 부활한 게 아닌가 싶을 정도로 내 얘기를 요즘 식으로 만들어 알리는 데 열심이라오.

오늘 그가 가장 많이 언급한 단어가 '유전자'라는 것이오. DNA라고도 불리오. 당신이 저 세상으로 가고 20~30년 뒤 유전학이란 새로운 학문이 많이 연구됐다오. 그리고

알란 월슨과 메리 클레어 킹은
침팬지와 사람의 아미노산 서열이
1%밖에 차이나지 않는다는 새로운
사실을 밝혀 1975년 《사이언스》
4월 11일자 표지를 장식했다.

내가 『종의 기원』에서는 쓸 수 없었던 다양한 진화의 증거가 여기서 발견되고 있소. 나는 동물들의 겉모습을 보는데 그쳤지만, 요즘 젊은 친구들은 이 겉모습이 어떻게 형성됐는지 DNA라는 물질에서 해답을 찾는다오. 이 DNA를 보려면 머리카락 한 가닥만 있으면 된다고 하오. 입속에서 피부를 조금만 떼어내도 되고 말이오.

논리는 이렇소. 생물이 진화하는 동안 발생한 돌연변이는 유전자의 염기 서열에 쌓여서 두 종이 공통 조상에서 갈라진 뒤 오랜 세월이 지날수록 두 종의 염기 서열 차이가 커진다는 것이오. 생물의 공통 조상을 인정하면, 내가 주장했듯이 말이오, 그 공통 조상에서 갈라진 생물의 유전자 염기 서열에 돌연변이가 쌓이는데, 최근에 갈라진 생물끼리는 염기 서열 유사도가 더욱 높고, 상대적으로 오래전에 갈라진 생물끼리는 유사도가 낮다는 것이오. 어떻소? 그럴 듯하오?

여기에는 재미있는 얘기가 하나 있소. 때는 1975년으로 거슬러 가오. 당시 미국 버클리소재 캘리포니아대 알란 월슨과 메리 클레어 킹이라는 젊은 학자들이 침팬지와 사람의 단백질을 조사했다오. 우리 인간은 두 발로 걷지 않소. 침팬지는 네 발로 움직이고 털도 많고 뇌 용량도 우리보다 작아요. 인간과 침팬지의 이런 엄청난 생물학적인 차이가 유전적인 원인에서 비롯된 것인지, 이 친구들이 궁금했다고 하더구려.

유전자의 염기 서열을 조사하고 싶었지만 당시에는 그럴 만한 기술이 없었던 터라 이들은 단백질의 아미노산 서열을 조사하기로 했다는구려. 헤모글로빈이나 미오글로빈 같은 단백질의 아미노산 서열은 밝혀져 있었기 때문에 그걸 이용한 것이었소. 실제로 조사하기 전에는 이 서열이 상당히 다를 것이라고 생각했다오. 그런데 막상 조사를 해보니 사람과 침팬지의 차이가 얼마 나지 않았다지 뭐요. 고작 1%였다고 하오.

그래서 이들이 내린 결론은, 요즘 식으로 표현하면, 단순히 유전자 차이가 많거나 적다고 생물학적인 형태가 다른 것은 아니며, 중요한 점은 유전자 발현을 조절하는 데 차이가 있다는 것이었소. 이런 조절의 차이를 일으키는 곳을 유전자 조절 부위라고 하오. 사실 유전자 조절 부위 자체가 일종의 DNA요.

내가 지금 『종의 기원』을 다시 쓴다면 아마 세계 각국을 돌아다니며 채집한 동물들에서 DNA를 분석해 비교한 결과를 쓰지 않았을까 하오. 갈라파고스핀치와 거북이 특히 더 궁금하구려.

21세기의 진화론

2. 개정판 『종의 기원』

초파리와 사람이 공통으로 가진 '호메오박스'

혹시 에른스트 헤켈 씨를 기억하오? 내 이론을 지지해준 독일의 생물학자 말이오. 헤켈 씨는 1866년 개체 발생이 계통 발생을 반복한다는 '반복설'을 주장했소. 생물 종의 배 발생은 생물의 진화 발생을 반복한다는 의미였던 것으로 기억하오. 사실 나도 고등 생물의 배 발생 과정에 나타나는 특정 기관이 하등 생물의 성체에서 나타난다는 사실을 발견해 이를 진화의 한 증거로 얘기했지만 말이오.

오늘 '진화발생생물학'이란 흥미로운 단어를 들었는데 헤켈 씨가 생각나더구려. 요즘 진화론을 연구하는 학자들의 최첨단 분야를 진화생물학과 발생생물학을 합쳐 진화발생생물학(Evolutionary Developmental Biology)이라고 부른다오. 줄여서 '이보디보'라 부르기도 하오. 1980년대부터 본격적으로 연구됐다지요.

쉽게 말해 발생 과정이 어떻게 진화했고, 유전에 의해 어떻게 변경됐으며, 이런 진화학적이고 발생학적인 변화들이 생물의 다양성을 어떻게 만들어냈는지 연구한다오. 그 얘기를 듣고 헤켈 씨가 진화발생생물학의 장을 연 인물이 아닐까 생각했다오.

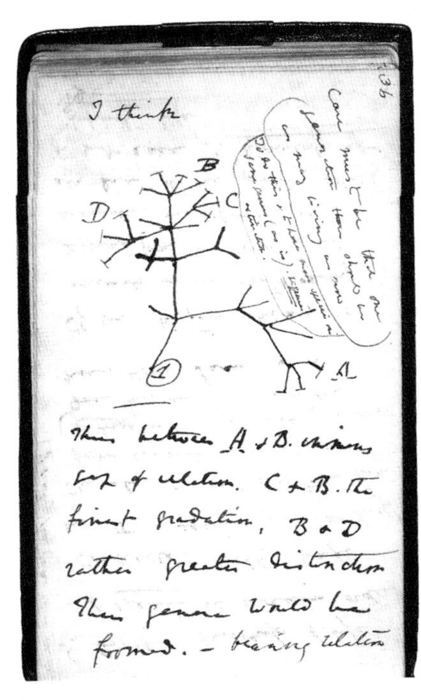

다윈이 처음으로 그린 계통수. 모든 종은 하나의 조상에서 유래했을 것이라는 그의 생각을 엿볼 수 있다.

원래는 이 두 분야가 떨어져 있었소. 발생생물학은 생물의 발생이 유전적으로 프로그램화해 있고 되풀이되는 반면 진화생물학은 생물의 진화가 프로그램화해 있지 않고 우연적이라고 봤다오. 사실 『종의 기원』이 유명세를 탔던 19세기 말에도 내 기억에 이 둘은 별개였소.

아마 그 즈음이었소. 종간 발생을 비교하는 일이 진화의 증거로 활용되고 거꾸로 진화의 역사가 종 발생에서 나타나는 모든 구조와 형태를 충분히 설명하는 것으로 받아들여졌소. 그런데 1920년대와 1930년대 유전학

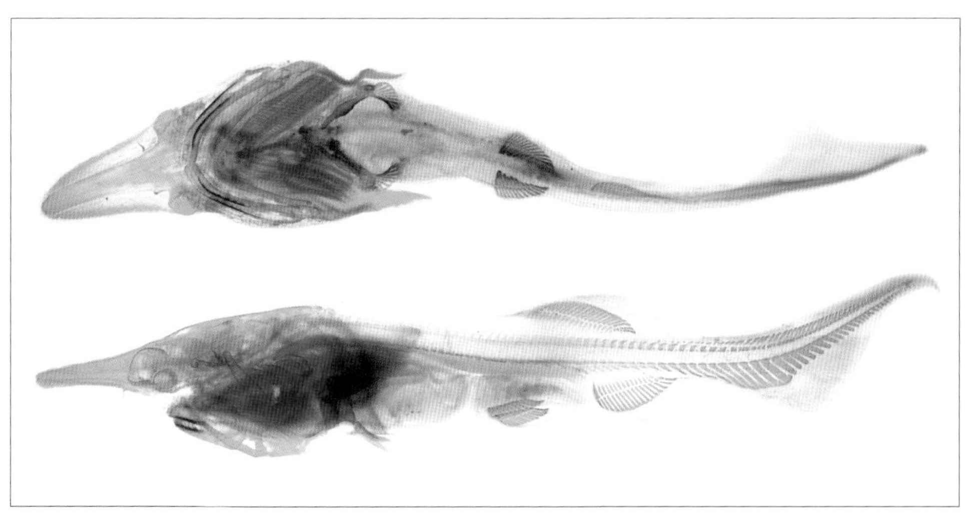

어린 주걱 철갑상어를 배 밑(위)과 옆(아래)에서 본 모습. 미국 시카고대 연구진은 동물의 손과 발을 발생시키는 데 관여하는 호메오박스 유전자가 주걱 철갑상어에도 있음을 밝혀 진화론 연구에 결정적 증거를 제시했다. 푸른색으로 염색된 부분은 자라고 있는 주걱 철갑상어의 연골이다.

이 진화론에 도입되면서 이 둘은 다시 떨어졌고, 그 뒤 50여 년 만에 다시 만난 것이오. 두 학문의 인연이 참으로 깊지 않소.

이 둘의 인연을 이어준 주인공이 바로 초파리라오. 미미한 생물에 지나지 않는 초파리가 어떻게 이런 결정적인 역할을 했는지 궁금하지 않소? 때는 1984년, 초파리의 발생을 조절하는 여러 유전자들이 '호메오박스'(homeobox)라고 하는 DNA 염기 서열 부위를 공유한다는 사실이 발견됐소. 이 얘기는 초파리의 발생에서 특정 기능을 담당하는 유전자들이 서로 밀접한 관계를 갖고 있다는 사실을 시사하오.

그런데 이후 사람과 같은 척추동물에서도 이 호메오박스가 발견됐소. 이 얘기를 풀이하면 모든 호메오박스 유전자들은 공동 조상에서 비롯됐을 뿐만 아니라 초파리와 사람의 호메오박스 유전자들은 수억 년의 진화 역사가 흘렀지만 여전히 비슷하고 기본적인 역할을 수행하고 있다는 말이오. 이렇게 발생유전자는 보존됐는데도 어떻게 사람과 초파리 사이엔 엄청난 형태적 차이가 생겼을까? 이런 물음이 진화발생생물학의 시작이었다오.

『종의 기원』에서 내가 쓴 말을 기억하오? "그러므로 나는, 이 지구상에 살았던 모든 생물들은 생명이 첫 숨을 쉬었던 하나의 원시 형태에서 유래했을 것임을 인정하지 않을 수 없다." 나는 젊은 친구에게서 호메오박스 얘기를 듣는 순간 이 구절을 생각했다오. 역시 내 생각이 틀리진 않았나 보오.

초파리와 사람이 공통으로 갖고 있는 유전자는 발생을 조절하는 호메오박스 유전자다. 2000년 초파리의 게놈이 완전히 해독되면서 유전학적인 진화 연구에 가속이 붙었다.

2. 개정판 『종의 기원』

인간에게만 존재하는 '레고블록'은?

진화발생생물학 같은 낯선 용어를 쓴 탓에 어렵게 느껴진 것은 아닌지 모르겠소. 레고에 비유하면 이해가 아주 쉽소. 아, 당신은 못 봤겠지만 20세기 위대한 발명품 중 하나가 레고라는 것이오. 이게 어찌나 재밌는지 나도 한동안 레고로 이것저것 만드는 데 푹 빠져 있었다오. 여러 블록을 끼워 맞추면 집도 됐다가 말도 됐다가, 정말 못 만드는 것이 없다오.

진화발생생물학에서는 생물을 이런 레고블록으로 끼워 맞춘 형태라고 생각한다오. 그러니까 중세 기사를 만들고 서부 농장을 만들고 달에도 간다는(인간이 달에 다녀왔다오!) 우주선을 만든다고 할 때 이들 셋에 공통으로 들어간 레고블록이 있는가 하면 셋 각각에만 들어가는 레고블록도 있소.

여기서 공통으로 들어간 레고블록은 생물로 따지면 조상에게 물려받은 공통 유전자에 해당하고, 각각에 들어간 독특한 레고블록이 바로 생물 종이 왜 서로 다른 모습을 나타내는지 결정짓는 유전자라고 할 수 있소. 예를 들어 인간을 비롯한 척추동물엔 무척추동물한테는 없는 턱이나 척추, 인두라는 레고블록이 있는 셈이오.

이 레고블록이 요즘 학자들 표현으로는 앞에서 말한 조절 부위라는 것이라오. 조절 부위의 변화가 발생의 차이를 만든다는 증거에는 이런 것들이 있소. 나비 날개에 점이 있고 없고를 결정하는 옐로우 유전자 조절 부위, 민물과 바다에 사는 가시고기의 가시 구조 차이를 결정하는 Pitx1 유전자 조절 부위 그리고 박쥐의 긴 팔 발생에 관여하는 Prx1 유전자 조절 부위 같은 것들이오.

그렇다면 하등 동물에서 고등 동물로의 진화는 어떻게 일어날 것 같소? 진화발생생물학자들은 그래서 복제라는 개념을 강조하오. 가령 척추동물은 무척추동물보다 유전자 수가 더 많은데, 이는 유전자 복제에 의한 것이라는 식이오.

발생학적으로는 유전자 수가 증가하면 이들 사이에서 다양한 상호 작용이 생겨나고 이로부터 복잡한 즉 더 고등한 동물이 나오기 유리하오. 아메바 같은 단세포 생물이 다세포 생물로 진화할 때도 유전자 복제가 대량으로 일어났다고 하오.

나는 이들 발견이 대단하다는 점을 인정하지 않을 수 없소. 하지만 한편으론 이들이 나의 진화론에 얼마나 부합하는지 따져보지 않을 수 없었다오. 사실 유전자 조절 부위란 얘기를 들었을 때 가장 먼저 내 머릿속에는 변이라는 단어가 떠올랐소.

내 진화론에 조절 부위 이론을 넣어보면, 생물이 발생하고 진화하기 위해서는 결국 변화를 위한 돌연변이가 내재돼야 하고, 집단이 환경에 적응하면서 자연 선택된 변이, 그중에서도 우량 유전자가 집단에 퍼져야하오. 이게 적자생존 아니

Prx1 유전자를 생쥐에 넣으면 박쥐의 긴 날개처럼 앞다리가 길어진다. 하지만 이 형질이 자연 선택돼 후손에 전해질지는 아직 미지수다.

겠소.

그런데 유전자 조절 부위를 발견한 것만으론 이것이 뒷받침되지 않소. 박쥐의 팔을 길게 만든다는 Prx1 유전자를 생쥐에 넣어 생쥐 앞다리가 길어졌다고 하더라도 이것이 '자연 선택'돼 후손에게 퍼질 것이라고 어떻게 장담하겠소. 내가 이 질문을 던졌더니 어린 친구들이 당황해하는 기색이 역력했소. 나의 명석함이 아직은 퇴색하지 않았나 보오.

진화발생생물학자들도 이 점을 걱정하고 있다고 들었소. 그래서 내놓은 해결책이 이런 것이오. 나비 날개의 안점을 보면 짧은 세대 동안에도 커지거나 아예 없어지기도 한다는구려.

이런 예를 볼 때 작고 숨겨진 변이들이 큰 진화적 변화를 일으킬 가능성을 배제할 수 없다는 식이오. 다시 말해 작은 진화들이 생물 집단에 존재하다가 적절한 환경에 노출되면 동반 작용을 일으켜 거대한 진화를 일으킨다고 설명한다오.

오늘 나눈 대화는 참으로 오랜만에 나의 학문적 호기심을 자극하기에 당신에게 이야기해 주고 싶어 펜을 들었는데 얘기가 길어졌구려. 내게 많은 얘기를 해준 친구는 션 캐럴이라고 하오. 진화발생생물학을 열심히 연구하는 학자 중 한 명이라오.

이 친구는 동물의 다리 발생 조절 유전자를 연구해 생물체에서 새로운 형태가 어떻게 진화돼 나오는지 아주 멋들어지게 설명했소. 나도 감탄할 정도였다오. 바다가재 다리와 초파리 다리는 다리 발생 조절 유전자의 작용에 차이가 있을 뿐 사실은 동일한 진화 과정의 산물이라는 사실을 명쾌하게 증명했더구려.

이미 이런 진화발생생물학 연구 덕분에 동물의 배열 방식은 더욱 정교해지고 있다고 하오. 나의 계통수가 점점 풍성해지고 있는 셈이오. 고무적인 결과라 지금 내 마음은 들떴다오.

하지만 아직도 뭔가 부족한 느낌이오. 생물은 럭비공이오. 예측이 불가능하단 말이오. 그럼에도 불구하고 우리 생물학자들은 사용할 수 있는 자료를 모아 하나의 '공식'을 만들려고 하오.

그러기 위해선 돌연변이 속도나 환경의 영향, 유전자 재조합 효과 같은 요인들이 정량화 돼야 하오. 유전자 조절 부위와 단백질의 상호 작용을 정확히 이해해서 거대한 생물의 계통수도 그려야 하오. 그래야 생물의 '진화 법칙'을 만들 수 있지 않겠소? 내가 내놓은 자연 선택을 정량적으로 만든 법칙이 분명 있을 것이라 믿고 싶소.

나는 오늘 얘기를 나누며 좀 더 살아갈 힘을 얻었소. 당신이 무척 그립소만 앞으로 계속 채워질 진화론이 어떤 결론에 이를지 지켜보고 싶은 마음도 크다오. 조금만 더 기다려 주겠소? 조만간 또 소식 전하리다.

여러 학자들의 생생 인터뷰 ③

열렬한 다윈주의자

헉슬리는 스스로 "다윈의 불독이 되겠다."고 선언하면서 자연 선택을 통한 진화론을 널리 알리고 또 그 주창자인 다윈의 대변인이 돼 맹렬하게 활동했다. 『종의 기원』이 출판된 다음해인 1860년 영국과학진흥회의 연례 발표는 옥스퍼드에서 있었다. 그 자리에서 헉슬리는 "당신의 아버지와 어머니 어느 쪽이 원숭이를 조상으로 했는가?"라는 윌버포스 주교의 농담에 "자신이 알지 못하는 논의를 하기 위해 지적 능력을 사용하는 사람보다는 차라리 원숭이를 조상으로 하고 싶다."고 답했다. 그는 『종의 기원』을 받아들고 읽기 시작하자마자 어떻게 이런 생각을 하지 못했을까 무릎을 쳤다고 한다. 하지만 널리 알려진 바와는 달리 헉슬리는 자연 선택이 진화의 중요한 동력이라고 생각하진 않았다. 다윈의 진화론이 자연 선택을 통한 진화를 뜻한다면, 헉슬리는 다윈주의자가 아니었다. 생물의 진화가 선택을 통해 점진적으로 이뤄진다는 관점은 다윈주의의 핵심이다. 하지만 헉슬리는 생물의 진화는 통상 매우 짧은 시간 안에 진행돼 왔다고 믿었으며, 여러 차례 다윈에게 생물의 진화가 결코 점진적으로 진행되지 않았음을 설득시키려 애썼다. 다윈은 진화의 방향성을 부정했지만, 헉슬리는 진화는 필연적으로 일어날 수밖에 없다고 주장했다.

토머스 헉슬리
(Thomas Henry Huxley)
1825~1895년. 영국 일링 출생.
독학으로 19세기 후반 최고 비교해부학자의 반열에 오름.
다윈의 진화론을 열렬히 옹호한 덕에 '다윈의 불독'으로 알려졌다.

그렇다면 헉슬리는 왜 열렬한 다윈주의자 행세를 했을까? 다윈과 마찬가지로 헉슬리는 진보주의자였다. 귀족과 성직자들을 사회 구조의 상층에 두고 온갖 사회적, 경제적 활동이 이뤄지는 사회보다는 능력과 노력에 따라 역동적으로 변할 수 있는 새로운 사회를 꿈꿨다. 국립광산학교에서 과학을 가르치는 교수로서 그는 과학 그리고 과학자의 시각이 과학 지식은 물론, 사회, 경제, 정치를 해석하고 평가하는 기준이 돼야 한다고 생각했다. 종의 기원을 신의 창조로 해석하는 일은 과학이 아니었다. 진화론이라는 당시 해석 방법이 있었지만 이를 과학적으로 표현할 길이 마땅치 않던 차에 다윈이 자연 선택이라는 과학적 표현과 이론을 내놓았던 것이다. 헉슬리가 무릎을 친 이유도 어떤 방식이든 진화에 대한 과학적 이론이 제시됐기 때문이다. 그는 자연 선택 이론에서 창조론을 대체할 수 있는 과학적 방법론의 존재를 봤다.

사회의 진화를 논하다

한때 마르크스가 그의 『자본론』을 다윈에게 헌정하려 했으나 다윈이 고사했다는 이야기가 널리 퍼졌다. 사실 자본론을 다윈에게 헌정해도 좋겠느냐는 편지를 보낸 사람은 마르크스가 아니라 그의 사위인 아벨링이었다. 아벨링은 자연 현상을 비종교적인 눈으로 다루는 다윈으로부터 많은 통찰을 구하면서 그의 정치 철학을 개진했다. 하지만 다윈은 무신론자로 알려진 아벨링과의 접촉을 피하려 했고, 그의 제의도 고사했다. 사실 마르크스 자신도 다윈의 책에서 자본주의 사회가 작동하는 방식을 읽으며 흥미를 느꼈다. 그리고 그의 『자본론』 3판 한 권을 경탄의 마음을 표하는 증정사와 함께 다윈에게 보냈다. 첫 20~30쪽을 본 다윈은 예사로운 책이 아님을 직감했다. 하지만 독일어가 어렵기도 하거니와 글의 톤도 생소하고 심오한 정치경제학을 제대로 이해할 수 없었노라고 답장을 썼다. 하지만 지식을 확장하려는 서로의 노력이 인류의 행복을 더하는 데 일조할 수 있음을 의심치 않는다고 전했다. 다윈의 세속화된 자연관이 역사상 계급투쟁의 자연과학적 근거를 보여 주는 그림이 될 수 있다는 것은 너무도 분명해 보였다.

칼 마르크스 (Karl Marx)
1818~1883년. 프로이센 출생. 정치경제학자이자 역사학자, 사회주의자. 『자본론』으로 유명하다.

『종의 기원』에서 만인에 대한 투쟁의 그림자를 읽을 수 있었던 사람은 마르크스 한 명만이 아니었다. 물론 다윈 자신은 그의 책에서 '힘이 정의를 만들어 낸다.'는 함의를 읽었다는 서평을 보고 분노했다. 하지만 그의 책에서 자유방임경제나 처절한 경쟁의 그림자를 놓치는 사람은 많지 않았다. 일찍이 마르크스가 간파했던 것처럼 다윈의 진화론을 사회진화론과 독립된 이론으로 볼 수는 없다. 다윈 자신은 자연 선택 이론이 던지는 '살벌한' 함의를 피하기 위해 무척 애를 썼다. 경쟁에서 도태되는 개체는 짧은 순간의 고통 뒤 곧 죽음을 맞게 된다는 식이었다. 국가경제론, 계급갈등, 인종, 성별의 문제 등 진화론을 사회 현상에 적용하는 이유나 방식은 매우 다양하다. 어떤 경우든 자본주의사회에 만연했던 자유 경쟁 상태를 정당화하는 근거로 『종의 기원』이나 그 내용 일부를 직접 인용하는 행위는 일상적인 일이 됐다. 다윈 자신은 그런 행위를 부정했을까? 그렇지도 않다. 1871년 출판된 『인간의 유래』는 인간의 신체뿐 아니라 행동, 마음 그리고 문명까지도 동물의 몸, 행동, 인지 그리고 사회의 연장선상에서 볼 수 있음을 밝히고자 쓴 책이었다.

유전공학으로 탄생할 미래 신한국인

세계적인 천체물리학자 고 스티븐 호킹은 "유전자 조작으로 몇 세기 뒤 인간은 지금과 다른 외모를 갖게 된다."고 예측했다.

지금으로부터 40여 년 전인 1983년 충북 청원군의 한 동굴에서 흥미로운 뼈 화석이 발견됐다. 약 4만 년 전 구석기 시대에 살았다고 추정되는 5살짜리 어린아이의 유골이었다.

처음 발견한 광산 직원(김흥수)의 이름을 따 '흥수아이'라고 불리는 유골의 주인공은 어떤 모습일까. 4만 년이나 지난 현재 한국 어린아이의 모습과 많이 다를까.

그렇지 않다. 30여 년 전인 1997년 충북대학교 고고미술학과 이융조 교수가 복원한 흥수아이의 청동상은 120cm 정도의 키에 좁고 긴 계란형의 머리 모양을 한 '평범한' 외모를 갖췄다. 단지 뒤통수가 유난히 튀어나온 짱구라는 점, 그리고 아래턱이 상당히 발달했다는 점 정도의 특징이 발견된다. 물론 고고학자의 관점에서는 중요한 차이겠지만 일반인에게는 별종으로 보일 만한 특성이 눈에 띄지 않는다.

하지만 4만 년 후 미래의 한국인이 현재 우리의 외모를 알게 된다면 크게 놀랄지 모른다. 그들의 눈에는 현재의 한국인 대다수가 체격이 왜소하고 병에 잘 걸리는 '열등한' 사람들로 보일 것이기 때문이다. 유전공학의 발달로 인해 지능과 건

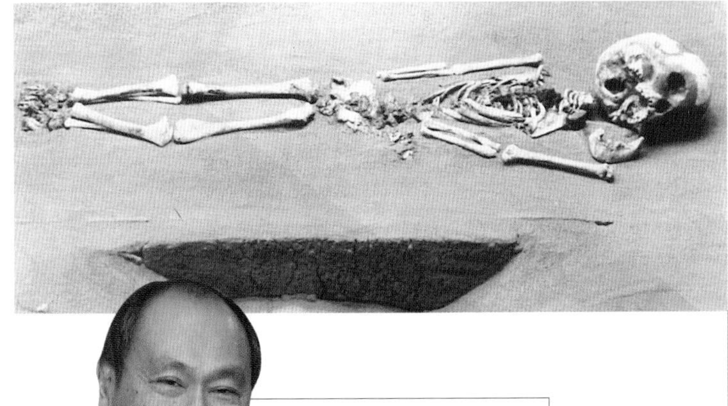

1983년 충북 청원군에서 발견된 5살짜리 어린이 유골(왼쪽)과 얼굴을 복원한 모습(오른쪽). 4만여 년 전에 살았던 아이라고 여겨지는데, 키나 얼굴 생김새가 현대 동갑내기들에 비해 큰 차이가 없다. 처음 발견한 사람의 이름을 따 '흥수아이'라고 불린다.

『역사의 종말』로 유명한 프랜시스 후쿠야마 교수는 퓨처리즘(미래주의)을 21세기의 '위험한 사상'으로 꼽으면서도 생명공학으로 인한 신인류 탄생을 점쳤다.

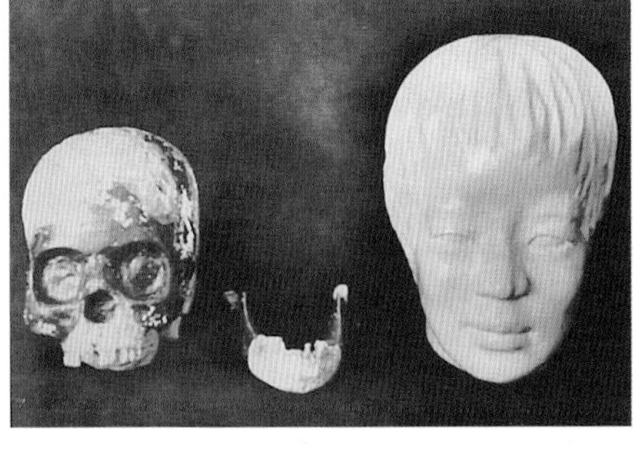

강, 그리고 외모 모두 뛰어난 형질을 갖춘 '슈퍼맨'이 한국에 주류를 이룬다는 전제 아래에서 말이다. 그런데 21세기가 지나기 전 우수한 형질로 무장된 '신한국인'이 실제로 등장할 가능성이 크다는 의견이 제시됐다.

미래 한국인의 모습을 점치는 일은 쉽지 않다. 현재까지 키나 몸무게, 그리고 얼굴의 골격이 어떻게 변해왔는지에 대한 자료를 토대로 가까운 미래의 모습을 조심스럽게 예측할 뿐이다. 물론 '현재까지의 추세대로 간다.'는 전제 아래에서 시뮬레이션을 한 결과다. 하지만 커다란 변수가 있다. 유전공학의 발달로 인간의 유전자를 변화시킨다면 상황은 달라진다.

고고학자들은 인류가 지구에 등장한 시점을 대략 450만 년 전으로 파악한다. 이 긴 시간 동안 인간의 유전자는 지구에서 생존하는 데 가장 적합한 형태로 '천천히' 적응돼 왔다. 한 집단에서 이따금씩 돌연변이가 발생하면, 예를 들어 키가 유난히 큰 사람이 등장하면 상황에 따라 두 가지 일이 벌어진다. 그 사람이 자연적으로 선택돼 몇 세대 후 집단 구성원이 모두 큰 사람들로 바뀌거나, 반대로 환경에 적응하지 못하고 도태돼 사라지는 일이다.

그런데 현대 유전공학은 이 자연적인 흐름에 종지부를 찍을지 모른다. 인간이 직접 유전자를 조작해 형질 자체를 변형시킨다면, 그리고 이 유전 형질이 다음 세대로 계속 전해진다면 자연적인 진화는 더 이상 힘을 발휘하지 못하게 되기 때문이다. 바야흐로 인간이 진화의 속도와 방향을 통제하는 시대가 열린다는 말이다. 그리고 현대 유전공학은 이 일을 실현시킬 수 있는 수준에 도달하고 있다.

지금은 고인이 된 영국의 세계적인 천체물리학자 스티븐 호킹은 "다음 세기에 유전적으로 변형된 새로운 인간이 탄생할 것"이라는 의견을 여러 차례 피력했다.

호킹은 "경제적 이유로 허용된 동식물에 대한 유전자 조작이 인간에게도 확대될 것이며, 몇몇 과학자들에 의해 인간을 개조하고 개선하는 연구가 진행될 것"으로 전망하고 "몇 세기 뒤의 인간은 지금과 다른 외모를 갖게 된다."는 말을 덧붙였다.

미국 스탠퍼드 대학교의 정책학자 프랜시스 후쿠야마 교수 또한 비슷한 견해를 밝힌 바 있다. 그는 《국가 이해》라는 외교 전문 계간지에 기고한 논문에서 "미래 생명공학의 가장 큰 성과는 인간의 본성 자체를 변화시키는 잠재력를 갖췄다는 점이다."라고 말하고 "변화된 본성이 자손에게 전달돼 결국 새로운 유형의 인간이 탄생할 것"이라고 주장했다. 예를 들어 유방암이나 알츠하이머 치매와 같은 난치성 질환을 일으키는 유전자는 물론 공격성과 같은 인간의 나쁜 성격을 결정짓는 유전자를 제거하면 새로운 체질과 성격을 갖춘 인간이 탄생한다는 말이다.

한쪽이 발달하면 다른 쪽은 기형

후쿠야마 교수는 현재 정보 기술의 범람을 막을 수 없는 것처럼 생명공학의 기술을 반대하거나 그 발전 속도를 늦추는 일은 불가능하다고 전망했다. 그는 한 국가가 유전자 조작을 통해 우수한 인간을 배출하기 시작할 것이고, 여기에 자극을 받은 다른 나라들도 경쟁적으로 같은 일에 뛰어드는 상황이 벌어질 것으로 예측했다.

사실 호킹과 후쿠야마의 얘기는 전혀 새로운 것이 아니다. 선천적으로 몸에 필요한 특정 유전자를 물려받지 못한 환자에게 정상 유전자를 삽입하는 '유전자 치료법'이 이미 1990년부터 성공적으로 적용되기 시작했다. 현재는 아예 수정란 단계부터 발병 유전자를 찾아내는 연구가 진행 중이다. 이런 시술을 받고 태어난 아기는 조상 대대로 물려받아온 고질적인 유전병으로부터 해방될 수 있을 뿐더러, 더 이상 자손에게 병을 물려주는 일이 멈춰진다.

문제는 단순히 질병 치료 차원을 넘어 '우수한' 형질을 주입하려는 시도가 벌어질지 모른다는 점이다. 홍욱희 소장(세민환경연구소)은 "내 아이가 나보다 뛰어나기를 바라는 부모의 마음을 막기 어려울 것"이라고 전제하고 "예를 들어 운동을 잘하고 근육질이면 좋겠다고 생각하는 소망이 이제 현실화될 수 있는 날이 가까워졌다."고 설명한다. 인간 유전자의 구조를 낱낱이 파헤치는 인간 게놈 프로젝트가 2003년에 완료되었기 때문이다. 근육 형성 유전자이든 운동신경 유전자이든 원하는 대로 인간의 형질을 찾아 바꿀 수 있는 '설계도'가 만들어진 셈이다.

그러나 형질이 우수해진다고 해서 행복감이 증가한다는 보장은 없다. 한 예로 우수한 사람이 많아지면 그 사이에서 경쟁은 더욱 치열해질 것이다. 인간 사이의 따뜻한 유대감이 줄고, 상대보다

세계 모델 대회에 참가한 미녀들. 미래에는 머리 색깔이나 옷맵시만 다를 뿐 얼굴, 몸매, 그리고 신장이 거의 동일한 미남 미녀가 대거 출현할지도 모른다.

뛰어나야 한다는 마음 때문에 심리적인 불안감이 더욱 강해질지 모른다. 치열한 경쟁의 현장인 도시에서 학교를 다닌 아이들에 비해 지방 학교 출신 아이들의 인간관계가 더 끈끈한 것과 같은 이치다.

하지만 제아무리 유전공학이 발달해도 질병 치료 정도에 그칠 뿐이지 우수한 형질을 갖춘 '신인류'를 만들지 못할 것이라는 의견도 있다. 최재천 교수(이화여자대학교 에코과학부)는 "몸에 질병을 일으키는 나쁜 유전자를 제거하는 일은 몰라도 새로운 유전자가 삽입돼 형질이 뛰어나게 변한 인간이 과연 정상적으로 살아갈 수 있을지에 대해 의문이 든다."고 말한다. 예를 들어 지능을 뛰어나게 만들기 위해 현재보다 뇌를 10% 크게 만든다고 가정해 보자. 뇌는 몸이 섭취한 산소의 대부분을 사용하는 장소다. 따라서 크기가 늘어난 만큼 더 많은 산소를 섭취해야 한다. 하지만 정상적인 허파로서는 그 기능을 감당할 수 없을 것이다.

최재천 교수는 인체가 제대로 작동하는데 필요한 예산(에너지)이 일정하다는 점을 강조한다. 만일 한쪽 기능이 너무 발달하면 이를 감당하기 위해 평소보다 많은 예산이 투여되기 때문에 다른 어딘가에서는 예산 부족으로 인해 '적신호'가 울릴 것이라는 설명이다. 인체 각 부위의 기능은 서로 긴밀하게 연결돼 있기 때문이다.

하지만 인간이 이 숨겨진 메커니즘을 알아내기는 거의 불가능하다. 인간 게놈 프로젝트가 완성돼 개개 유전자의 기능이 밝혀졌어도, 유전자 간의 상호 관계를 밝힐 수 있다고 장담하는 과학자는 현재로서는 없다.

21세기가 끝날 무렵 한국은 생명공학 분야에서 세계적인 수준에 도달하고, 그 성과를 활용해 슈퍼맨과 같은 우수한 인간을 만들어낼지도 모른다.

한편 '신인류'가 탄생하기 어려운 또 다른 이유가 있다. 과학 기술이 아무리 발달해도 사회적으로 강한 '거부' 의사가 형성되면 현실적으로 실현되기 어렵다. 1997년 복제양이 태어난 이후 일각에서 끊임없이 '인간 복제'를 시도하려 하지만 윤리적인 거부감 때문에 실현되지 못하는 것과 같은 이치다.

그런데 한국의 경우 상황이 달라질 가능성이 있다. 홍욱희 소장은 "현재의 추세라면 미래에 인체 유전자 조작 기술이 활발하게 적용되는 나라는 선진국이 아닌 한국일 가능성이 크다."고 진단한다. 그는 "예를 들어 미국에서는 유전공학의 산물에 대한 법적 견제 장치가 연방정부, 주정부, 연구소 등 다양한 수준에서 마련돼 있지만 한국의 경우 아무런 대비책이 없다."고 말한다. 만일 지능을 조절하는 유전자가 발견돼 인간의 수정란에 삽입시키는 실험이 진행된다면 한국에서는 이를 검토하고 평가할 만한 법이나 제도가 없다. 비근한 예로 1998년 8월 20일 한국에서 기자회견을 개최한 인간 복제 서비스 회사 '클로나이드'가 한국에서 인간 복제를 성사시킬 파트너를 '공개 모집'해도 이를 제어할 수 있는 아무런 제도적 장치가 없다.

그렇다면 21세기가 끝날 무렵 누구보다 우수한 두뇌와 뛰어난 신체를 지닌 '신인류'는 어쩌면 한국에서 최초로 등장할지도 모른다. 하지만 이 '신한국인'의 출현이 우리에게 달갑게 받아들여질지는 의문이다.

6천 년 전 한국인의 조상 얼굴에 등고선을 처리한 모습. 6천 년 후 한국인의 모습은 어떻게 변할까? 유전공학으로 인해 전혀 예상치 못하는 얼굴이 등장할 수 있다.

인공 진화 기술로 유전자 대량 생산

"시험관내 진화 기술은 21세기의 가장 중요한 기술 중 하나입니다."

인간 게놈 프로젝트를 창시한 찰스 칸토 박사는 삼성종합기술원의 초청 세미나에서 이렇게 말했다.

생명에 관한 많은 정보를 저장하고 있는 분자인 DNA와 RNA가 지구상에 출현한 것은 약 40억 년 전. 초기에는 단순히 자신을 복제할 수 있는 분자로 출발해 무수한 진화 과정을 거쳐 오늘날과 같은 다양한 생물체를 탄생시킨 것으로 추측되고 있다.

과학이 발전함에 따라 진화를 보는 관점도 형태와 같은 거시적인 관점에서 자연 현상의 기초 단위인 분자 수준의 관점으로 발전해 왔다. 그리고 이제는 분자 수준에서 인간이 생명체의 진화를 조절할 수 있게 됐다.

바이오벤처기업 '바이오니아'는 2000년에 DNA합성시스템 100대를 가동시킬 수 있는 세계 최대의 유전자공장을 200억을 투자해 건설했다. 이 공장은 하루에 최대 40M(메가, 1M=100만) 염기 길이의 유전자를 자동으로 합성해낼 수 있는 규모다. 박테리아 게놈 길이가 보통 2M, 벼 게놈이 430M, 인간 게놈이 3150M 염기이므로 이제 새로운 생명체 설계가 꿈속의 이야기만은 아니다. 현재 이곳에서는 하루에 1만 5000~3만 개의 유전자를 만들어낼 수 있다. 유전자 '신제품'을 디자인해 원하는 만큼 대량 생산하는 '진화 공장'인 셈.

인간이 유전자를 자유자재로 합성할 수 있는 시대가 열렸다. 유전자의 변이가 축적돼 진화가 일어나니, 바야흐로 인간이 진화를 주무를 수 있게 된 셈이다.

요즘 진화 공장에서는 인간 단백질을 쉽게 생산할 수 있게 인간 유전자 전체를 재설계해 다시 합성하는 대규모 프로젝트를 기획하고 있다. 인간의 단백질을 대량으로 얻을 수 있게 되면 성장 호르몬이나 인터페론과 같은 바이오 의약품으로 사용될 수 있는 단백질의 기능을 알아내 많은 특허를 획득할 수 있을 것이다.

사실 인공 진화 기술은 인류 역사와 함께 계속 발전해 왔다. 그 1단계는 교배에 의한 인공 진화다. 약 1만 년 전 농경 · 목축 사회가 시작되면서 인간은 의도적인 교배로 유전자를 재조합해 인간에게 필요한 종자와 가축을 만들어왔다. 그러나 교배가 불가능한 종의 유전자를 다른 생명체에 도입하는 것은 불가능했다.

2단계는 이종 생물 간 유전자 재조합에 의

한 인공 진화다. 1953년 DNA 구조가 밝혀지고 1980년대에 미생물, 식물, 동물로의 DNA 전달이 가능해지자 다른 생물의 유전자를 인간이 키우는 생명체에 넣어 교배에 의해 만들 수 없었던 새로운 생명체를 만들 수 있게 됐다. 이 기술이 도입됨으로써 시신에서만 추출하던 인간 인슐린을 대장균에서 대량 생산할 수 있게 됐고, 인간에게 필요한 단백질을 미생물을 이용해 생산하는 고부가가치 신산업이 창출됐다.

이제 3단계인 인공 진화 시대로 접어들고 있다. 자연계에 존재하지 않는 새로운 유전자를 설계하거나 컴퓨터로 계산해 얻은 새로운 유전자를 지닌 인공 생명체까지도 만들어낼 수 있게 된 것이다.

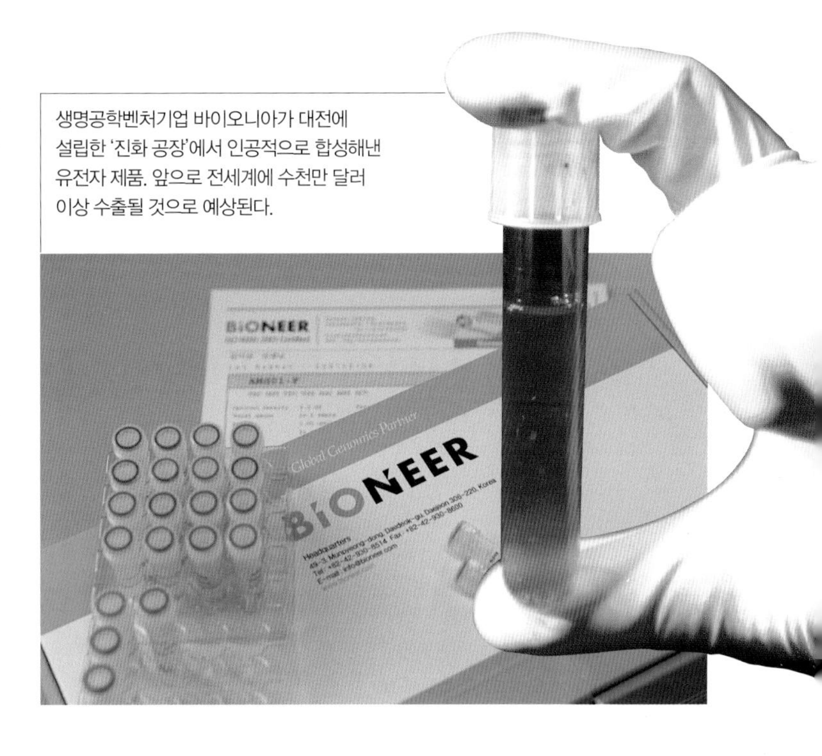

생명공학벤처기업 바이오니아가 대전에 설립한 '진화 공장'에서 인공적으로 합성해낸 유전자 제품. 앞으로 전세계에 수천만 달러 이상 수출될 것으로 예상된다.

시험관에서 유전자를 합성하고 선택하는 과정

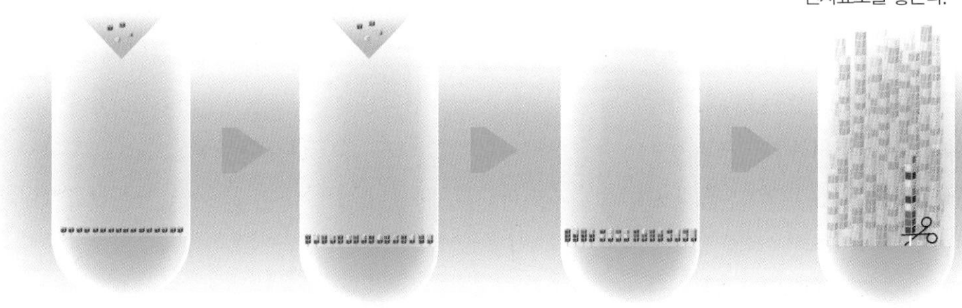

❶ 고체 표면에 첫 염기를 붙이고 그 다음에 올 ATGC 염기 혼합 용액을 넣어 반응시킨다.

❷ 염기 2개짜리 서열이 4종류 생긴다. 다시 ATGC 염기 혼합 용액을 넣어 반응시킨다.

❸ 염기 3개짜리 서열이 16종류 생긴다. 이 과정을 수십 회 반복한다.

❹ 가능한 모든 염기배열의 DNA가 만들어진다. 고체 표면에서 이들을 잘라낸 다음 전사효소를 넣는다.

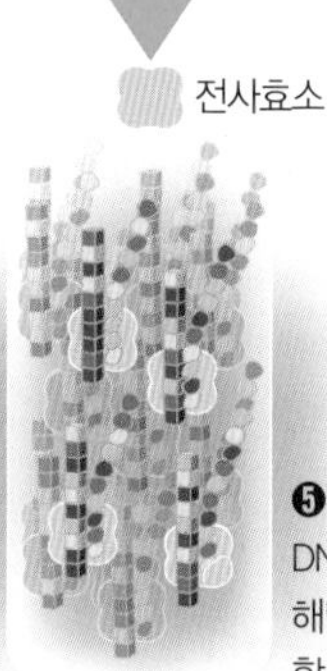

❺ 전사효소가 각 DNA 염기배열에 해당하는 RNA를 합성한다.

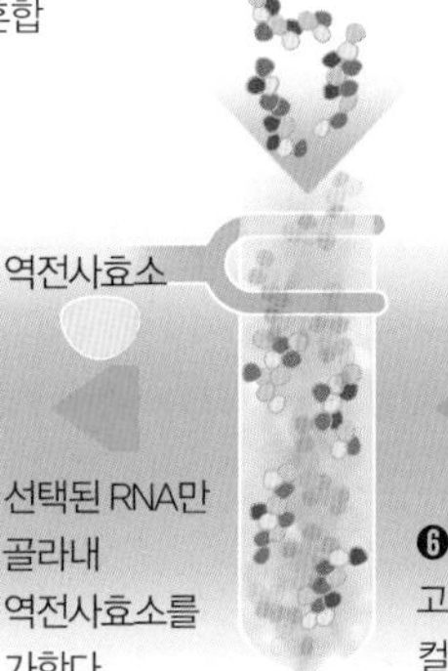

❻ 특정 물질이 고정화돼 있는 컬럼에 RNA를 통과시키면 여기에 붙는 RNA만 컬럼 안에 남는다.

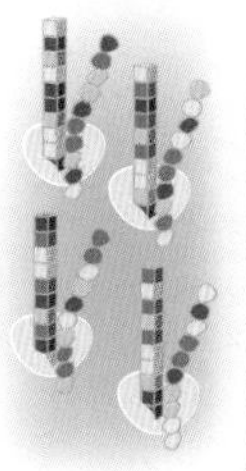

❼ 역전사효소가 각 RNA 염기배열에 해당하는 DNA를 합성한다.

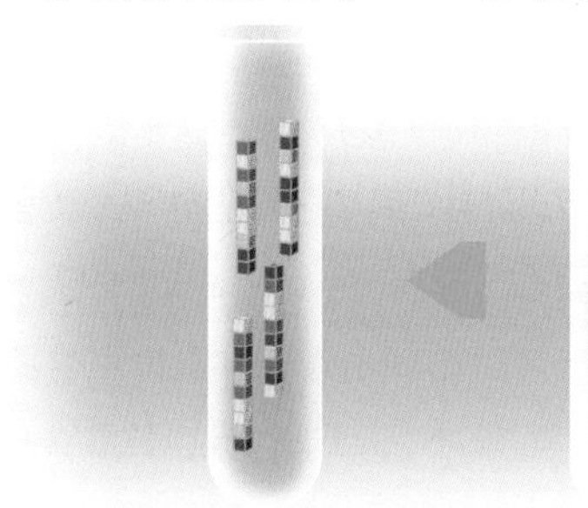

❽ 최종적으로 얻은 DNA. 처음에 무작위로 합성한 수많은 DNA 중 원하는 DNA만 선택한 것이다. 전체 과정을 여러번 반복하면서 컬럼에 더 잘 붙는 DNA를 얻을 수 있다.

진화의 분자 메커니즘

DNA 염기서열에서 일어나는 작은 변화는 생명체를 진화시키는 추진력을 갖는다. 염기의 배열에 따라 어떤 생명체는 특정 질병에 끄떡없지만 다른 생명체는 맥을 못출 수도 있다. 사진은 DNA와 질병의 관련성을 분석하고 있는 화면.

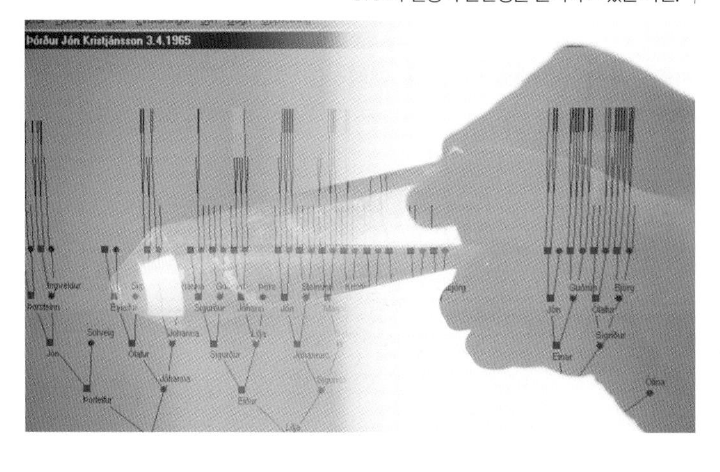

사실 시험관내 진화 연구는 생명 탄생의 열쇠를 쥔 초기 분자들의 진화 과정을 재현해 보려는 시도에서 시작됐다.

생명 정보는 DNA에서 RNA로, RNA에서 단백질로 전달되는 것으로 알려져 있다. 하지만 과학자들은 생명체 이전, 즉 진화 초기 유전자는 DNA보다는 RNA로 돼 있었을 것으로 추측하고 있다. RNA는 수산기를 갖고 있어 화학 반응이 좀 더 효율적으로 일어나도록 촉매 역할을 할 수 있으며 스스로 자기 복제가 가능하기 때문이다. 이를 증명하기 위한 실험들이 여러 과학자들에 의해 진행됐다. 미국 코넬 대학교의 조스탁과 조이스 박사는 생명체가 생기기 전 형태라고 추측되는 특수한 RNA를 만들어 1994년 미국과학원상을 받았다.

시험관내에서 진화를 재현하기 위해서는 다양한 RNA를 만들고, 이 중 원하는 기능을 가진 RNA를 선택한 다음, 이를 다시 증폭하는 과정을 반복하면 된다. 그런데 RNA보다는 DNA가 화학적으로 합성하거나 증폭하기 쉽다. 따라서 시험관내 진화는 먼저 다양한 종류의 DNA를 합성하는 것으로 시작한다.

DNA는 화학 합성법을 이용해 합성한다. 미국 록펠러 대학교 메리필드 박사가 고안해 1985년에 노벨화학상을 받은 화학 합성법은 단백질이나 DNA처럼 특정한 배열로 길게 연결된 생체 고분자 물질을 합성하는 데 가장 이상적인 방법이다. 0.1~1mm의 실리카나 폴리머 알갱이 같은 미세한 고체 표면에 DNA 염기 하나를 화학적으로 붙여 놓고 여기에 A, T, G, C의 4가지 염기를 넣어 하나씩 붙여나간다. 물론 이때의 염기는 우리 몸 안에 있는 DNA 염기와는 달리 쉽게 반응할 수 있게 화학적으로 변형시킨 형태다. 반응이 끝난 후 실리카 알갱이를 씻어내면 합성된 DNA는 실리카 표면에 붙어 있고 다른 모든 불순물은 제거된다. 마지막으로 합성된 DNA를 실리카 알갱이에서 떼어낸다.

그런데 화학 반응의 특성상 반응이 항상 100% 일어날 수는 없다. 따라서 화학 합성법으로는 150개 이상의 염기를 갖는 긴 유전자를 합성하기는 어렵다는 단점이 있다. 예를 들면 100개의 염기로 구성돼 있는 DNA를 합성할 때 한 개의 유전자를 붙이는 데 98%의 효율로 붙인다 해도 $0.98^{99}=0.13$, 즉 최대 13% 정도의 수율밖에 얻을 수 없다. 그래서 긴 유전자를 화학적으로 합성할 경우 100개 이하의 염기 서열을 갖는 모든 종류의 DNA를 여러 개 합성한 다음 효소로 연결시킨다.

화학 합성법을 자동화시킨 장비가 바로 DNA 자동 합성기다. DNA 자동 합성기로 50개의 염기 배열을 갖는 모든 종류의 DNA를 만든다고 가정해 보자. 50개의 자리마다 A, T, G, C의 4종류 염기가 올 수 있으므로 $4^{50}=2^{100}\fallingdotseq10^{30}$, 자그마치 10^{30}가지의 서로 다른 염기서열을 갖는 DNA가 합성된다. 이 같은 방법을 사용하면 가능한 모든 염기 배열의 유전자를 간단하게 만들어낼 수 있는 것이다. 바로 이것이 염기 배열의 변화로 다양한 유전자풀이 생성되는 시험관내 진화의 1단계다.

1단계에서 합성한 DNA에 RNA 중합 효소를 넣고 시험관 내에서 전사(transcription)시켜 각 DNA에 상보적인 다양한 RNA들을 만든다. RNA는 염기 배열에 따라 고유한 구조를 가지므로 이렇게 합성된 모든 RNA는 각각 다른 구조를 갖게 된다. 아마도 태초에 이런 다양한 분자들이 존재했을 것이다.

이제 시험관내 진화의 2단계. 특정한 물질이 고정화돼 있는 컬럼에 다양한 RNA들을 통과시켜 그 물질에 친화력이 강한 RNA만을 골라낸다. 이 과정에서 특정 물질에 반응하는 RNA만이 '선택'되는 것이다. 칼럼에 어떤 물질을 넣느냐에 따라 선택되는 RNA도 달라지므로 원하는 성질을 갖는 최적 RNA들을 선택할 수 있다. 다윈 이론의 핵심인 적자생존이 바로 이 단계에서 일어나는 셈.

이렇게 선택된 극소수의 RNA에 다시 역전사 효소를 가해 상보적 DNA 서열을 만든 다음, 이를 수십억 배 증폭시킨다. 바로 이것이 개체수 증가에 해당하는 진화의 3단계다.

DNA를 시험관 내에서 증폭시킬 때는 효소 합성법(PCR)이 쓰인다. 이는 생체 내에 있는 DNA 중합 효소를 이용해 기존 DNA와 염기 배열이 같은 DNA를 복제하는 기술로, 유전자 증폭법이라고도 한다. 수천~수만 개 염기의 긴 DNA도 1~2시간 내에 정확하고 값싸게 증폭할 수 있는 효소 합성법은 1985년 미국 바이오벤처기업 시터스의 과학자인 뮬리스가 기본 원리를 발명했다. 뮬리스도 2001년에 노벨화학상을 수상했다.

그런데 DNA 중합 효소는 약 1만 개 중 하나마다 실수로 엉뚱한 염기를 붙여 점돌연변이를 만든다. 따라서 DNA가 증폭되면서 다양한 유전자풀이 만들어지는 것. 이때 진화 속도를 증가시키기 위해 엉뚱한 염기를 붙이는 빈도를 100개나 1000개 중 한 번으로 조절할 수도 있다. 이를 실수 유발 증폭법이라고 한다.

시험관 내에서 증폭된 DNA로 다시 RNA를 만들고 선택하는 과정들을 수차례 반복하면 자연 상태에서 수백만 년에 걸쳐 일어날 진화가 한 달 안에 일어날 수 있는 것이다.

유전자 증폭시키는 효소 합성법

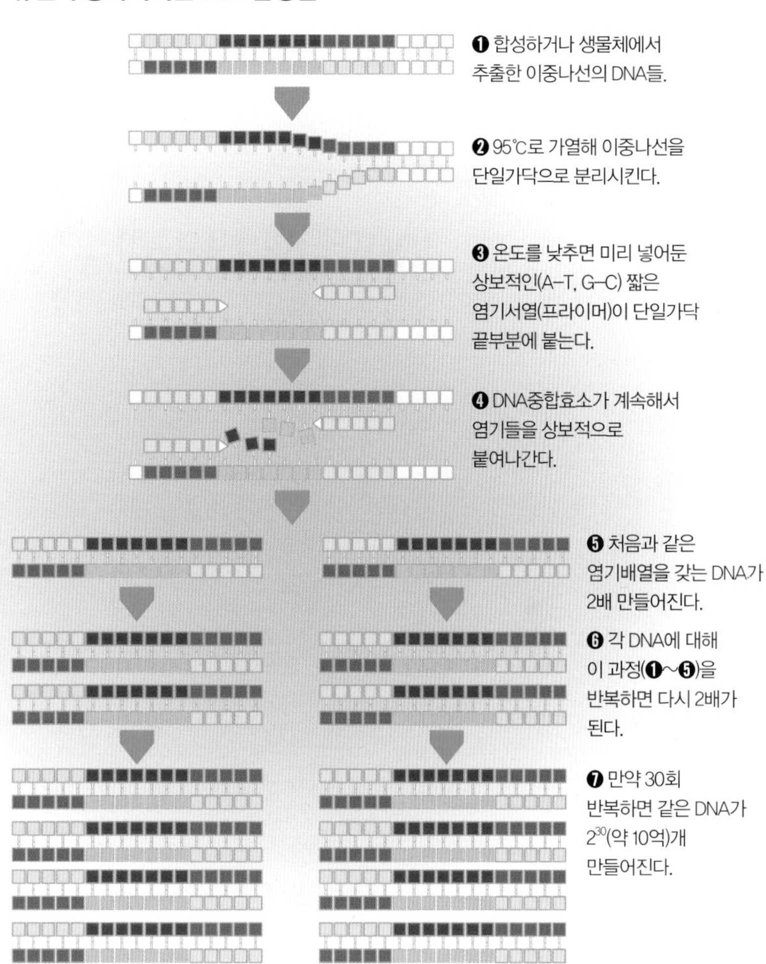

100억 배 다양한 유전자 생성

진화 속도를 고려해 보면 점돌연변이는 전 DNA에 걸쳐 무작위로 발생하므로 진화의 효율 면에서 떨어진다. 이는 빠른 속도로 증식하는 박테리아에서는 문제가 되지 않지만 복잡한 구조를 합성하는 데 시간이 오래 걸려 번식 주기가 느린 고등생물로 갈수록 진화 속도에 심각한 문제가 생긴다. 예를 들면 분열하는 데 30분 걸리는 세균 A와 1시간 걸리는 세균 B가 생존 경쟁에 들어갔을 때 하루 동안 세균 A는 세균 B에 비해 2^{24}, 즉 약 2000만 배 더 많은 후손들로부터 다양한 유전자를 가진 슈퍼 후손을 선발해 진화할 수 있다.

그러므로 고등생물에서는 점돌연변이보다 좀 더 효율적인 진화 방식이 필요하다. 바로 '성'(sex)이다. 고등생물은 암수의 결합을 통해 DNA 염기 배열을 서로 조합함으로써 다양한 유전자풀을 만들어내는 것이다.

실제로 자연계에서 염기 배열 변화는 자외선 방사선 열 같은 물리적 요인, 각종 돌연변이 유발 물질 같은 화학적 요인, 교배나 세포내 침투 같은 생물학적인 요인 등에 의해 끊임없이 일어나고 있다. 그 결과 DNA에는 특정한 순서로 연결돼 있는 염기들이 바뀌는 점돌연변이, 염기가 빠져 없어지는 결실, 새로운 염기가 첨가되는 삽입, 염기 배열이 서로 바뀌는 재조합 등으로 다양한 형태의 염기 배열 변화가 생긴다. 최근 10년간 여러 미생물의 게놈을 분석한 결과 많은 외래 유전자들이 들어와 게놈에 합쳐졌다는 사실이 밝혀지기도 했다.

시험관내 진화에서도 이 같은 원리를 이용해 DNA 뒤섞기(유사 염기 배열 재조합) 기술이 개발됐다. 이 기술은 1994년 미국 캘리포니아 공과대학교의 스테머와 아놀드 박사에 의해 처음 사용됐다. 다른 생명체에서 나왔지만 같은 역할을 하는 유전자들을 섞은 후 DNA를 무작위로 토막 내는 DNA 가수

바이오니아가 유전자 연구를 위해 대전에 설립한 1만 3000평 규모의 글로벌센터.

분해 효소를 처리하면 유전자 조각들의 집합이 만들어진다. 여기에 유전자 양 끝부분에 해당하는 짧은 서열을 넣어 증폭하면 유전자 조각들이 무작위로 재조합된다. 스테머와 아놀드 박사는 이 기술을 이용해 베타락타메이즈라는 효소를 반응 속도가 3만 2000배 빠르게 진화시키기도 했다. 이는 점돌연변이를 만들어내는 실수 유발 증폭법을 사용해 반응 속도를 16배로 증가시킨 것에 비해 훨씬 월등하다.

어떤 유전자가 n개의 조각으로 나뉘어 성에 의해 자연적으로 재조합된다면 부모로부터 각각 1개의 유전자를 받으므로 2^n 종류의 새로운 유전자 생성이 가능하다. 그런데 실험실에서 DNA 뒤섞기 방법을 쓰면 부모의 2개 유전자보다 더 많은 유전자를 사용할 수 있다.

DNA뒤섞기로 유전자를 재조합하는 과정

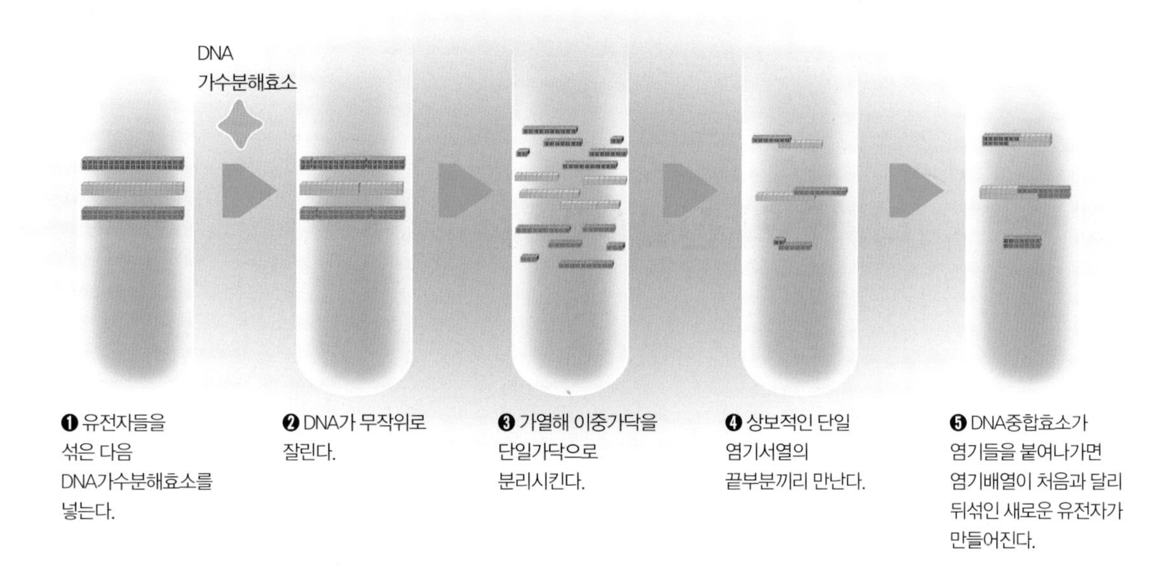

예를 들어 20개의 서로 다른 유전자를 사용하고 역시 n개의 조각으로 나뉘어 재조합이 일어난다고 했을 때 20^n 종류의 새로운 유전자가 생성될 수 있다. DNA 뒤섞기가 성에 의한 자연적 진화(2^n)보다 10^n배 다양한 유전자 생성이 가능하다는 얘기. 10개의 조각을 갖고 재조합을 한다 해도 100억 배 다양한 유전자를 만들 수 있는 것이다. 뿐만 아니라 DNA 뒤섞기는 인위적으로 유전자를 잘게 쪼개 n을 수십~수백 배 증가시켜 재조합할 수도 있다. 이런 과정에서 자연계에는 없었던, 생각지도 못한 유전자가 만들어지기도 한다.

시험관내 진화는 결국 미래에 발생할 진화를 현재로 앞당기는 '진화 타임머신'인 셈이다. 이제 진화 속도는 과거에 지구에서 진행됐던 진화와는 비교가 되지 않을 정도로 엄청난 속도로 진행될 것이다. 이로써 인간이 아니 지구상의 어떤 생명체도, 어떤 유전자도 해결하지 못했던 문제들을 해결해 나갈 것이다.

예를 들어 화성의 생태계를 변화시킬 새로운 생명체를 만들 수도 있다. 최근 화성에서 두 대의 탐사 로봇이 활동하면서 화성에 물이 존재하고 있다는 것을 확인했다. 화성에서 살 수 있는 생명체는 지구에는 없을 것이다. 있다고 해도 생존 능력이 부족할 것이다. 화성의 환경 조건을 알아낸 다음, 실험실에서 화성과 유사한 환경을 만들어 유전자를 빠른 속도로 진화시킨다면 화성에서 살 수 있는 미생물을 얼마든지 만들 수 있다.

또 지구의 환경 문제 해결도 가능해질 것이다. 지구 온난화의 주범이 되고 있는 이산화탄소는 인간이 빠른 시간에 배출량을 늘렸기 때문에 생긴 문제다. 현재 지구에 살고 있는 대부분의 생명체는 이런 환경에 적응돼 있지 않다. 그러나 이대로 간다면 미래에는 이산화탄소가 많은 지구의 환경에 적응하도록 진화한 생명체가 등장할 수도 있다. 예를 들어 탄소 동화 작용을 5% 정도 더 빨리 하는 새로운 유전자를 갖는 녹조류 미생물이 탄생할 것이라고 가정해 보자. 시험관내 진화로 이 같은 미생물을 미리 만들어 바다에 번식시킨다면 지구 온난화 문제 해결에 큰 도움이 될 것이다.

지금은 인간 활동으로 만들어진 다이옥신 같은 독성 물질을 분해할 수 있는 생명체가 알려져 있지 않다. 수백만 년 뒤에는 다이옥신을 분해하는 유전자를 가진 생명체가 등장할지도 모른다. 그렇다면 시험관내 진화 기술로 다이옥신 분해 생명체도 만들어낼 수 있을 것이다.

이처럼 과학자 의도대로 진화된 인공 생명체를 과연 어느 수준까지 제조할 수 있을까. 이미 전 세계 바이오 의약품 공장에서는 인간의 단백질을 만들어내는 인공 대장균과 효모들이 자라고 있다. 또한 농약을 분해하는 미생물의 유전자, 곤충의 독소를 가진 유전자 변형 식물들이 전 세계 농지에서 재배되고 있다. 앞으로 시험관내 진화 기술이 진화의 시계를 얼마나 앞당길지 유심히 지켜볼 일이다.

21세기의 진화론

4. 마음도 진화의 산물

디자인의 진화심리학

"우아! 잘 빠졌는데……."

길을 걷다가 옆을 미끄러져 달리는 고급 스포츠카를 보면 우리는 자신도 모르게 이런 말을 내뱉는다. 감각적인 곡선, 선명한 도색. 왜 우리는 이런 대상을 보면 가슴이 뛰고 갖고 싶은 욕망이 생기는 걸까. 미국 노스웨스턴 대학교 심리학자 도날드 노먼 교수는 『마음의 진화』에서 그 답을 찾는다. 그는 "깔끔하고 잘 빠진 모습은 건강하고 활력 있음을 상징한다."며 "좋은 디자인은 인간의 '본능적 욕구'가 철저히 반영된 것"이라고 말했다.

보기 좋은 디자인은 단순히 눈을 즐겁게 할 뿐 아니라 실제 물건을 다룰 때 효율도 높여 준다는 사실이 밝혀졌다. 1995년 일본의 연구자들은 현금 자동지급기(ATM) 버튼의 배치에 따라 사용자가 느끼는 난이도를 측정해 봤다.

아이들이 달콤한 것을 좋아하고 원색의 장난감을 집는 것도 진화를 통해 당도가 높고 색이 선명한 과일이 영양이 풍부해 생존에 유리하다는 것이 각인된 결과다.

그 결과 0부터 1까지의 숫자와 수정, 취소 등 여러 버튼이 보기 좋게 배치된 경우가 그렇지 않은 것보다 사용하기 쉽게 인식되는 것으로 나타났다. 스마트폰 기본 어플 UI도 마찬가지다. 왜 이런 현상이 일어날까.

"정서는 이성이 문제를 해결하는 데 큰 영향을 미칩니다. 즐거운 상태는 사고 과정을 넓혀 주고 창조적인 생각을 촉진하지요."

도날드 노먼 교수는 저서 『감성적 디자인 *Emotional Design*』에서 이렇게 설명한다. 즉 학습과 호기심, 창조적인 사고가 가능하려면 긍정적인 감정 상태여야 한다는 것이다. ATM 버튼의 미적인 배치를 보고 기분이 좋아진 사람은 생각이 유연해져 쉽게 사용법에 익숙해질 수 있다.

그렇다면 우리는 왜 기분이 좋을 때는 생각이 유연하고 나쁠 때는 경직될까. 역시 '마음의 진화론'이 그럴듯한 답을 제시한다. 저쪽에서 호랑이가 달려오면 싸우든지 줄행랑을 쳐야지 '이 생각 저 생각'했다가는 살아남을 수 없기 때문이다. 다급할 때일수록 '아무 생각이 나지 않는' 이유다.

문제는 이렇게 진화한 마음의 구조가 현대 생활에서는 오히려 부적절하다는 것. 맹수가 쫓아올 때와 마찬가지로 신형 기기를 쓸 줄 몰라 화가 치밀 때도 우리 마음은 마찬가지의 '스트레스' 반응을 한다. 그 결과 자기도 모르게 키보드를 두들기거나 심한 말을 입으로 내뱉게 된다. 노먼 교수는 "많은 사람들이 컴퓨터를 쓰다가 짜증을 내는 것은 당연한 반응"이라며 "생각이 많이 요구되는 대상일수록 미적 디자인에 더욱 신경을 써야한다." 고 말했다.

"좋은 형태는 모든 대상을 가급적 단순한 형태로 지각하려는 내재적 지각 성향을 충족시키는 것이다."

현대 디자인에 큰 영향을 미친 '형태(Gestalt) 심리학'의 기본 명제다. 겉으로는 복잡해 보이더라도 제대로 구조화돼 있다면 더 단순하게 지각될 수 있고 이럴 때 아름답게 느껴진다는 것이다. 미국 디즈니사의 심벌로 수많은 사람들의 사랑을 받은 캐릭터 미키마우스를 보자.

미키마우스의 얼굴은 우리가 알지 못하는 사이에 많이 변해서 오늘에 이르렀다. 그런데 예전의 미키마우스와 현재의 미키마우스를 비교해 보면 후자가 더 세련됐고 아름다워졌다. 둘의 사진을 겹쳐보면 최근 것은 앞이마가 더 확실하게 휘어 있어 곡선의 특징을 쉽게 파악할 수 있다.

한편 현재의 미키마우스 얼굴은 더 작은 숫자의 원으로 환원된다.

한성대학교 융복합디자인학부 지상현 교수는 "둘을 학생들에게 보여 주고 잠시 뒤에 보지 않고 그리게 하자 최근의 미키를 본 학생들이 더 정확히 그렸다."며 "특히 앞이마와 전체적인 얼굴 모양이 두드러지게 정확했다."고 말했다.

ATM UI의 심미성과 사용성 연관 실험

심미성에 높은 점수를 받은 배치로 사용성도 좋게 평가됐다.

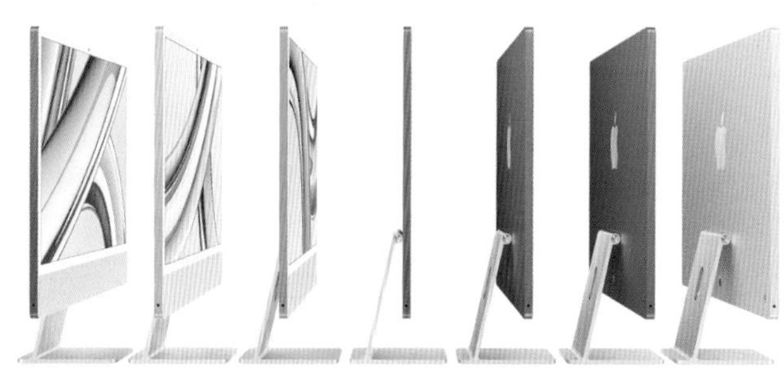

심미성에 낮은 점수를 받은 배치로 사용성도 낮게 평가됐다.

매 시리즈마다 새로운 디자인과 색상을 선보이는 아이맥과 여러 디자인 어워드에서 상을 휩쓴 현대자동차 아이오닉6도 결국은 '외모'를 중시하는 본능을 대상으로 삼았다.

과학으로 벗겨본 남녀 탐구생활 ① 쇼핑

머리핀 하나 사는 데 백화점을 두 시간째 돌아다니는 여친이 이해되지 않는다면? 남자들은 왜 싸울 때 주먹부터 나가는지 궁금하다면? 남녀가 다르게 행동하는 원인을 밝히는 기발한 연구들을 만나보자. 시간을 원시 시대로 되돌려 따져보기도 하고, 수년째 초파리들에게 싸움을 걸며 지켜보기도 한다. 그런 실험이 정말 있다? 있다!

사소한 거 하나부터 너무 다른 남녀의 생활을 과학적으로 탐구해 보는 시간. 오늘은 남녀의 쇼핑 행동에 대해 알아봐요. 먼저 남자의 쇼핑 행동이에요. 남자는 정확히 1년 하고도 3일 만에 백화점을 찾았어요. 전에 양복을 사려고 엄마랑 함께 왔었는데, 엄마가 3시간이 넘게 남자를 끌고 다니며 옷을 입어 보게 해서 탈진했던 기억이 나요. 남자는 자꾸 점원들이랑 눈이 마주치는 게 불편해요. 아무래도 그때의 자신을 기억하는 것만 같아 고개를 푹 숙여요.

오늘은 회사 체육 대회에서 신을 운동화를 사러 왔어요. 특별히 선호하는 스타일은 없고 남자의 살인적인 발 냄새를 막아줄 튼튼한 녀석이면 돼요. 남자는 가장 가까운 매장으로 들어가요. 남자는 이 집이 이 층에서 가장 비싼 집이라는 사실을 몰라요. 아싸라비아! 바로 맘에 드는 운동화를 찾았어요. 운동화에 구멍이 송송 난 게 마치 "네가 나를 신고도 네 발에서 땀이 나면 너는 사람도 아니다." 라고 외치는 것 같아요.

남자는 물건을 사요. 혹시 다른 색은 없는지, 비슷한 값에 다른 디자인은 없는지 묻지 않아요. '통풍 잘 되는 편한 운동화'를 사는 게 목적이니까요. 남자가 좋아하는 오디오나 컴퓨터 같은 큰 물건을 사러 왔다면 친구랑 와서 오랫동안 둘러보겠지만, 이렇게 어쩔 수 없이 사는 물건이라면 얼른 사서 빠져나가는 게 상책이에요.

남자는 만족스러운 쇼핑을 한 것 같아 기분이 좋아요.

다음은 여자의 쇼핑 행동이에요. 여자는 회사 체육 대회에서 자신의 날씬한 각선미를 돋보이게 해줄 상큼하고 예쁜 운동화를 사러 왔어요. 여자는 베스트 프렌드와 동행해요. 백화점에서 함께 물건을 고를 수 있는 친구가 베스트 프렌드라고 여자는 생각해요. 여자는 자신의 주머니 사정상 어느 매장에서 물건을 살 수 있는지 이미 알고 있지만 바로 들어가지 않아요. 더 값싸고, 더 예쁘고, 더 질 좋은 제품이 있을지도 모르니까요. 전 매장을 세 바퀴쯤 둘러보고 나서야 여자는 본격적으로 물건을 골라요.

이미 어느 상품이 어디에 진열돼 있는지 머릿속에 입력돼 동선이 빠르고 정확해요. 유행은 안 타게 생겼는지, 재질은 좋은지, 할인은 안 하는지 꼼꼼하게 살펴요. 이런 우라질레이션. 디자인도 맘에 들고 기능도 좋은데 너무 비싸요. 아무래도 이 아이는 다음 주에 세일할 때 사야겠어요. 여자는 빈손으로 돌아가지만 오늘은 더 큰 만족을 얻기 위한 약간의 희생일 뿐이라며 기쁘게 돌아가요.

자, 이제 이 현상을 과학적으로 설명해 봐요. 남녀의 판이하게 다른 쇼핑 행동을 미국 미시간 주립대학교 다니엘 크루거 교수는 원시 시대 때 각기 다른 방식으로 식량을 찾아다녔던 남녀의 원시 습성으로 설명해요. 크루거 교수는 이런 결과를 국제저널 《사회와 진화, 문화심리학》 2009년 겨울호에 발표했어요. 크루거 교수는 남성이 필요한 물건을 사서 재빨리 집으로 돌아가는 행동은 이리저리 내빼는 사냥감을 용케 잡아서 얼른 집으로 돌아왔던 습성에서 비롯됐다고 주장해요. 그래서 남성은 아무리 멀고 낯선 곳이라도 자신의 위치를 확인해서 집으로 돌아갈 길을 빠르게 찾아요.

반면 가장 만족스러운 물건을 사기 위해 쇼핑몰을 샅샅이 뒤지는 여성의 쇼핑 행동은 가장 잘 익은 열매를 따기 위해 덤불을 샅샅이 뒤졌던 여성의 채집 습성에서 나왔어요. 여성은 채집하는 공간에서 물건의 위치를 구별하고 기억하는 능력이 뛰어나요. 실제로 재래시장에 남녀를 불러다 놓고 진열된 과일과 채소의 위치를 기억하게 했더니 여성들이 남성들보다 훨씬 더 잘 기억해 냈다는 실험도 있어요.

앗, 여기저기서 크루거 교수의 주장을 못 믿겠다는 의심의 소리가 나와요. 당신이 원시 시대를 봤냐는 둥, 그럴 만한 근거가 있냐는 둥, 진화 심리학은 그냥 그럴싸하게 말만 하는 학문이라는 둥 공격이 거세요. 국내 유일의 진화 심리학 박사인 전중환 경희대학교 교수가 진화에 나서요. 그는 "진화 심리학은 심장이나 허파가 자연 선택에 따라 적응해 온 것처럼 인간의 마음도 특정한 심리 메커니즘에 따라 진화한 산물이라고 해석하는 자연과학 성격의 심리학"이라며 "가설을 세워서 실험으로 증명하는 과학적이고 체계적인 방법으로 결과를 도출하므로 신빙성이 높다."고 설명해요.

이화여자대학교 에코과학부 최재천 교수도 교수의 저서 『오래된 연장통』 서문에 "진화 심리학은 인지과학, 뇌과학, 컴퓨터과학의 방법론을 이용해서 과학적 방법론을 수행하는 통섭형 과학이므로 신이 다 그리 되도록 미리 준비해 뒀다던가, 세상은 원래 다 그런 것이라는 식의 두루뭉술한 학문으로 봐서는 안 된다."고 당부했어요. 크루거 교수의 논문도 470명에 가까운 대학생들에게 채집 활동에 관련한 쇼핑의 면면을 확인할 수 있는 질문을 던지고 남녀가 어느 유형에 속하는지 확인해서 얻은 결론이에요. 전 교수는 "현재 외국에서는 활발하게 연구가 이뤄지고 있는 만큼 국내에서도 진화 심리학에 대한 이해가 넓어졌으면 좋겠다."는 말을 남겨요.

과학으로 벗겨본 남녀 탐구생활 ② 싸움

다음은 남녀의 싸우는 방법이에요. 초등학교 앞에서 싸움이 났어요. 사내아이 둘이 주먹으로 치고받아요. 옆에서는 여자아이 둘이서 머리를 잡아당기며 싸워요. 이 네 명은 각각 커플이에요. 한 여자아이가 다른 여자아이한테 왜 뒤에서 내 욕을 하느냐며 따지다가 남자친구들 간의 싸움으로 번졌어요. 참으로 눈물겨운 시추에이션이 아닐 수 없어요. 한 남자아이가 다른 남자아이에게 어퍼컷을 날려요. 빗나가요. 그러자 다른 아이가 발차기를 준비해요. 손을 크게 휘저으니까 더 위협적으로 보여요. 여자아이들은 머리를 잡아당기다가 안 되니까 박치기를 해요. 누가 가르쳐 주지도 않았는데 영화에서 싸우는 어른들의 모습과 다름없어요.

과일파리(초파리의 일종)도 사람이랑 비슷하게 싸워요. 미국 하버드 의과대학교 신경학과 에드워드 크라비츠 교수팀이 5년 동안 과일파리들의 싸움법을 관찰했더니 암컷은 상대를 머리로 들이받으려 하고(수컷에게서는 나타나지 않음) 수컷은 날개를 펼쳐서 상대를 위협하거나 킥복싱처럼 다리로 상대방을 가격하는 방법을 썼대요(역시 암컷에게서는 나타나지 않음). 연구팀은 과일파리들이 싸우는 모습을 관찰하기 위해 한 마리의 암컷을 두고 두 마리의 수컷을 경쟁하도록 만들거나 그 반대의 상황을 만들었어요. 과학자들이라 과일파리 열 받게 만드는 방법도 잘 알아요.

수컷 과일파일에는 '프루틀리스(fruitless)'라는 구애 행동을 일으키는 유전자가 있어요. 이 유전자를 암컷에게 심었어요. 그러자 암컷이 수컷처럼 발로 상대를 차며 싸워요. 반대로 수컷의 뇌에서 이 유전자가 만들어지지 못하도록 했더니 암컷처럼 머리로 밀거나 부딪히며 싸워요.

아직까지 사람에게서 이런 기능을 하는 유전

암컷 과일파리(❶❷)는 싸울 때 상대를 머리로 들이받고 수컷은(❸❹) 몸을 세워서 다리로 상대방을 가격한다는 사실이 관찰 결과 밝혀졌다.

자가 발견되지는 않았어요. 곧바로 여자친구에게 "당신은 암컷 과일파리처럼 싸웁니다."라고 말했다간 바로 박치기를 당할 수 있다는 얘기에요. 크라비츠 교수는 2006년 11월 《네이처 뉴로사이언스》에 발표한 논문에서 "무척추동물의 싸우는 행동을 이해함으로써 다른 종의 공격 성향을 연구하는 데에도 영감을 받을 수 있다."고 말했어요. 생물학자들이나 유전학자들도 "이 연구가 공격 성향과 같이 복잡한 행동이 신경 체계에 입력되는 경로를 이해하는 데 도움이 될 것"이라고 설명해요.

아이들의 싸움이 끝났어요. 선생님이 오셔서 싸우는 아이들을 떼어 놨어요. 갑자기 남자 아이들이 울기 시작해요. 여자 친구가 옆에 있다는 것도 잊은 채 맞은 곳이 아프다며 엉엉 울어요. 여자 친구들은 싸울 땐 괜찮다가 왜 싸움 후에서야 아프다고 우는지 이해할 수 없어요.

아마 미국 프린스턴 대학교 생태 및 진화 생물학과 미카엘라 하우 교수가 이 자리에 있었다면 테스토스테론 효과가 감소했기 때문이라고 설명할 거예요. 남성호르몬인 테스토스테론은 싸울 때 많이 분비돼요. 하우 교수팀은 유럽산 참새(Passer domesticus) 수컷의 몸에 테스토스테론의 농도가 높으면 고통을 잘 참는다는 결과를 실험을 통해 밝혀내 과학 전문지 《호르몬과 행동》 2004년 6월호에 발표했어요. 일반적인 수컷 참새는 51℃의 뜨거운 물에서 잘 참다가 이보다 온도가 더 높아지면 재빨리 발을 빼냈어요.

반면 등에 테스토스테론을 투여한 참새는 52℃의 물에서도 7.5초나 버텼어요. 테스토스테론을 투여하지 않은 참새보다 3배나 긴 시간이에요. 하우 교수는 "암컷을 두고 수컷끼리 싸울 때 테스토스테론이 부상에서 얻은 통증을 완화시킬 것"이라고 논문에서 밝혔어요.

이상 과학으로 벗겨본 남녀 탐구생활이었어요.

이성에게 동안이 사랑받는 이유

요즘 동안(童顔)은 젊음의 상징이요, 건강의 지표요, 자기 관리의 증표란 다. 그러다 보니 좀 더 어리게 보이고 싶은 욕망이 분출돼 미용 산업은 덩달아 신이 났다. 이제 '나이는 못 속인다.'는 말이 보편적 진리는 아닌 듯하다. 각종 매체에서는 '동안 열풍'을 앞 다퉈 다루고 저마다 동안의 기준과 사례, 그리고 처방들을 제시하고 있다. 하지만 가장 근본적인 물음에 대해서는 거의 말하지 않는다. 도대체 나이보다 어려 보이는 얼굴을 사람들은 왜 좋아하는 것일까?

진화 심리학으로 이 문제를 풀어보자. 진화 심리학자들은 인류가 오랜 진화의 역사를 거치면서 직면한 여러 유형의 적응 문제들을 해결하도록 설계된 마음을 가진 개체가 진화에 성공했을 것이라고 주장한다. 즉 우리 마음은 모든 문제들을 해결하기 위해 설계된 슈퍼컴퓨터라기보다는 특정한 몇 가지 적응 문제들, 예를 들어 적절한 음식 가리기, 좋은 짝 고르기, 상대방의 마음 읽기, 동맹 만들기 등을 해결하기 위해 자연 선택 혹은 성 선택에 의해 설계된 기관이라는 것이다.

예컨대 인간과 같이 유성 생식을 하는 종의 경우에는 짝짓기와 관련해 계속해서 우리를 골치 아프게 만들었던 문제들이 있다. 그중 하나는 협동적이고 신뢰할 만하며 수완이 좋고 번식력이 높은 적당한 짝을 잘 고르는 것이다.

진화적 관점에서 번식력이 떨어지는 짝을 고른 남성은 번식 가치가 높은 여성

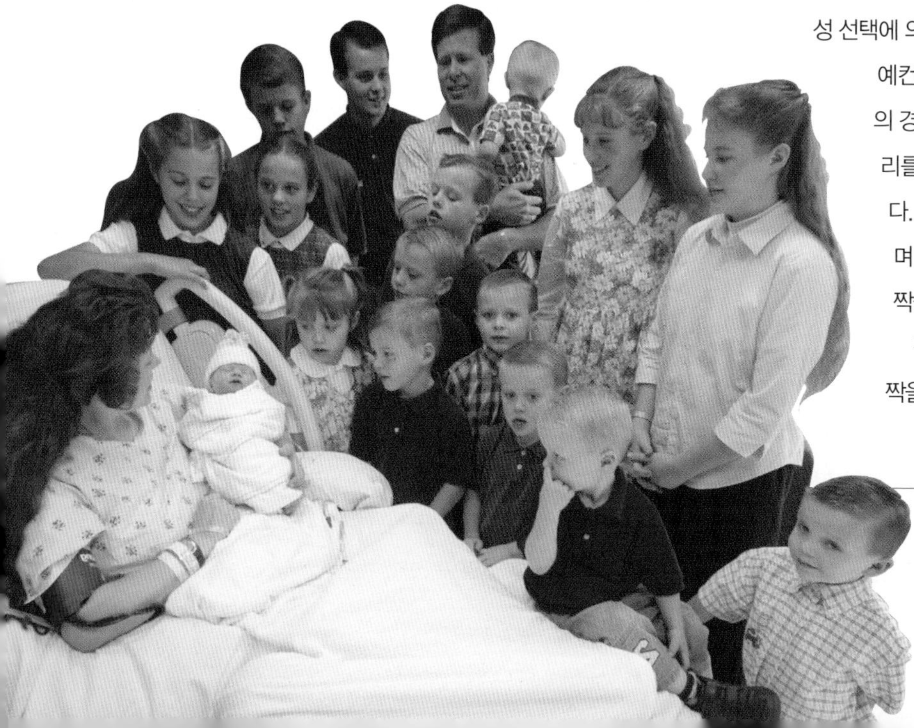

진화심리학적으로 보면 어린 얼굴은 생식력이 높음을 드러낸다. 남성이 동안인 여성을 선호하는 것은 이 때문이다.

과 짝짓기를 한 남성에 비해 틀림없이 번식 성공도에서 뒤쳐졌을 것이다. 또 자신과 그 자식들에게 자원을 투자할 수 없거나 투자하려는 의지가 적은 남성을 선택했던 여성은 그렇지 않은 여성에 비해 번식 측면에서 덜 성공했을 것이다. 남성에겐 여성의 젊음과 외모가, 여성에겐 남성의 자원, 야망, 재산, 헌신이 짝짓기에서 중요한 요인이었다.

실제로 사람의 외모는 그 사람의 유전자의 자질에 대한 중요한 단서가 된다. 예컨대 몸이 대칭적인 사람일수록 그 사람의 유전자는 평균적으로 더 좋다고 볼 수 있다. 왜냐하면 양질의 유전자는 신체적 부상이나 질병, 그리고 병원균과 같은 '악조건'에도 불구하고 몸이 정상적인 모양을 유지할 수 있도록 도움을 주기 때문이다.

실제로 사람은 자신의 짝을 고를 때 얼굴과 몸이 얼마나 대칭적인가를 무의식적으로 계산하며 약간의 차이에도 민감하게 반응한다. 미국 뉴멕시코대 심리학자인 갠지스테드와 생물학자인 손힐은 손과 발의 폭에서 귀의 폭과 길이에 이르기까지 여러 가지 특징들을 측정해 각 사람의 전체적인 신체 대칭성 지수를 구했다. 그런 다음 피험자들에게 사진을 보여 주며 누구에게 더 매력을 느끼는지 평가하게 했다. 그 결과 매력과 대칭성의 정도는 밀접한 상관관계를 나타냈다.

그렇다면 동안의 경우에는 어떨까. 남성은 동안인 여성을 선호하는가? 반대로 여성은 동안인 남성을 선호하는가?

우선 남성이 동안인 여성을 선택하는 경우부터 살펴보자. 성 선택론으로 보면 남성은 오랫동안 함께 지낼 파트너를 선택할 때는 '번식적 가치'가 높은 여성을 선호한다. 여기서 번식적 가치란 어떤 나이와 성을 가진 사람이 미래에 갖게 될 자녀의 수와 관련된다. 가령 15세 여성은 35세 여성보다 번식적 가치가 더 높다. 여성은 18세 정도에 번식적 가치가 최고며, 이후 점점 감소해 폐경기에는 0이 된다.

한 연구에 따르면 나이가 더 들수록 남성은 자신보다 더 어린 여성을 선호한다. 가령 30세 남성은 자신보다 5살 정도 어린 여성을 선호하지만 50세 남성은 10~20세 어린 여성을 선호하는 식이다. 반면 여성의 경우에는 이런 추세를 보이지 않았다. 남성이 바라는 것은 젊음 그 자체라기보다 번식적 가치와 관련된 여성의 외모일지 모른다. 이런 생각은 10대 남성이 연하보다는 조금 연상인 여성을 선호한다는 조사를 통해 입증됐다.

인간이 동안인 이성을 좋아하는 이유는 젊은 상대가 그 여성의 번식적 가치가 높다는 것을 드러내 주기 때문일 것이다. 물론 이성의 나이 자체가 번식적 가치의 가장 직접적인 지표가 될 수 있다. 하지만 나이를 알 수 없는 상황이거나 외모로만 판단해야 할 때는 얼굴과 같은 겉보기 나이가 판단 기준이 될 수밖에 없다. 따라서 얼굴이 어려 보인다는 것은 이성으로부터 선택되기에 더 좋은 형질을 가졌다고 해석할 수 있다.

이성의 취향은 번식력의 상징

임신 기간에 여성은 골 조직의 촉진으로 인해 얼굴이 다소 길어지고, 태반에서 분비된 성장 호르몬 때문에 피부가 거칠어져서 동안으로부터 점점 멀어지기 쉽다. 만일 출산 경험이 있는 여성이 앳된 얼굴을 하고 있다면 그것은 마치 버겁지만 길고 아름다운 꼬리를 쫙 펴서 암컷을 유혹하는 수컷 공작의 깃털과도 같다. 즉 수컷 공작의 깃털이나 앳된 여성의 얼굴은 모두 값비싼 신호로 이성을 유혹하고 있는 셈이다.

반대로 여성이 선호하는 남성은 어떤 조건을 갖추고 있을까? 여러 고려 사항이 있겠지만 여성은 장기적인 관점에서 자신의 짝을 고를 때 자신과 자녀에게 여러 자원들을 안정적으로 제공할 수 있는 남성을 선택하는 경우도 있다.

여성의 사회 진출이 힘든 환경일수록 여성은 자신보다 지위가 더 높고 수입이 더 많은 남성을 선호한다. 자신보다 나이가 더 많은 남성을 선호하는 것도 보편적인 특성이다. 즉 여성이 짝을 고를 때 남성의 건강이나 친절함도 중요하게 보지만 자원 제공력과 보호 능력, 원숙한 나이도 중요한 판단 기준인 것이다. 따라서 남성의 동안이 여성의 동안만큼 상대방에게 더 매력적으로 보이는 것은 아니다.

하지만 여성이 동안인 남성을 특별히 선호하는 시기도 있다. 컴퓨터 화면에서 턱과 광대뼈, 그리고 얼굴 형태의 비율을 연속적으로 조정해 가며 마음에 드는 남성의 사진을 고르게 한 실험에서, 여성 피험자들은 생리주기에 따라 다른 대답을 내놓았다. 임신가능성이 가장 높은 시기(여포기) 여성들이 가장 낮은 시기(황체기) 여성에 비해 남성스러운 얼굴을 더 선호하는 것으로 나타났다.

연구에 따르면 남성스러운 얼굴은 성호르몬인 테스토스테론의 수치가 높은 경우에 나타나는데, 그 수치가 높다는 것은 그만큼 건강한 면역체계를 갖고 있다는 뜻이므로 그 얼굴을 선호한다고 한다. 하지만 이를 바꿔 말하면 배란기가 아닐 때는 여성이 더 여성스러운 남성의 얼굴을 선호한다는 뜻이 된다. 여성스러운 남성의 얼굴이란 대개 앳된 남성의 얼굴과 유사하다.

동안을 선호하거나 배척하는 경우가 꼭 짝짓기에만 있는 것은 아닐 것이다. 동안인 남성은 같은 남성들에게 어떤 평가를 받을까? 또한 앳된 여성은 다른 여성들에게 어떤 반응을 불러일으킬까?

사실 이런 물음들은 번식보다는 생존 문제에

연관된 것들이다. 아쉽게도 동안에 대한 동성의 선호도 연구가 아직은 거의 없다. 하지만 후속 연구를 위해 몇 가지 가설은 세워볼 수 있다.

우선 동안인 남성은 어리다고 판단되기 때문에 공동체 편입에는 용이할 수는 있지만(다른 구성원들이 경계심을 풀기 때문에), 나이로 위계질서가 잡히는 사회에서는 말단으로 몰리기 쉽다. 따라서 동안인 남성이 생존에 딱히 유리하다고는 볼 수 없을 것이다. 다른 여성들 사이의 앳된 여성은 어떨까? 이 경우도 동전의 양면이다. 보호받기는 쉽겠지만 반대로 공격에도 쉽게 노출될 수 있기 때문이다. 이렇게 진화 심리학은 최근의 동안 열풍에 대한 가장 깊은 설명을 제공한다.

생성형 AI가 그린 동안 남성 이미지.

수컷 공작은 암컷을 유혹하기 위해서 힘이 들어도 끙끙대며 길고 아름다운 꼬리를 쫙 펼친다.

문학-콩쥐에 관한 진실

"신데렐라는 어려서 부모님을 잃고요, 계모와 언니들에게 구박을 받았더래요."

꼬마들이 손뼉치기를 하면서 부르는 노래다. 이 노래를 들어보지 못했더라도 신데렐라 이야기를 모르는 사람은 거의 없을 게다. 계모와 그 자식들에게 구박 받던 신데렐라는 요정의 도움으로 무도회에 참석한다. 왕자와 춤을 추던 신데렐라는 마법이 풀리는 밤 12시가 되자 허겁지겁 무도회장을 빠져나오다 유리 구두를 떨어뜨린다.

결국 구두 주인을 애타게 찾던 왕자를 다시 만난다. 이 이야기는 9세기 중국 민담에서 처음 발견되고 유럽에서는 16세기경에 등장한다. 오늘날 가장 잘 알려진 신데렐라는 프랑스 작가 페로 동화집의 주인공이다. 서양에 신데렐라가 있다면 우리에게는 콩쥐팥쥐가 있으렷다. 깨진 독에 물을 붓고 있는 콩쥐에게 두꺼비가 나타나 구멍을 막아 준다는 줄거리로 우리에게 널리 알려진 이 민담은 1919년 대창서원판『콩쥐팟쥐전』으로 처음 문자화된 것으로 추정된다. 어쨌든 콩쥐팥쥐에서도 주인공을 구박하다 결국 철퇴를 맞는 계모와 그 일당이 어김없이 등장한다.

왜 이런 이야기가 동서양 가릴 것 없이 거의 보편적으로 등장할까? 얼마 전부터 몇몇 외국 문학평론가들 사이에서 이런 문학적 보편성을 진화론적 관점에서 조명하려는 움직임이 일고 있다. 문학과 진화론의 만남이니 셰익스피어가 다윈을 만났다고나 할까? 진화 문학평론가들은 신데렐라가 어찌어찌해서 행복하게 살았다는 후반부 이야기에는 사실 큰 관심이 없다. 그들의 관심은 계부모에게 구박받는 어린이 이야기가 왜 세계적으로 등장하는가이다.

1988년 과학전문지《사이언스》에 사회적으로 큰 파장을 일으킬만한 연구 결과가 발표된 적이 있었다. 계부모에 의한 자식 살해 위험이 친부모보다 크게는 무려 70배 정도 높다는 것. 혹자는 "누구나 다 아는 사실인데 뭘 그리 놀라운가?"라고 반문할지 모르지만 이 연구가 주목 받았던 이유는 그 현상을 진화론적 관점에서 분석했기 때문이다.

연구를 주도한 캐나다 맥매스터 대학교의 데일리와 윌슨 교수 부부는 "부모가 생물학적 친부모가 아닐 때, 부권이 확실하지 않을 때, 자식이 불구이거나 열등한 자질을 가질 때, 가난이나 배고픔 때문에 또는 자식 수가 많아 엄마가 지는 부담이 너무 커 생존과 번영의 전망이 비관적일 때는 자식을 향한 부모의 사랑이 예측 가능한 선에서 줄어들며, 이런 현상은 진화론적인 관점에서 가장 잘 설명된다."고 주장했다. 논리는 이렇다.

부모와 자식 간에는 유전자를 50% 공유한다. 따라서 부모가 자신의 포괄 적응도를 높이기 위해 자식의 미래를 담보로 잡을 수도 있다. 즉 모든 자식들을 똑같이 돌보는 행동이 부모 자신의 포괄 적응도를 떨어뜨릴 수도 있기 때문에 부모는

“엄마, 우리 아빠 누구야?” 여성은 자기 아이를 확실히 알 수 있지만 남성은 배우자가 낳은 아이가 내 아이인지 아닌지 남모를 고민을 하게 된다.

자녀들을 평가하는 무의식적 심리를 갖고 있다. ‘열손가락 깨물어 안 아픈 손가락 없다.’지만 그중 더(또는 덜) 아픈 손가락도 분명 있다는 것! 유전자의 관점으로만 보면 콩쥐와 유전자를 공유하지 않은 새엄마는 콩쥐에게 사랑을 퍼부을 이유가 별로 없는 것이다.

당장 반론들이 제기될 것이다. 친부모 이상으로 자식을 사랑하는 계부모도 많고 심지어 자신의 피가 전혀 섞이지도 않은 핏덩이를 데려다 친자식처럼 키우는 양부모도 있는데, 이 무슨 시대착오적 발상인가? 물론 그런 훌륭한 부모도 많다. 하지만 문제는 캐나다 연구팀의 결과에서 알 수 있듯이 계부모 중 아동 학대를 하는 계부모의 비율이 친부모 중 아동 학대를 하는 친부모의 비율보다 월등히 높다는 사실이다. 지금 계부모의 아동 학대가 도덕적으로 정당하다는 주장을 하고 있는 것이 아니다. 적지 않은 사람들이 뇌물을 받는다고 해서 뇌물 상납 행위가 정당화될 수 없는 이치와 다를 바 없다. 사실과 가치의 문제는 구분된다.

한국 근대 단편 소설의 선구자 김동인이 1932년 발표한 『발가락이 닮았다』의 주인공인 노총각 M은 결혼을 하지만, 총각 때의 화려한 여성 편력으로 얻은 성병 때문에 생식 능력을 잃었다. 단골의사인 ‘나’(화자)만큼은 이 사실을 잘 알고 있다. 그런데 M이 결혼 2년 후 갓난아기를 품에 안고 찾아온 것 아닌가. 그 아기가 자기 아기라는 보장을 얻고 싶어서였다. M은 ‘나’에게 “이보게, 아이가 날 닮은 데가 있어. (중략) 내 발가락은 남과 달라서 가운데 발가락이 그중 길지. 그런데 이놈 발가락을 보게, 꼭 내 발가락 아닌가?”라고 말한다. 아내의 불륜을 의심하면서도 애써 삭이려는 M에게 동정심을 느낀 ‘나’는, 닮은 데가 발가락만은 아니라고 말하고는 의혹과 희망이 섞인 M의 눈동자를 피해 돌아앉는다.

남성(수컷)에게는 끊임없이 제기되는 남모를 걱정거리가 하나 있다. 내 짝이 낳은 자식이 내 자식이 아닐지도 모른다는 의심. 여성은 자기 배로 낳은 자식이기 때문에 그런 고민을 할 필요가 없다. 하지만 부권은 늘 불확실하다. 오죽하면 ‘엄마의 아기, 아빠의 아마’(mama’s baby, papa’s maybe)라는 서양의 우스갯소리가 있겠는가?

동서양을 막론하고 남성이 자기 짝의 육체적 불륜에 가장 큰 질투심을 느낀다는 연구 결과는 이제 꽤 알려졌다. 발가락에서라도 닮은 구석을 찾아보려는 M의 행동은 어쩌면 이런 질투심으로 인생을 망치고 싶지 않다는 방어기작일지도 모른다.

이런 테마는 뻔하고 심지어 비교육적이라고 손가락질하던 사람들까지도 텔레비전 앞에 앉혀 놓는 드라마와 영화 속에서 날마다 변주되고 있다. 진화론은 이런 사회 · 문화적 현상에 대한 설명을 제공하고 그런 현상을 절묘하게 표현한 문학 작품의 성공 비결을 말해 준다.

정치-대통령 눈물의 파장

정치도 진화론과 관련이 있다. 인간에게는 타인의 욕구, 믿음, 사고 같은 정신 상태와 그 정신 상태에 의해 야기된 행동을 이해하는 능력이 있다고들 한다. 쉽게 말해 타인의 마음을 읽는 능력이 있다는 뜻이다. 왜 인간에게 이런 능력이 있는 것일까?

최근 들어 영장류의 인지적 독특성을 사회적 복잡성에서 찾으려는 학자들이 늘고 있다. '마키아벨리적 지능 이론'으로도 불리는 이 이론은 원숭이와 유인원이 사회적 복잡성이라는 적응 문제를 해결하기 위해 권모술수 전략을 채택하는 식으로 진화해 왔다고 주장한다. 영장류 사회는 변화무쌍한 동맹 관계로 유지되기 때문에 다른 개체를 이용하고 기만하는 행위, 더 큰 이득을 위해 상대방과 손을 잡는 행위 등이 상대적으로 높은 적응도를 가질 수 있다. 물론 권모술수에 능하려면 다른 개체의 마음을 정확히 읽어낼 수 있는 능력이 우선적으로 요구된다. 저명한 영장류 학자인 프란스 드발은 『침팬지 폴리틱스』에서 침팬지에게도 이런 권모술수의 맹아가 발견된다고 역설했다. 정작 침팬지로부터 시작된 인간의 '마음 읽기'에 대해 공부해야 할 사람은 '여론 읽기'에 가장 민감해야 할 정치인인지도 모른다.

드라마 '눈물의 여왕'으로 연기력을 인정 받은 배우 김수현은 대중들 사이에서 '김수현은 울려야 제맛'이라는 평가가 나올 정도로 슬픈 눈물 연기를 보여준다. 영화 「초록물고기」에서 보스의 명령으로 살인을 저지른 뒤 공중전화 부스에서 형에게 전화를 거는 배우 한석규의 눈물 연기 또한 관객의 마음속에서 쉬 지워지지 않는 명장면이다. 연기자들 사이에는 눈물 연기가 자연스럽게 될 때 비로소 연기에 눈뜨게 된다는 통설도 있다. 정치와 진화를 논한다더니 갑자기 웬 눈물 이야기인가?

벌써 20년도 더 된 2002년 대선 직전 2분짜리 광고 한편이 대선 결과를 뒤집는 중대한 계기가 됐었다는 사실을 기억하는 사람은 많지 않다. 당시 노무현 후보의 파란만장한 인생 역정이 짧은 필름으로 스쳐지나가고 그가 직접 기타를 퉁기며 나직이 노래를 부른다. 주루룩 눈물을 흘리면서. 이게 그 광고의 전부였다.

하지만 그 파장은 실로 엄청났다. 당시 여론 조사에서 50만 표 이상 뒤지고 있던 노 후보는 그 광고를 발판으로 삼아 결국 대역전극을 일궈냈다.

도대체 눈물이 왜 사람의 마음을 움직이는 것일까? 진화론에 뿌리를 두고 있는 동물행동학은 이 질문에 답할 수 있는 최고의 과학 이론이다. 도살장에 끌려가는 소가 눈물을 뚝뚝 흘린다는 말을 들어보긴 했지만, 동물행동학자들에 따르

❶ 공작 수컷의 꼬리는 화려하다 못해 사치스러워 보이기까지 한다. 꼬리는 이만한 장식을 만들어낼 수 있을 만큼 능력 있다고 암컷에게 과시하기 위한 도구다.
❷ 진화의 관점으로 보면 눈물은 생물학적으로 비용이 많이 드는 일이라 상대방의 마음을 여는데 한몫 할 수 있다. 2004년 노무현 대통령 탄핵안이 통과된 직후 국회 바닥에 주저앉아 눈물을 흘리던 열린우리당 의원들.

면 오로지 인간만이 눈물을 흘리며 운다.

물론 동물들도 우리와 비슷한 슬픔, 기쁨, 놀람 같은 감정이 있다. 하지만 어쨌든 눈물과 같은 형태로 감정을 표현하는 동물은 인간뿐이다.

눈물샘에서 눈물을 내보내려면 복잡한 생화학적 과정이 필요하며 에너지도 많이 든다. 눈물이 나오면 시야도 흐려진다. 따라서 경제적 관점으로 보면 눈물 흘리는 일은 비용이 드는 작업이다. 가짜 눈물이 쉽지 않은 이유가 여기에 있다. 괜히 연기자인가?

이스라엘의 행동생태학자 아모츠 자하비의 '핸디캡 이론'이 작동하기 딱 알맞은 상황이다. 이 이론에 따르면 생산 비용이 많이 드는 신호일수록 정직한 신호다. 그것을 생산해 낼 자원과 능력이 없는 사람은 결코 그 신호를 만들 수 없기 때문이다. 그러니 수신자는 송신자의 신호가 얼마나 많은 비용을 들여 표현된 것인지를 가늠해 그 신호의 진실성을 파악한다. 수컷 공작이 거추장스럽고 사치스럽게만 느껴지는 길고 화려한 꼬리를 굳이 달고 다니는 이유는 암컷에게 '나는 이런 값비싼 깃털을 만들어낼 만큼 건강하고 능력 있다'는 사실을 광고하기 위한 것이다. 핸디캡(거추장스러운 꼬리)을 극복하고 잘 생존할 만큼, 즉 값비싼 신호를 만들어 내도 까딱없을 만큼 대단한 존재라는 사실을 선전하고 있다.

인간의 눈물은 공작의 버거운 꼬리와도 같다. 차이가 있다면 눈물은 인간 누구에게나 있지만 공작의 버거운 꼬리는 수컷에게만 있다는 점뿐. 눈물은 비싼 신호이기 때문에 정직하며 눈물을 본 우리는 그 신호의 의미, 곧 송신자의 진심을 읽게 된다. 상대방의 눈물을 보면 자연스럽게 마음이 열리고 이해력과 포용력이 커지는 이유가 바로 여기에 있다.

이른바 '눈물의 정치'가 맹위를 떨친 사건이 또 한 번 벌어졌다. 노 대통령 탄핵안이 다수 야당의 찬성으로 통과되자 열린우리당 의원들이 국회 본회의장 바닥에 주저앉아 대성통곡을 하던 광경을 기억하는가? 공중파를 통해 생중계된 이 눈물바다 현장은 뜻밖에도 여당에게 17대 총선 승리를 선물로 안겨줬다. 그 눈물들이 실제로 얼마나 진지하고 정직했느냐는 여기서는 논외다. 다만 정치와 눈물 사이에 진화론적 원리가 작동했다는 사실이 중요하다.

경제-이유 있는 과시와 허세

I 사실 핸디캡 이론은 최근 유행처럼 번진 명품이나 럭셔리 열풍도 설명한다. 미국 경제학자 톨스타인 베블렌은 1899년 '유한 계급 이론'에서 '과시적 소비'라는 개념을 도입했다.
그는 이방인들이 오가는 현대 도시사회 사람들은 비싼 사치품으로 장식함으로써 자신의 부를 과시하려는 성향이 크다고 봤다. 타인이 실제로 얼마나 부유한지 직접적으로 알 수 없는 곳에서는 과시적 소비만이 믿을 수 있는 부의 지표가 되기 때문이다.

베블렌의 이런 설명은 동물의 신호들이 대개 적응도 과시를 위해 진화해 왔다는 핸디캡 이론과 맥을 같이 한다. 유난히 크고 긴 꼬리를 가진 수컷 공작은 인간으로 치면 최고급 벤츠를 타고 명품 시계를 차고 유명 브랜드의 옷을 입으며 타워팰리스에 사는 재벌 2세쯤 될 것이다. 평범한 회사원은 명품 시계까지는 어떻게 해볼 수 있어도 나머지까지 흉내 내다간 가랑이가 찢어지고 만다.

오늘날 신문 한 귀퉁이를 장식하는 수많은 사기 사건을 들여다보라. 사정이야 다 다르지만 쉽게 말하면 사기꾼의 허세에 넘어간 사건이 태반이지 않은가. 피해자 입장에서 보면 가해자의 조작된 신호를 잘 읽어내지 못해 생긴 비극이지만, 사기꾼 입장에서 보면 피해자의 신호 입출력 시스템을 잘 조작해낸 사건이다.

'우리가 과연 합리적인 경제 주체인가'는 이제 더 이상 경제학이나 심리학만의 물음이 아니다. 인간의 합리성에 대한 진화론적 고찰은 전통적 경제학과 심리학의 기본 전제들을 뿌리부터 흔들고 있다. 지금도 주류 경제학의 설명 양식은 '합리적 선택 이론'이다. 이 이론에 따르면 인간은 할 수 있는 한 모든 요소들을 검토하고 특정 선택을 했을 때 어떤 결과가 나올지를 저울질한다.

그리고 결정하기 전에 위험도, 감정적 · 물질적 보상 같은 이해득실을 따져본다. 선호된 선택은 효용성을 극대화한 것이다. 이런 생각은 사실 전통 심리학의 인간관에 기초한 것이며, 정치학을 비롯한 다른 사회과학 분야에서도 널리 받아들여진 전제다.

하지만 진화론은 인간이 그런 식의 합리성을 결코 진화시키지 않았다고 반론한다. 인간의 두뇌가 계산 능력이 탁월한 슈퍼컴퓨터로 진화했더라면 지금의 나는 결코 존재하지 않았을 것이다. 그런 두뇌도 엄청나게 복잡하고 변화무쌍한 환경 속에서 수많은 불완전한 정보를 처리하기에는 역부족이기 때문이다. 마치 태풍이 도시 전체를 휩쓸고 지나간 지 2분이 흘렀는데 아직도 태풍의 출현 가능성을 계산하고 있는 슈퍼컴퓨터처럼 말이다. 인간 두뇌의 사고 능력은 결코 그런 식으로 진화할 수 없었다.

인간의 합리성에 대한 전통적 견해의 비현실성은 심리학자 허버트 사이먼이 1957년 제시한 '만족화 모형'에 의해 본격적으로 비판받기 시작

❶❷ 타워팰리스(❷)에 살면서 명품 액세서리(❶)로 잔뜩 치장하는 현대인은 자신의 부를 드러내보이려는 경향이 있다. 자신의 건강상태를 과시하기 위해 화려한 꼬리를 갖게 된 수컷 공작처럼 말이다.

했다. 이 모형은 단기간에 가용적이고 감지되는 것들로부터 맨 처음 만족스런 해결책을 만나면 그것으로 선택이 종료되는 식으로 인간이 사고한다는 이론이다.

예컨대 결혼 적령기의 미혼남 중 이상형을 무작정 찾아나서는 미련한 사람은 별로 없다. 대개 주변에서 가장 매력적인 여성에게 청혼한다. 이게 바로 만족화 모형이다.

진화발생학자 자크 모노의 말대로 '진화는 주변의 가용한 것들을 가져다가 여기저기 땜질 하는 수선공'이지 모든 문제를 모든 가능한 방식대로 풀어내는 슈퍼컴퓨터가 아니다. 이 모형에 영감을 받은 진화론자들은 최근 '생태적 합리성'이라는 새로운 대안을 제시해 합리적 추론 능력에 대한 기존 사회과학 전제들에 도전하고 있다.

외부 필진 (가나다 순)

구자현 영산대 성심교양대학 교수
에이버리의 변환 원리 연구

김기윤 한양대 사학과 강사
19세기 과학혁명의 출발점 『종의 기원』

김창배 상명대 생명공학과 교수
유전자에서 찾는 21세기판 진화 법칙

박선주 충북대 고고미술사학과 명예교수
침팬지는 진화해도 인간이 될 수 없다
인류는 어디서 발생했는가

박한오 바이오니아 회장
인공 진화 기술로 유전자 대량 생산

신용철 아미코젠 대표이사
시험관에서 이뤄지는 DNA 진화

이상희 미국 캘리포니아대 리버사이드 캠퍼스 인류학과 교수
다시 쓰는 인류의 진화

이성욱 단국대 대학원 생명융합학과 교수 겸 알지노믹스 대표이사
생명의 기원과 유전자 비밀 밝혀줄 핵심 분자 RNA

이융남 국토지질연구본부 지질박물관 관장
깃털 공룡이 말하는 조류 진화의 비밀

장대익 가천대 창업대학 학장 겸 트랜스버스 대표
진화는 진보인가, 아닌가
이성에게 동안이 사랑받는 이유

장순근 한국해양연구원 극지연구소 자문위원
찰스 다윈의 비글호 항해기

최정규 경북대 경제통상학부 교수
사회 곳곳에 흐르는 다윈의 향기